智囊图书·建筑书系

全国土木工程类实用创新型规划教材

U0211825

JIANZHU GONGCHENG GONGCHENGLIANG QINGDAN JIJIA

建筑工程工程量清单计价

主审　胡兴福

主编　张连忠

副主编　谢泽惠　高国兴　张淑霞　胡光宇

　　　　罗领俊　陈　晨　张　琪　史王芳

编者　管红兵　李向华　魏长专　陈　丽

　　　施文君　陈小焕　龚永辉　史王芳

　　　靳秀珍　郑晓蕾

哈尔滨工业大学出版社

内 容 简 介

本书主要介绍了工程量清单计价政策、作用、依据和工程计量清单及工程量清单计价包括的内容及编制方法,并加入适量的工程实例作为学习内容,以便读者对科目的学习。其中包括绪论与工程量清单计价概述、房屋建筑与装饰工程工程量清单的编制、安装工程工程量清单的编制和工程量清单计价的编制 4 个模块。书中内容紧扣《建设工程工程量清单计价规范》(GB 50500—2013)、《房屋建筑与装饰工程工程量计算规范》(GB 50854—2013)、《通用安装工程工程量计算规范》(GB 50856—2013),介绍了工程量清单概念、工程量清单编制方法、工程量清单计价编制原理与方法;房屋建筑与装饰工程工程量清单及计价编制理论知识和实训;电气设备安装工程,建筑智能化工程,消防工程,给排水、采暖、燃气工程工程量清单及计价编制理论知识和实训等内容。

本教材适用于普通高等学校工程造价、建筑工程技术等专业教学,也可作为成人培训及工程技术人员学习的参考书。

图书在版编目(CIP)数据

建筑工程工程量清单计价/张连忠主编. —哈尔滨:哈
尔滨工业大学出版社,2014.8
ISBN 978-7-5603-4781-3

Ⅰ.①建… Ⅱ.①张… Ⅲ.①建筑工程-工程造价-
高等学校-教材 Ⅳ.①TU723.3

中国版本图书馆 CIP 数据核字(2014)第 121671 号

责任编辑 李长波
出版发行 哈尔滨工业大学出版社
社　　址 哈尔滨市南岗区复华四道街 10 号　邮编 150006
传　　真 0451 - 86414749
网　　址 http://hitpress.hit.edu.cn
印　　刷 三河市越阳印务有限公司
开　　本 850mm×1168mm　1/16　印张 19.5　字数 560 千字
版　　次 2014 年 8 月第 1 版　2014 年 8 月第 1 次印刷
书　　号 ISBN 978-7-5603-4781-3
定　　价 39.00 元

Preface

前　言

近年来，我国建筑工程招投标发展迅速，建筑工程计价方法发生了很大变化，对建筑工程招投标及计量计价提出了更多的要求和变革。很多地区运用工程量清单计价方法在招标控制价、投标报价等过程中经过尝试，取得了一定的成绩，总结了一定的经验，同时也反映出一些不足。国家标准《建设工程工程量清单计价规范》（GB 50500—2003）已于2003年2月17日经建设部第119号公告批准颁布，于2003年7月1日实施。这是我国工程造价计价方式适应社会主义市场经济发展的一次重大变革，也是我国工程造价计价工作向实现"政府宏观调控、企业自主报价、市场形成价格"的目标迈出的坚实的一步。为了帮助工程造价工作人员掌握《建设工程工程量清单计价规范》及《工程量计算规范》的内容，为准确编制工程量清单及工程量清单计价，为解决工作中遇到的疑难问题，编写此书。

本书是以《建设工程工程量清单计价规范》（GB 50500—2013）、《房屋建筑与装饰工程工程量计算规范》（GB 50854—2013）、《通用安装工程工程量计算规范》（GB 50856—2013）、全国和地方最新的建筑工程基础定额、概（预）算定额为依据，参阅大量工程量清单计价教材、资料并结合编者多年的教学和工作经验而编写；本书以培养读者基本技能及综合能力和职业素养为前提，重点培养读者的实际动手操作能力，在国家统一的计价方法、标准前提下，体现地区特点；在编写中，采用了最新计量计价标准和最先进的方法，体现了与时俱进的特点。书中大量使用了工程实例，加强了实践、实训环节。同时，本书的编写吸收了优秀的教育理念，确保先进性和实用性；为满足不同层次的读者需要，本书文字叙述通俗易懂，版面编排图文并茂，丰富的版面及新颖的表现形式能够激发读者的学习兴趣，有助于消化学习内容。由于本课程地区性较强，各省、市、区的读者在学习过程中应注意考虑本地区因素，结合本地区工程造价主管部门颁发的标准要求和有关规定进行学习。

1. 本课程的定位

"建筑工程工程量清单计价"是工程造价专业的主要专业课，也是建筑工程技术、工程管理等相关土木类专业的一门重要专业课。工程造价专业培养掌握工程造价确定与管理理论和方法、土木工程技术、现代投资及工程经济，能从事工程项目可行性研究、工程计量与计价、工程成本管理、工程投资控制、工程合同管理与索赔等工作的高级复合型应用型管理人才。工程量清单及计价的编制是造价工程师、造价员职业活动中的基本能力，通过该课程的学习，使学生熟悉计价模式，了解计价政策，掌握工程量清单及计价的编制方法。

2. 本课程的作用

本课程的学习内容以工程量清单及清单计价编制为主，以房屋建筑工程工程量清单的确定、清单计价的构成和清单计价的计算为重点进行，突出实践教学，加强学生动手能力的培养。本课程教学以项目驱动法为主，同时辅以一定的工程实例，为实现工学结合、零距离上岗及施工员、造价员等多证书的获取起到积极、重要的作用；为培养、提高造价人员及工程技术人员的造价编制能力，为从事相应的专业技术工作打下良好的基础。

3. 本课程的内容

本课程内容包括：工程量清单计价概述、房屋建筑与装饰工程工程量清单编制、安装工程工程量清单的编制、工程量清单计价编制。

4. 本课程的目标

通过本课程的学习，使学生对工程造价学科中的三个主要方面，即工程量清单计价模式、工程造价计量与计价、工程造价的控制与管理有全面的了解，通过工程造价的构成、计价原理的学习，使学生对工程造价计价模式、工程量计算规则和综合单价的构成以及造价控制与管理的理论具有明确的概念和理解。通过理论与案例教学的紧密结合，为培养具有创新意识和分析与解决问题能力、综合素质高的复合型应用型高级工程造价人才打下坚实的基础。

5. 本课程的教学方法

本课程的教学主要以工程导入的方式展开，课程以丰富的计量与计价理论知识为基础，辅以适当的实训实例内容和适量的拓展实训任务，积极探索以能力、素质培养为主的教学新模式，体现了以提高学生自主学习能力和创新能力为主的教学目的。

6. 本课程的发展状况

根据行业发展的需要和工程计价方法的改革，结合专业特点、人才培养模式和工程技术人员各种岗位的需求，随着工程计价模式的发展，本课程将与"建筑工程概预算""建筑工程计量与计价"等课程整合。

由于编写时间仓促，加之水平有限，书中难免存在疏漏和不妥，恳请广大读者和专家批评指正。

编 者

本书学习导航

简要介绍本模块与整个工程项目的联系，在工程项目中的意义，或者与工程建设之间的关系等。

模块概述

包括知识目标和技能目标，列出了学生应了解与掌握的知识点。

学习目标

课时建议

建议课时，供教师参考。

各模块开篇前导入实际工程，简要介绍工程项目中与本模块有关的知识和它与整个工程项目的联系及在工程项目中的意义，或者课程内容与工程需求的关系等。

工程导入

技术提示

言简易赅地总结实际工作中容易犯的错误或者难点、要点等。

拓展与实训

包括基础训练、工程模拟训练和链接执考三部分，从不同角度考核学生对知识的掌握程度。

目录 Contents

▶ 模块4　工程量清单计价的编制

模块 **1**

工程量清单计价概述

【模块概述】

工程量清单计价概述是对工程量清单及工程量清单计价编制方法的介绍，通过该模块的学习，可以使读者了解到工程量清单的作用，工程量清单及清单计价的编制方法。

【知识目标】

1. 熟悉工程量清单的作用；
2. 掌握工程量清单及清单计价的编制方法。

【技能目标】

1. 会编制分项工程量清单；
2. 掌握工程量清单计价的构成。

【课时建议】

18 课时

工程导入

某市某单位拟建值班室基础工程，土质为三类土，基础采用条形砖基础，详见施工图（即图1.3、图1.4）。

（1）基础垫层采用C15素砼，XDL采用C25砼，基础砌体采用Mu10机砖、M5.0水泥砂浆，钢筋保护层厚度为25 mm。

（2）墙基防潮层做法为抹20厚1∶2水泥砂浆加5%的防水粉。

（3）本工程为7度设防。

（4）用清单计价法计算挖土方的分部分项工程项目综合单价。已知当地人工单价为35元/工日，8 t自卸汽车台班单价为350元/台班。

通过以上条件你能明确该工程基础工程的具体情况吗？工程量清单有什么作用，该如何概念性地了解编制工程量清单及计价的方法呢？

1.1 工程量清单

1.1.1 工程量清单计价规范概述

工程量清单计价是一种由市场定价的计价模式，是国际上通用的方法，也是我国广泛推行的先进计价方法。实行工程量清单计价是工程造价深化改革的产物，是适应市场经济的需要，是与国际惯例接轨的需要，是强化工程造价监督管理工作的需要，也是规范工程造价计价方法、规范建设市场秩序的治本措施之一。这种计价方法与工程招投标活动有着很好的适应性，有利于促进工程招投标公平、公正和高效地进行。

为适应我国投资体制改革和建设管理体制改革的需要，加快我国建筑工程计价模式与国际接轨的步伐，自2003年起，开始在全国范围内逐步推广工程量清单计价方法。规定全部使用国有资金或国有资金投资为主（二者简称为"国有资金投资"）的工程建设项目，必须采用工程量清单计价；对于非国有资金投资的工程建设项目，是否采用工程量清单方式计价由项目业主自主确定。

为深入推行工程量清单计价改革工作，规范建设工程工程量清单计价行为，统一建设工程工程量清单的编制和计价方法，原住房和城乡建设部标准定额司组织在对《建设工程工程量清单计价规范》（GB 50500—2003）和《建设工程工程量清单计价规范》（GB 50500—2008）进行修订的基础上，推出了《建设工程工程量清单计价规范》（GB 50500—2013）（以下简称《计价规范》）、《房屋建筑与装饰工程工程量计算规范》（GB 50854—2013）、《仿古建筑工程工程量计算规范》（GB 50855—2013）、《通用安装工程工程量计算规范》（GB 50856—2013）、《市政工程工程量计算规范》（GB 50857—2013）、《园林绿化工程工程量计算规范》（GB 50858—2013）、《矿山工程工程量计算规范》（GB 50859—2013）、《构筑物工程工程量计算规范》（GB 50860—2013）、《城市轨道交通工程工程量计算规范》（GB 50861—2013）、《爆破工程工程量计算规范》（GB 50861—2013）。

《计价规范》内容主要包括规范条文和附录两部分。规范条文包括16章：总则、术语、一般规定、工程量清单编制、招标控制价、投标报价、合同价款的约定、工程计量、合同价款调整、合同价款期中支付、竣工结算与支付、合同解除的价款结算与支付、合同价款争议的解决、工程造价鉴定、工程计价资料与档案、工程计价表格，具体内容涵盖了从工程招投标开始到工程竣工结算办理完毕的全过程，包括工程量清单的编制、招标控制价和投标报价的编制、合同价款的约定、工程计量与价款支付、索赔与现场签证、工程价款调整、竣工结算的办理以及对工程计价的争议的处理等。附录包括 11 部分，主要是工程量清单计价编制的格式及要求：附录 A 物价变化合同价款的调整方法，附录 B 工程计价文件封面，附录 C 工程计价文件扉页，附录 D 工程计价总说明，附录 E 工程计价汇总表，附录 F 分部分项工程和措施项目计价表，附录 G 其他项目计价表，附录 H 规费、税金项目计价表，附录 J 工程量申请（核准）表，附录 K 合同价款支付申请（核准）表，附录 L 主要材料、工程设备一览表。

1.1.2　工程量清单的作用

根据《计价规范》的规定，工程量清单是指建设工程的分部分项工程项目、措施项目、其他项目、规费项目和税金项目的名称和数量等的明细清单。工程量清单是工程量清单计价的基础，贯穿于建设工程的招投标阶段和施工阶段，是编制招标控制价、投标报价、计算工程量、支付工程价款、调整合同价款、办理竣工结算以及工程索赔等的依据。工程量清单的主要作用如下：

（1）工程量清单为投标人的投标竞争提供了一个平等和共同的基础

工程量清单是由招标人负责编制，将要求投标人完成的工程项目及其相应工程实体数量全部列出，为投标人提供拟建工程的基本内容、实体数量和质量要求等的基础信息。这样，在建设工程的招标投标中，投标人的竞争活动就有一个共同的基础，投标人机会均等，受到的待遇是公正和公平的。

（2）工程量清单是建设工程计价的依据

在招标投标过程中，招标人根据工程量清单编制招标工程的招标控制价；投标人按照工程量清单表述的内容，依据企业定额计算投标价格，自主填报工程量清单所列项目的单价与合价。

（3）工程量清单是工程付款和计算的依据

在施工阶段，发包人根据承包人完成的工程量清单中规定的内容以及合同单价支付工程款。工程结算时，承发包双方按照工程量清单计价表中的序号对已经实施的分部分项工程或计价项目，按合同单价和相关合同条款核算结算价款。

（4）工程量清单是调整工程价款、处理工程索赔的依据

在发生工程变更和工程索赔时，可以选用或者参照工程量清单中的分部分项工程或者计价项目及合同单价来确定变更价款和索赔费用。

1.2　工程量清单编制方法

采用工程量清单方式招标，工程量清单必须作为招标文件的组成部分，由招标人提供，并对其准确性和完整性负责。一经签订中标合同，工程量清单即为合同的组成部分。工程量清单应由具备编制能力的招标人或受其委托具有相应资质的工程造价咨询人进行编制。

工程量清单由分部分项工程量清单、措施项目清单、其他项目清单、规费项目清单和税金项目清单组成。编制工程量清单的依据如下：

（1）《建设工程工程量清单计价规范》（GB 50500—2013）。

（2）《房屋建筑与装饰工程工程量计算规范》（GB 50854—2013）。

（3）《通用安装工程工程量计算规范》（GB 50856—2013）。

（4）国家或省级、行业建设主管部门颁发的计价依据和办法。

（5）建设工程设计文件。

（6）与工程建设项目有关的标准、规范、技术资料。

（7）招标文件及其补充通知、答疑纪要。

（8）施工现场情况、施工条件、工程特点及施工方案。

（9）其他资料。

技术提示

《建设工程工程量清单计价规范》（GB 50500—2013）以下简称《计价规范》。

1.2.1 分部分项工程量清单的编制

分部分项工程量清单必须载明项目编码、项目名称、项目特征、计量单位和工程量。

分部分项工程量清单必须根据相关工程现行国家计量规范规定的项目编码、项目名称、项目特征、计量单位和工程量计算规则进行编制。

（1）项目编码的设置。

分部分项工程量清单的项目编码，应采用十二位阿拉伯数字表示：一至九位应按附录各专业的规定设置，十至十二位应根据拟建工程的工程量清单项目名称和项目特征设置，同一招标工程的项目编码不得有重码。

项目编码以五级编码设置，一、二、三、四级编码（即前九位）统一；第五级编码由工程量清单编制人根据具体工程的清单项目的特征而分别编码。各级编码代表的含义如下：

①第一级：一、二位为专业工程代码。

01—房屋建筑与装饰工程；02—仿古建筑工程；03—通用安装工程；04—市政工程；05—园林绿化工程；06—矿山工程；07—构筑物工程；08—城市轨道交通工程；09—爆破工程。以后进入国标的专业工程代码以此类推。

②第二级：三、四位为附录分类顺序码。

③第三级：五、六位为分部工程顺序码。

④第四级：七、八、九位为分项工程项目名称顺序码。

⑤第五级：十至十二位为清单项目名称顺序码。

项目编码结构如图1.1所示（以房屋建筑与装饰工程现浇混凝土矩形柱为例）。

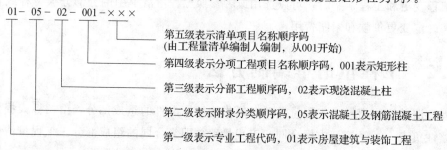

图 1.1 工程量清单项目编码结构

（2）分部分项工程量清单项目名称的设置，应考虑三个因素。

一是附录中的项目名称；二是附录中的项目特征；三是拟建工程的实际情况。

工程量清单编制时，以附录中的项目名称为主体，考虑该项目的规格、型号、材质等特征要求，结合拟建工程的实际情况，使其工程量清单项目名称具体化、细化，能够反映影响工程造价的主要因素。随着科学技术的发展，新材料、新技术、新的施工工艺将伴随出现，因此《计价规范》规定，凡附录中的缺项，工程量清单编制时，编制人应做补充。

（3）分部分项工程量清单的项目名称应按下列规定确定。

①项目名称应按《计价规范》附录各专业项目名称与项目特征并结合拟建工程的实际确定。

②编制工程量清单，出现《计价规范》附录各专业中未包括的项目，编制人可做相应补充，并

报省级或行业工程造价管理机构备案，应汇总报住房和城乡建设部标准定额研究所。

（4）分部分项工程量清单的计量单位按《计价规范》附录各专业规定的计量单位确定。

（5）工程数量应按下列规定计算。

①工程数量应按《计价规范》附录各专业规定的工程量计算规则计算。

②工程量的有效位数应遵循下列规定。

a. 以"吨"为单位，应保留小数点后三位数字，第四位四舍五入。

b. 以"立方米""平方米""米"为单位，应保留小数点后面两位数字，第三位四舍五入。

c. 以"个""套""块""组""台"等为单位，应取整数。

d. 没有具体数量的项目以"项""宗"等为单位。

（6）分部分项工程量清单项目特征应按计价规范相应项目特征（见各专业章节相应分部工程工程量清单编制），结合拟建工程项目的实际予以描述。

（7）补充项目。

编制工程量清单时如果出现相关工程现行国家计量规范中未包括的项目，编制人应做补充，在编制补充项目时应注意以下三个方面。

①补充项目的编码应按相关工程现行国家计量规范的规定确定。具体做法如下：补充项目的编码由规范的代码 01 与 B 和三位阿拉伯数字组成，并应从 01B001 起顺序编码，统一招标工程的项目不得重码。

②在工程量清单中应附补充项目的项目名称、项目特征、计量单位、工程量计算规则和工程内容。

③将编制的补充项目报省级或行业工程造价管理机构备案。

1.2.2 措施项目清单的编制

《工程量计算规范》将工程实体项目划分为分部分项工程量清单项目，将非实体项目划分为措施项目。措施项目清单是指为完成工程项目施工，发生于该工程施工准备和施工过程中的技术、生活、安全、环境保护等方面的非工程实体项目清单。

措施项目中列出了项目编码、项目名称、项目特征、计量单位、工程量计算规则的项目，编制工程量清单时，应按《工程量计算规范》分部分项工程的规定执行。措施项目中仅列出项目编码、项目名称，未列出项目特征、计量单位、工程量计算规则的项目，编制工程量清单时，应按《工程量计算规范》附录措施项目规定的项目编码、项目名称确定。

1.2.3 其他项目清单的编制

其他项目清单是指分部分项工程量清单、措施项目清单所包含的内容之外，因招标人的特殊要求而发生的与拟建工程有关的其他费用项目和相应数量的清单。工程建设标准的高低、工程的复杂程度、工程的工期长短、工程的组成内容、发包人对工程管理的要求等都直接影响其他项目清单的具体内容。因此，其他项目清单应根据拟建工程的具体情况，参照《计价规范》提供的下列四项内容列项，出现《计价规范》未列的项目，可根据工程实际情况补充。

（1）暂列金额。

暂列金额是指招标人在工程量清单中暂定并包括在合同价款中的一笔款项。用于施工合同签订时尚未确定或者不可预见的所需材料、设备、服务的采购，施工时可能发生的工程变更、合同约定调整因素出现时的工程价款调整以及发生的索赔、现场签证确认等的费用。

（2）暂估价：包括材料暂估价和专业工程暂估价。

暂估价是指招标人在工程量清单中提供的用于支付必然发生但暂时不能确定价格的材料价款以

及专业工程金额。暂估价是在招标阶段预见肯定要发生，但是由于标准尚不明确或者需要由专业承包人来完成，暂时无法确定价格时所采取的一种价格形式。

（3）计日工。

计日工是为了解决现场发生的零星工作的计价而设立的。计日工以完成零星工作所消耗的人工工时、材料数量、机械台班进行计量，并按照计日工表中填报的适用项目的单价进行计价支付。计日工适用的所谓零星工作一般是指合同约定之外的或者因变更而产生的、工程量清单中没有相应项目的额外工作，尤其是那些时间不允许商定价格的额定工作。

编制工程量清单时，计日工表中应按工种、材料和机械规格、型号详细列项。其中人工、材料、机械数量应由招标人根据工程的复杂程度，以及工程设计质量的优劣和设计深度等因素，按照经验来估算一个比较贴近实际的数量，并作为暂定量填入计日工表中，纳入有效投标竞争，以期获得合理的计日工单价。

（4）总承包服务费。

总承包服务费是为了解决投标人在法律、法规允许的条件下进行专业工程发包以及自行采购供应材料、设备时，要求总承包人对发包的专业工程提供协调和配合服务（如分包人使用总包人的脚手架、水电接驳等）；对对应的材料、设备提供收、发和保管服务以及施工现场进行统一管理；对竣工资料进行统一汇总整理等发生并向总承包人支付的费用。招标人应当预计该项费用并按投标人的投标报价向投标人支付该费用。

1.2.4 规费项目清单的编制

规费是根据省级政府或省级有关权力部门规定必须缴纳的，应计入建筑安装工程造价的费用。规费项目清单应按照下列内容列项：

（1）社会保障费：包括养老保险费、失业保险费、医疗保险费、工伤保险费、生育保险费。

（2）住房公积金。

（3）工程排污费。

出现《计价规范》未列的项目，应根据省级政府或省级有关部门的规定列项。

1.2.5 税金项目清单的编制

税金是指国家税法规定的应计入建筑安装工程造价内的营业税、城市维护建设税及教育费附加等。税金项目清单应包括下列内容：

（1）营业税。

（2）城市维护建设税。

（3）教育费附加。

（4）地方教育附加。

出现《计价规范》未列的项目，应根据税务部门的规定列项。

1.3 工程量清单计价方法

工程量清单计价是在建设工程招投标中，招标人或委托具有资质的中介机构编制工程量清单，并作为招标文件中的一部分提供给投标人，由投标人依据工程量清单自主报价的计价模式。反映投标人完成由招标人提供的工程量清单所需的全部费用，包括分部分项工程费、措施项目费、其他项目费、规费和税金。

1.3.1 工程量清单计价编制流程及步骤

1. 编制流程

工程量清单计价编制流程如图1.2所示。

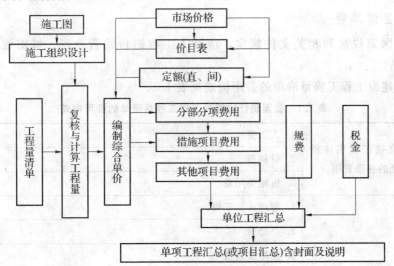

图1.2　工程量清单计价编制流程

2. 工程量清单计价编制步骤

（1）熟悉拟建工程项目招标文件。

（2）复核拟建工程项目招标文件中的清单工程量。

（3）计算综合单价，确定分部分项工程费、措施项目清单费用和其他项目费用。

（4）计算拟建工程项目规费。

（5）计算拟建工程项目税金。

（6）整理汇总单位工程费用汇总表。

（7）编制单项工程费用汇总、封面及说明。

1.3.2 工程量清单计价的工程造价组成

建筑工程工程量清单计价是指投标人完成由招标人提供的工程量清单所需的全部费用，包括分部分项工程量清单费、措施项目清单费、其他项目清单费、规费项目清单费和税金项目清单费。工程量清单计价中的分部分项工程量清单、措施项目清单和其他项目清单均采用综合单价。

1. 分部分项工程量清单费

分部分项工程量清单费包括三部分：

（1）直接工程实体所消耗的各项费用，包括人工费、材料费、机械台班费等。

（2）不构成工程实体而在工程管理中必然发生的管理费。

（3）利润和风险费。

2. 措施项目清单费

措施项目清单费是指有助于工程实体构成的各项费用，包括安全文明施工、夜间施工、二次搬运、冬雨季施工、大型机械设备进出场及安拆、施工排水、施工降水、地上地下设施、建筑物临时保护设施、已完工程及设备保护等费用。

3. 其他项目清单费

其他项目清单费是指建设工程中预计发生的有关费用，一般包括暂列金额、暂估价（包括材料暂估价、专业工程暂估价)、计日工和总承包服务费。

4．规费项目清单费

规费是指行政主管部门规定工程建设中必须缴纳的各项费用，包括工程排污费、社会保障费（包括养老保险费、失业保险费、医疗保险费）、住房公积金、危险作业意外伤害保险等。

5．税金项目清单费

税金是指按国家税法和相关文件规定，应计入工程造价的营业税、城市维护建设和教育费附加。

我国现行的建设工程工程量清单的费用构成见表1.1。

表 1.1　我国现行的建设工程工程量清单的费用构成

分部分项 工程费	直接工程实体所 消耗的各项费用	1. 人工费
		2. 材料费
		3. 机械使用费
	不构成工程实体 而在工程管理中必 然发生的管理费	1. 管理人员工资
		2. 办公费
		3. 差旅交通费
		4. 固定资产使用费
		5. 工具用具使用费
		6. 劳动保险费
		7. 工会经费
		8. 职工教育费
		9. 财务费
		10. 税金
		11. 其他
	利润	
	风险费	
措施项目费	有助于工程实体 构成的各项费用	1. 环境保护
		2. 文明施工
		3. 安全施工
		4. 临时设施
		5. 夜间施工
		6. 二次搬运
		7. 大型机械设备进出场及安拆
		8. 混凝土模板及支架
		9. 脚手架
		10. 已完工程及设备保护
		11. 施工排水及降水
		12. 市政工程干扰费

续表 1.1

其他项目费	建设工程中预计发生的有关费用	1. 预留金	
		2. 材料购置费	
		3. 总承包服务费	
		4. 零星工作项目费	
		5. 其他费用	
规费	行政主管部门规定工程建设中必须缴纳的各项费用	工程排污费	
		社会保障费	养老保险费
			失业保险费
			医疗保险费
		住房公积金	
		工伤保险	
税金	按国家税法规定，应计入工程造价内的税金	营业税	
		城市维护建设税	
		教育费附加	
		地方教育费附加	

1.3.3 工程量清单计价的方法

工程量清单计价采用综合单价法，即分部分项工程费、措施项目费、其他项目费中各项目的单价应为综合单价。

1. 综合单价的计算

（1）综合单价的概念

综合单价是指完成工程量清单中一个规定计量单位项目所需的人工费、材料费、机械使用费、管理费和利润，并考虑风险因素的单价。综合单价是相对于各项单价而言，是在分部分项清单工程量及相对应的计价工程量项目乘以人工单价、材料单价、机械台班单价、管理费费率、利润率的基础上综合而成的。形成综合单价的过程不是简单地将其汇总的过程，而是根据具体分部分项清单工程量，计价工程量及工人、材料、机械单价等要素的结合，通过具体计算后综合而成的。

（2）综合单价的确定

清单工程量乘以综合单价等于该清单工程量对应各计价工程量的全部人工费、材料费、机械费、管理费、利润、风险费之和，其数学模式如下：

清单工程量 × 综合单价 =

$$\left[\sum_{i=1}^{n}(计价工程量 × 定额用工量 × 人工单价)_i + \sum_{j=1}^{n}(计价工程量 × 定额材料量 × 材料单价)_j + \right.$$

$$\left.\sum_{k=1}^{n}(计价工程量 × 定额台班量 × 台班单价)_k\right] × (1 + 管理费率) × (1 + 利润率) × (1 + 风险率)$$

上述公式整理后，变为综合单价的数学模式如下：

综合单价 =

$$\left\{\left[\sum_{i=1}^{n}(计价工程量 × 定额用工量 × 人工单价)_i + \sum_{j=1}^{n}(计价工程量 × 定额材料量 × 材料单价)_j\right.\right.$$

$$\sum_{k=1}^{n}（计价工程量×定额台班量×台班单价）_k]×（1＋管理费率）×（1＋利润率）×$$

（1＋风险率）}÷清单工程量

综合单价的确定方法分为正算法和反算法两种。

正算法是指工程内容的工程量是清单计量单位的工程量，是定额工程量被清单工程量相除得出的。该工程量乘以消耗量的人工、材料和机械单价得出组成综合单价的分项单价，其和即综合单价中人工、材料、机械的单价组成，然后算出管理费和利润，组成综合单价。

反算法是指工程内容的工程量是该项目的清单工程量。该工程量乘以消耗量的人工、材料和机械单价得出完成该项目的人工费、材料费和机械使用费；然后，算出管理费和利润，组成项目合价，再用合价除以清单工程量即为综合单价。其中反算法较为常用。

分部分项工程量清单项目综合单价＝[$\sum$（清单项目组价内容工程量×相应参考单价）]÷清单项目工程数量

（3）计价工程量的计算

①计价工程量的概念。计价工程量也称为报价工程量，它是计算工程投标报价的重要数据。用于报价的设计工程量称为计价工程量。计价工程量是投标人根据拟建工程施工图、施工方案、清单工程量和采用的定额及相对应的工程量计算规则计算的，是用来确定综合单价的重要数据。

清单工程量作为统一各招标人工程报价的口径，是十分重要的，也是十分必要的。但是，招标人不能根据清单工程量直接进行报价。这是因为施工方案不同，其实际发生的工程量也不同。例如，基础挖方是否要留工作面，留多少，不同施工方法其实际发生的工程量是不同的；采用的定额不同，其综合单价的综合结果也是不同的。所以在投标报价时，各招标人必然要计算计价工程量。

②计价工程量的计算方法。计价工程量是根据所采用的定额和相对应的工程量计算规则计算的，所以，承包商一旦确定采用何种定额时，就应完全按其定额所划分的项目内容和工程量计算规则计算工程量。

计算工程量的计算内容一般要多于清单工程量。因为，计价工程量不但要计算每个清单项目的主要工程量，还要计算所包含的相关项目工程量。这就要根据清单项目的工程内容和定额项目的划分内容具体确定。例如，M5水泥砂浆砌砖基础项目，不但要计算主项的砖基础项目，还要计算混凝土基础垫层的相关项目工程量。

（4）综合单价的计算步骤

① 确定工程内容。根据工程量清单项目名称，结合拟建工程的实际，参照"分部分项工程量清单项目计价内容"表中"计价内容"确定该项目主体工程内容及相关的工程内容。

② 计算清单工程量。根据《计价规范》工程量计算规则，分别计算清单项目所包含的每项工程的工程量。

③ 计算定额工程量。根据消耗量定额工程量计算规则，分别计算清单项目所包含的每项工程的工程量。

④ 确定定额基价。包括人工费基价、材料费基价、机械台班使用费基价。

⑤ 计算人工费、材料费、机械台班使用费价款。即

$$⑤＝④×③$$

⑥ 计算清单项目人工费、材料费、机械台班使用费价款。

$$⑥＝\sum ⑤$$

⑦ 确定费率。根据省建设工程费用标准，结合本企业和市场的情况，确定管理费率和利润率。

⑧ 计算管理费和利润。根据省建设工程费用标准，确定取费基数为：人工费＋机械费。

$$⑧＝⑥中（人工费＋机械费）×（管理费率、利润率）$$

⑨ 计算清单项目人工费、材料费、机械台班使用费、管理费和利润价款。

$$⑨ = \sum ⑧$$

⑩ 计算清单项目综合单价

$$⑩ = ⑨/项目主体工程工程量$$

技术提示

人工费、材料费、机械台班使用费及管理费和利润按当地费用标准执行。

【例 1.1】 综合单价计算：某单位拟建值璗室基础土方工程，项目描述详见工程导入。

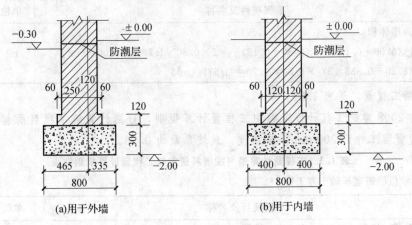

图 1.3 基础大样图

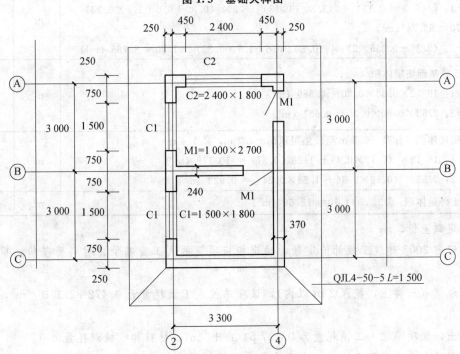

图 1.4 房屋平面图

根据上述条件，编制工程量清单。

①确定工程内容。

根据工程量清单项目名称，结合拟建工程的实际，参照"分部分项工程量清单项目计价内容"表中"计价内容"确定该项目主体工程内容及相关的工程内容：

主体工程内容：挖基槽土方（三类土）；相关项目工程内容：人工装土、自卸汽车运土方（运距5 km）。

②计算清单工程量，见表1.2。

表1.2 工程量计算表（按清单工程量计算规则）

工程名称：某单位值班室基础土方工程　　　　　　　　　　　　　　　　　　第1页 共1页

序号	工程项目及名称	单位	数量
1	人工挖地槽体积 1—1：[（6.00+0.13）+（3.30+0.13）]×2×0.80×1.70＝26.003（m³） 2—2：（3.30-0.335×2）×0.80×1.70＝3.577（m³）	m³	29.58

③计算定额工程量，见表1.3。

根据辽宁省2008建筑工程计价定额中工程量计算规则，分别计算清单项目所包含的每项工程的工程量。每边需留工作面300 mm，需放坡，放坡系数为0.33。

表1.3 工程量计算表（按消耗量定额工程量计算规则）

工程名称：某单位值班室基础土方工程　　　　　　　　　　　　　　　　　　第1页 共1页

序号	工程项目及名称	单位	数量
1	人工挖地槽（标高-0.3～-2.0 m，挖深1.7 m） 1—1：[（6.00+0.13）+（3.30+0.13）]×2×（0.80+0.6+1.7×0.33）×1.70＝63.74（m³） 2—2：（3.30-0.335×2）×（0.80+0.6+1.7×0.33）×1.70＝8.768（m³）	m³	72.51
2	C15砼基础垫层体积 1—1：19.12×0.80×0.30＝4.589（m³） 2—2：2.63×0.80×0.30＝0.631（m³）	m³	5.22
3	基础砖体积（标高-0.3 m至砼垫层顶面-1.7 m，高1.4 m） 1—1：19.12×（0.12×0.49+1.28×0.37）＝10.179（m³） 2—2：2.63×（0.12×0.36+1.28×0.24）＝0.922（m³）	m³	11.10
4	余土外运体积：5.22+11.10＝18.66（m³）	m³	18.66

④确定定额基价。

依据辽宁省2008建筑工程计价定额，确定相应项目的人工费基价、材料费基价、机械台班使用费基价。

人工挖地槽（三类土，挖深2 m以内），该项单位人工消耗量为0.472 82工日/m³，材料和机械消耗量为0。

人工装土，该项单位人工消耗量为0.137 54工日/m³，材料和机械消耗量为0。

自卸汽车运土方（运距5 km），该项单位人工消耗量为0.005 28工日/m³，材料消耗量为0，综合机械台班消耗量为0.017 603台班/m³。

⑤计算人工费、材料费、机械台班使用费价款：⑤＝＊④×③。

人工挖土方（三类土，挖深2 m以内）的人工费＝0.472 82×35×72.51＝1 199.95（元）

材料费＝0

机械费＝0

人工装土的人工费 $= 0.137\ 54 \times 35 \times 18.66 = 89.83$（元）

$$材料费 = 0$$

$$机械费 = 0$$

自卸汽车运土方（运距 5 km）的人工费 $= 0.005\ 28 \times 35 \times 18.66 = 3.45$（元）

$$材料费 = 0$$

$$机械费 = 0.017\ 603 \times 350 \times 18.66 = 114.97（元）$$

$$小\ 计 = 3.45 + 114.97 = 118.42（元）$$

⑥计算清单项目人工费、材料费、机械台班使用费价款：⑥ $= \sum$ ⑤。

第五项费用合计 $= 1\ 199.96 + 89.83 + 118.42 = 1\ 408.21$（元）

⑦确定费率。

根据辽宁省建设工程费用标准，结合本企业和市场的情况，确定管理费率为 13.65%、利润率为 17.55%。

⑧计算管理费和利润。

根据省建设工程费用标准，确定取费基数为：人工费＋机械费。

$$⑧ = ⑥中（人工费 + 机械费）\times（管理费率、利润率）$$

人工挖土方（三类土，挖深 2 m 以内）的管理费 $= 1\ 199.96 \times 13.65\% = 163.79$（元）

$$利润 = 1\ 199.96 \times 17.55\% = 210.59（元）$$

人工装土的管理费 $= 89.83 \times 13.65\% = 12.26$（元）

$$利润 = 89.83 \times 17.55\% = 15.77（元）$$

自卸汽车运土方（运距 5 km）的管理费 $= 118.413 \times 13.65\% = 16.16$（元）

$$利润 = 118.413 \times 17.55\% = 20.78（元）$$

⑨计算清单项目人工费、材料费、机械台班使用费、管理费和利润价款：⑨ $= \sum$ ⑧。

人工挖土方清单项目费用合计 $= 1\ 199.96 + 163.79 + 210.59 = 1\ 574.34$（元）

人工装土方清单项目费用合计 $= 89.83 + 12.26 + 15.77 = 117.86$（元）

自卸汽车运土费用合计 $= 118.42 + 16.16 + 20.87 = 155.45$（元）

$$小\ 计 = 1\ 574.34 + 117.86 + 155.45 = 1\ 847.65（元）$$

⑩计算清单项目综合单价：⑩ ＝ ⑨/项目主体工程工程量。

此项目的清单综合单价 $= 1\ 847.65/29.58 = 62.46$（元/ m^3）

分部分项工程量清单综合单价计算表见表 1.4。

表 1.4 分部分项工程量清单综合单价计算表

工程名称：某单位值班室工程　　　　　　　　　　　　　　　　　　　　计量单位：m^3

项目编码：010101003001　　　　　　　　　　　　　　　　　　　　　工程数量：29.58

项目名称：挖基础土方　　　　　　　　　　　　　　　　　　　　　　　综合单价：62.46 元/m^3

序号	定额编号	工程内容	单位	数量	金　额（元）					
					人工费	材料费	机械使用费	管理费 13.65%	利润 17.55%	小计
1	1—17	人工挖基槽（三类土，挖深 2 m 以内）	m^3	72.51	1 199.96	—	—	163.79	210.59	1 574.34
2	1—101	人工装土	m^3	18.66	89.83	—	—	12.26	15.77	117.86
3	1—219	8 t 自卸汽车运土（运距 5 km）	m^3	18.66	3.45		114.97	16.16	20.87	155.45
		合 计			1 293.24		114.97	192.21	247.23	1 847.65

挖基槽（三类土、挖深 2 m 以内）的综合单价为：1 847.65÷29.58＝ 62.46（元/ m³）。

通过以上计算，可得出分部分项工程量清单综合单价的计算流程，如图 1.5 所示。

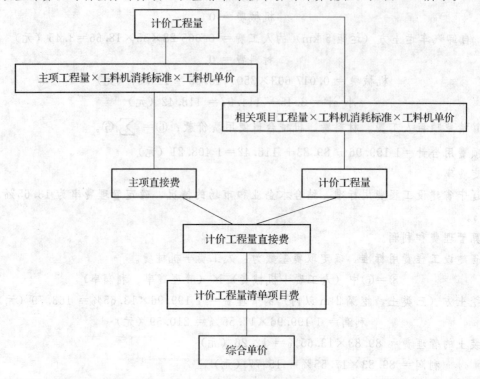

图 1.5 综合单价的计算流程图

分部分项工程量清单综合单价分析表，是将综合单价计算表中的费用除以本项清单工程量，得出对应的单位清单项目工程量的人工费、材料费、机械使用费、管理费和利润的款项。例如挖基槽土方的人工费为 1 199.96÷29.58＝ 40.567（元/ m³）（29.58 m³ 是清单工程量）。具体计算结果见表 1.5。

表 1.5 分部分项工程量清单综合单价分析表

工程名称：某单位值班室工程　　　　　　　　　　　　　　　　　　　　　　　　　　元/ m³

| 序号 | 项目编码 | 项目名称 | 工程内容 | 综合单价组成 | | | | | 综合单价 |
				人工费	材料费	机械使用费	管理费	利润	
1	0101010 03001	挖基槽土方三类土、带型砖基础、运距5 km、挖深1.7 m	人工挖土	40.57	—	—	5.54	7.12	
			人工装土	3.04	—	—	0.41	0.53	
			自卸汽车运土	0.17	—	3.89	0.55	0.71	
		合计		43.78	—	3.89	6.50	8.36	62.46

2. 分部分项工程费的计算

分部分项工程费等于各清单工程量与其综合单价乘积之和。即

$$分部分项工程费＝\sum（清单工程量 \times 综合单价）$$

分部分项工程量清单计价的主要任务是确定各个清单项目的综合单价。按照《计价规范》的规定，在分部分项工程的综合单价中应包括分部分项工程主体项目以及与主体项目相组合的辅助项目的每一清单计量单位的人工费、材料费、机械使用费、管理费、利润；还应包括在不同条件下施工需增加的人工费、材料费、机械使用费、管理费、利润。分部分项工程综合单价的分析，应根据工程施工图，可以参考建设行政主管部门颁发的消耗量定额、综合定额或企业定额进行。若套用企业

定额，在投标报价时，除按招标文件的要求外，一般招标人还要求附上相应的分析和说明，便于评标定标。

3. 措施项目费的计算

(1) 措施费的概念

措施费是指为完成工程项目施工，发生于该工程施工前和施工过程中非工程实体项目的费用。包括以下内容：

① 建设工程安全防护、文明施工措施费用、危险性较大工程安全措施费及其他费用项目组成由各地建设行政主管部门结合本地区实际自行确定。

② 临时设施费是指施工企业为进行建筑工程施工所必须搭设的生活和生产用的临时建筑物、构筑物和其他临时设施费用等。

临时设施包括：临时宿舍、文化福利及公用事业房屋与构筑物，仓库、办公室、加工厂以及规定范围内道路、水、电、管线等临时设施和小型临时设施。

③ 夜间施工费是指因夜间施工所发生的夜班补助费、夜间施工降效、夜间施工照明设备摊销及照明用电等费用。

④ 二次搬运费是指因施工场地狭小等特殊情况而发生的二次搬运费用。

⑤ 大型机械设备进出场及安拆费是指机械整体或分体自停放场地运至施工现场或由一个施工地点运至另一个施工地点，所发生的机械进出场运输及转移费用及机械在施工现场进行安装、拆卸所需的人工费、材料费、机械费、试运转费和安装所需的辅助设施的费用。

⑥ 混凝土、钢筋混凝土模板及支架费是指混凝土施工过程中需要的各种钢模板、木模板、支架等的支、拆、运输费用及模板、支架的摊销（或租赁）费用。

⑦ 脚手架费是指施工需要的各种脚手架搭、拆、运输费用及脚手架的摊销（或租赁）费用。

⑧ 已完工程及设备保护费是指竣工验收前，对已完工程及设备进行保护所需费用。

⑨ 施工排水、降水费是指为确保工程在正常条件下施工，采取各种排水、降水措施所发生的各种费用。

(2) 措施费的计算

① 环境保护费

$$环境保护费＝直接工程费×环境保护费费率$$

② 安全、文明施工费

$$安全、文明施工费＝直接工程费×安全、文明施工费费率$$

③ 临时设施费

$$临时设施费＝（周转使用临建费＋一次性使用临建费）×（1＋其他临时设施所占比例）$$

④ 夜间施工增加费。

⑤ 二次搬运费

$$二次搬运费＝直接工程费×二次搬运费费率$$

⑥ 大型机械设备进出场及安拆费

$$大型机械设备进出场及安拆费＝（一次进出场及安拆费×年平均安拆次数）÷年工作台班$$

⑦ 混凝土、钢筋混凝土模板及支架费

$$混凝土、钢筋混凝土模板及支架费＝模板摊销量×模板价格＋支、拆、运输费$$

摊销量是指为完成一定计量单位建筑产品的生产，一次所需要的周转性材料的数量。

$$租赁费＝模板使用量×使用日期×租赁价格＋支、拆、运输费$$

⑧ 脚手架费

$$脚手架搭拆费＝脚手架摊销量×脚手架价格＋支、拆、运输费$$

$$脚手架租赁费＝脚手架每日租金×搭设周期＋支、拆、运输费$$

⑨ 已完工程及设备保护费

已完工程及设备保护费＝成品保护所需机械费＋材料费＋人工费

⑩ 施工排水、降水费

施工排水、降水费 ＝ $\sum$ 排水降水机械台班费 ＋ 排水降水周期 ＋ 排水降水使用材料费、人工费

4. 其他项目费的计算

其他项目费由招标人、投标人两部分内容组成。

（1）招标人部分

①预留金。预留金主要指考虑可能发生的工程量变化和费用增加而预留的金额。引起工程量变化和费用增加的原因很多，一般主要有以下几个方面：

a. 清单编制人员错算、漏算引起的工程量增加；

b. 设计深度不够、设计质量较低造成的设计变更引起的工程量增加；

c. 在施工过程中应业主要求，经设计或监理工程师同意的工程变更增加的工程量；

d. 其他原因引起应由业主承担的增加费用，如风险费用和索赔费用。

预留金由清单编制人根据业主意图和拟建工程实际情况计算确定。设计质量较高，已成熟的工程设计，一般预留工程造价的 3％～5％作为预留金。在初步设计阶段，工程设计不成熟，一般要预留工程造价的 10％～15％作为预留金。

预留金作为工程造价的组成部分计入工程造价。但预留金应根据发生的情况必须通过监理工程师批准方能使用，未使用部分归业主所有。

②材料购置费。材料购置费是指业主出于特殊目的或要求，对工程消耗的某几类材料，在招标文件中规定，由招标人组织采购发生的材料费。

③其他。其他是指招标人可增加的新项目。例如，指定分包工程费，即由于某些项目或单位工程专业性较强，必须由专业队伍施工，就需要增加此项目费用。其费用数额应通过向专业施工承包商询价（或招标）确定。

（2）投标人部分

《计价规范》中列举了总承包服务费、零星工作项目费两项内容。如果招标文件对承包商的工作内容还有其他要求，也应列出项目。例如，机械设备的场外运输，为业主代培技术工人等。

投标人部分的清单内容设置，除总承包服务费只需简单列项外，其他项目都应该量化描述。零星工作项目要表明各类人工、材料、机械的消耗量。

①零星工作项目计价表中的序号、名称、计量单位、工程量按零星工作项目表的相应内容填写，不得增加、减少、修改。

②零星工作项目计价表中的综合单价，应在招标人预测名称及预估的相应数量的基础上，考虑零星工作特点进行确定。

③工程竣工后零星工作费应按实际完成的工程量所需费用结算。

5. 规费

（1）规费的概念

规费是指政府及有关部门规定必须缴纳的费用。

（2）规费的内容

①工程排污费，指按规定缴纳的施工现场的排污费。

②养老保险费，指企业按规定标准为职工缴纳的养老保险费（指社会统筹部分）。

③失业保险费，指企业按规定标准为职工缴纳的失业保险金。

④医疗保险费，指企业按规定标准为职工缴纳的基本医疗保险费。

⑤住房公积金，指企业按规定标准为职工缴纳的住房公积金。

⑥工伤保险，指按照《中华人民共和国建筑法》规定，企业为从事危险作业的建筑安装施工人员支付的工伤保险费。

（3）规费的计算

计算规费的基数一般有人工费、直接费、人工费加机械费，所对应的费率一般按本地区典型工程承发包价的分析资料确定。

规费的计算公式为

$$规费＝计算基数×对应的费率$$

当国家有明文规定时，规费的计算一般按国家及有关部门规定的计算公式及费率标准计算。

6．利润

利润是指施工企业完成所承包工程获得的盈利。

利润的计算公式

$$利润＝计算基数×利润率$$

7．税金

税金是指国家规定的计入建设工程造价内的营业税、城市维护建设税及教育费附加等。

税金由营业税、城市维护建设税、教育费附加和地方教育附加四部分构成。

① 营业税。

营业税的税额为营业额的 3%。计算公式为

$$营业税＝营业额×3\%$$

② 城市维护建设税

$$城市维护建设税＝应纳税额×适用税率$$

城市维护建设税的纳税人所在地为市区的，按营业税的 7% 征收；所在地为县镇的，按营业税的 5% 征收；所在地为农村的，按营业税的 1% 征收。

③ 教育费附加。教育费附加税额为营业税的 3%。其计算公式为

$$教育费附加＝应纳营业税额×3\%$$

为了计算上的方便，可将营业税、城市维护建设税、教育费附加和地方教育附加合并在一起计算，以工程成本加利润为基数计算税金。

$$税金＝（分部分项清单项目费＋措施项目费＋其他项目＋规费＋税金）×税率$$

上述公式变换后成为

$$税金＝（分部分项清单项目费＋措施项目费＋其他项目费＋规费）×税率/（1－税率）。$$

技术提示

各项费用的计算以当地主管部门颁发的有关标准及规定进行。

【知识链接】

1．《建设工程工程量清单计价规范》（GB 50500—2013）；

2．《房屋建筑与装饰工程工程量计算规范》（GB 50854—2013）；

3．《通用安装工程工程量计算规范》（GB 50856—2013）；

4．地方《建筑与装饰工程消耗量定额》；

5．地方《通用安装工程消耗量定额》；

6．地方《建设工程消耗量定额基价》；

7．地方《建设工程费用项目计算标准》；

8．地方人工工资单价；

9．地方《施工机械台班费用单价》；

10．地方建筑材料价格季节性指导价。

拓展与实训

✐ **基础训练**

一、单项选择题

1. 直接工程费包括（　　）。

　　A. 人工费

　　B. 人工费、材料费、机械使用费

　　C. 人工费、材料费、机械使用费、规费

　　D. 人工费、材料费、机械使用费、规费及税金

2. 二次搬运费属于（　　）。

　　A. 直接工程费　　　　　　　　　　　　　B. 措施费

　　C. 间接费　　　　　　　　　　　　　　　D. 企业管理费

3. 职工的养老保险费属于（　　）。

　　A. 规费　　　　　　　　　　　　　　　　B. 措施费

　　C. 间接费　　　　　　　　　　　　　　　D. 企业管理费

4. 职工的劳动保险费属于（　　）。

　　A. 规费　　　　　　　　　　　　　　　　B. 措施费

　　C. 间接费　　　　　　　　　　　　　　　D. 企业管理费

5. 为适应我国工程投资体制改革和建设管理体制改革的需要，加快我国建筑工程计价模式与国际接轨的步伐，在全国范围内逐步推广工程量清单计价方法的时间是（　　）。

　　A. 2003 年　　　　　B. 2005 年　　　　　C. 2008 年　　　　　D. 2013 年

6. 分部分项工程量清单编制中，项目编码以五级编码设置，采用（　　）位阿拉伯数字表示。

　　A. 9　　　　　　　　B. 10　　　　　　　　C. 12　　　　　　　　D. 15

二、多项选择题

1. 建筑安装工程费的组成包括（　　）。

　　A. 直接费　　　　　B. 间接费　　　　　C. 措施费　　　　　D. 利润

　　E. 税金

2. 直接费包括（　　）。

　　A. 人工费　　　　　B. 材料费　　　　　C. 施工机械使用费　　　D. 利润

　　E. 企业管理费

3. 间接费的组成项目包括（　　）。

　　A. 直接工程费　　　　　　　　　　　　　B. 规费

　　C. 措施费　　　　　　　　　　　　　　　D. 利润

　　E. 企业管理费

4. 工程量清单的编制者应该是（　　）。

　　A. 投标人

　　B. 具有编制招标文件能力的招标人

　　C. 工程造价咨询机构

　　D. 招标人委托具有相应资质的工程造价咨询人

　　E. 建筑设计单位

三、简答题

1. 工程量清单由哪几部分组成，其中分部分项工程量清单包括哪些内容？

2. 规费的内容包括哪几项？

3. 综合单价包括哪几项费用？

工程模拟训练

1. 某基础工程挖基坑土方工程量为 1 800 m³，土壤类别为二类，挖土深度为 1.80 m，弃土运距为 200 m，根据本地区（省、市、区）的预算定额、费用标准和市场价格，计算其挖基坑土方的综合单价。

2. 某基础工程 C15 混凝土垫层为 120 m³，根据本地区（省、市、区）的预算定额、费用标准和市场价格，计算其挖基坑土方的综合单价。

链接执考

1. 根据《建设工程工程量清单计价规范》（GB 50500—2013），应列入规费项目清单的费用的是（　　）。（2013 年一级建造师试题（单选题））

 A. 上级单位管理费   B. 大型机械进出场及安拆费

 C. 住房公积金   D. 危险作业意外伤害保险

2. 根据现行《建筑安装工程费用组成》（建标〔2013〕44 号），企业按规定为职工缴纳的基本养老保险属于（　　）。（2013 年一级建造师试题（单选题））

 A. 规费   B. 企业管理费   C. 措施费   D. 人工费

3. 根据《建设工程工程量清单计价规范》（GB 50500—2013），采用工程量清单招标的工程，投标人在投标报价时不得作为竞争性费用的是（　　）。（2013 年一级建造师试题（单选题））

 A. 工程定位复测费   B. 税金

 C. 冬雨季施工增加费   D. 总承包服务费

4. 根据《建设工程工程量清单计价规范》（GB 50500—2013）投标的工程，完全不竞争的部分是（　　）。（2013 年一级建造师试题（单选题））

 A. 分部分项工程费   B. 措施项目费

 C. 其他项目费   D. 规费

5. 根据《建筑安装工程费用组成》（建标〔2013〕44 号），下列费用中，应计入分部分项工程费的是（　　）。（2013 年一级建造师试题（单选题））

 A. 安全文明施工费   B. 二次搬运费

 C. 施工机械使用费   D. 大型机械设备进出场及安拆费

6. 根据《建设工程工程量清单计价规范》（GB 50500—2013），应计入社会保险费的有（　　）。（2013 年一级建造师试题（多选题））

 A. 财产保险费   B. 失业保险费

 C. 医疗保险费   D. 劳动保护费

 E. 工伤保险费

模块 2

房屋建筑与装饰工程 工程量清单的编制

【模块概述】

房屋建筑与装饰工程工程量清单是建设工程工程量清单的重要组成部分，是建筑工程计量、计价的基础与依据。采用工程量清单方式招标的，工程量清单必须作为招标文件的组成部分。从这个意义上讲，工程量清单的准确与否将直接影响建筑工程的计价和预结算等环节。

【知识目标】

1. 熟悉房屋建筑与装饰工程工程量清单项目划分；
2. 熟悉各分部分项工程量清单项目的工程内容；
3. 掌握工程量计算规则和各分部分项工程量清单项目设置方法。

【技能目标】

编制单位建筑与装饰工程工程量清单。

【课时建议】

24 课时

工程导入

×××红十字会×××镇卫生院住院楼工程建筑与装饰工程（建施图、结施图），根据工程承发包的要求，需编制工程量清单。那么，建筑与装饰工程工程量清单包括哪些内容？该如何编制呢？

2.1 土石方工程

土石方工程适用于建筑物和构筑物的土石方开挖及回填工程，是建筑工程的主要分部工程之一。《建设工程工程量清单计价规范》将土石方工程划分为：土方工程、石方工程、土（石）方回填三大部分，其项目编码分别为 010101、010102、010103。

2.1.1 土方工程

土方工程包括平整场地，挖一般土方，挖沟槽土方，挖基坑土方，冻土开挖，挖淤泥、流沙、管沟土方等项目。

1. 平整场地

平整场地是指工程破土开工前，对施工现场小于±300 mm 高低不平的部位进行的就地挖填土方、场地找平、场地内运输。

（1）工程量计算

其工程量区别不同土壤类别、取土、弃土运距，按设计图示尺寸以建筑物首层面积计算，即

$$S=建筑物首层面积$$

（2）工程内容

工程内容包括±300 mm 以内（含）的就地土方挖填、场地找平及运输。

2. 挖一般土方

一般土方是指除沟槽和基坑外的其他土方，挖一般土方是指±300 mm 以上竖向布置的挖土或山坡切土，或室外设计地坪标高以上的挖土，并包括指定范围内的土方运输。

（1）工程量计算

其工程量区别不同的土壤类别、挖土平均厚度，按设计图示尺寸以体积计算，即

$$V=挖土平均厚度×挖土平面面积$$

挖一般土方平均厚度应按自然地面测量标高至设计地坪标高间的平均厚度确定。基础土方、石方开挖深度应按基础垫层底表面标高至交付施工场地标高确定，无交付施工场地标高时，应按自然地面标高确定。

（2）工程内容

工程内容包括排地表水、土方开挖、围护（挡土板）、支撑、截桩头、基底钎探及运输。

3. 挖沟槽土方

挖沟槽土方是指底宽不大于 7 m，底长大于 3 倍底宽时，设计室外地坪以下的挖土。适用于基础土方开挖（包括人工挖孔桩土方），或指室外设计地坪标高以下的土方开挖，并包括指定范围内的土方运输。

（1）工程量计算

其工程量区别不同土壤类别、挖土深度，按建筑物和构筑物有不同的计算方法。

对于房屋建筑，按设计图示尺寸以基础垫层底面积乘以挖土深度以立方米计算。

（2）工程内容

工程内容包括排地表水、土方开挖、围护（挡土板）、支撑、截桩头、基底钎探及运输。

4. 挖基坑土方

挖基坑土方是指底长不大于 3 倍底宽，且底面积不大于 150 m² 时，设计室外地坪以下的挖土。适用于基础土方开挖（包括人工挖孔桩土方），是指室外设计地坪标高以下的土方开挖，并包括指定范围内的土方运输。

（1）工程量计算

其工程量区别不同土壤类别、挖土深度，按建筑物和构筑物有不同的计算方法。

对于房屋建筑，按设计图示尺寸以基础垫层底面积乘以挖土深度以立方米计算。

（2）工程内容

工程内容包括排地表水、土方开挖、围护（挡土板）、支撑、截桩头、基底钎探及运输。

5. 冻土开挖

（1）工程量计算

其工程量区别不同的冻土厚度、弃土运距，按设计图示尺寸以开挖面积乘以厚度以体积立方米计算，即

$$V = 冻土厚度 \times 开挖面积$$

（2）工程内容

工程内容包括爆破（打眼、装药、起爆）、开挖、清理、运输。

6. 挖淤泥、流沙

淤泥是一种稀软状、不易成型、灰黑色、有臭味，含有半腐朽植物遗体（占 60% 以上）、置于水中有动植物残体渣滓浮出并常有气泡由水中冒出的泥土。当土方开挖至地下水位时，有时坑底下面的土层会形成流动状态，随地下水涌入基坑，这种现象称为流沙。

（1）工程量计算

其工程量区别不同的挖掘深度、弃淤泥、流沙距离，按设计图示位置、界限以体积立方米计算。

（2）工程内容

工程内容包括挖淤泥、流沙，弃淤泥、流沙。

7. 管沟土方

（1）工程量计算

其工程量区别不同土壤类别、管外径、挖沟平均深度、弃土运距、回填要求，按设计图示管道中心线以长度米计算。

有管沟设计时，平均深度以沟垫层底面标高至交付施工场地标高计算；无管沟设计时，直埋管深度应按管底外表面标高至交付施工场地标高的平均高度计算。

（2）工程内容

工程内容包括排地表水、土方开挖、围护（挡土板）、支撑、运输和回填。

2.1.2 石方工程

沟槽、基坑、一般石方的划分为：底宽不大于 7 m，底长大于 3 倍底宽为沟槽；底长不大于 3 倍底宽、底面积不大于 150 m² 为基坑；超出上述范围则为一般石方。

1. 挖一般石方

(1) 工程量计算

其工程量区别不同岩石类别、单孔深度、单孔装药量，炸药和雷管品种、规格，按设计图示尺寸以钻孔总长度米计算。

(2) 工程内容

工程内容包括打眼、装药、放炮，处理渗水、积水，安全防护、警卫。

2. 挖沟槽石方

(1) 工程量计算

石方开挖工程量区别不同岩石类别、开凿深度、弃土运距、光面爆破要求、基底摊座要求、爆破石块直径要求，按设计图示尺寸以体积立方米计算。

(2) 工程内容

工程内容包括打眼、装药、放炮，处理渗水、积水，解小、岩石开凿、摊座、清理、运输，安全防护、警卫。

3. 挖基坑石方

(1) 工程量计算

其工程量区别不同岩石类别、管外径、开凿深度、弃土运距、基底摊座要求、爆破石块直径要求，按设计图示尺寸以管道中心线长度米计算。

(2) 工程内容

工程内容包括石方开凿、爆破，处理渗水、积水，解小、摊座，清理、运输、回填，安全防护、警卫。

4. 基底摊座

(1) 工程量计算

其工程量区别不同岩石类别、管外径、开凿深度、弃土运距、基底摊座要求、爆破石块直径要求，按设计图示尺寸以管道中心线长度米计算。

(2) 工程内容

工程内容包括石方开凿、爆破，处理渗水、积水，解小、摊座，清理、运输、回填，安全防护、警卫。

5. 管沟石方

(1) 工程量计算

其工程量区别不同岩石类别、管外径、开凿深度、弃土运距、基底摊座要求、爆破石块直径要求，按设计图示尺寸以管道中心线长度米计算。

(2) 工程内容

工程内容包括石方开凿、爆破，处理渗水、积水，解小、摊座，清理、运输、回填，安全防护、警卫。

2.1.3 土（石）方回填

1. 回填方

(1) 工程量计算

土石方回填项目适用于场地回填、室内回填以及基础回填，也包括指定范围内的土方运输以及借土回填的土方开挖。

其工程量区别不同土质要求、密实度要求、粒径要求、夯填（碾压）、松填、运输距离，按设计图示尺寸以体积立方米计算。

①场地回填。按回填面积乘以平均回填深度以体积立方米计算，即

$$V = 回填面积 \times 平均回填厚度$$

②室内回填。按底层主墙间结构净面积乘以回填厚度以体积立方米计算（不扣除间隔墙），即

$$V = 主墙间净面积 \times 回填厚度$$

式中主墙是指结构厚度大于 120 mm 的各类墙体。主墙间净面积可按下式计算：

$$主墙间净面积 = 建筑物首层面积 - \sum 内墙水平面积 - \sum 外墙水平面积$$

③基础回填。按挖土体积减去室外地坪标高以下埋设物的基础体积（包括基础垫层及其他构筑物等的体积），以体积立方米计算，即

$$V = 挖土体积 - 室外地坪标高以下埋设物的基础体积$$

（2）工程内容

工程内容包括运输、回填、夯实等。

2. 余方弃置

（1）工程量计算

其工程量区别不同废弃料品种、运距等，按挖方清单项目工程量减去利用回填方体积（正数）计算，以体积立方米计量。

（2）工程内容

工程内容主要为余方点装料运输至弃置点。

3. 缺方内运

（1）工程量计算

其工程量区别不同废弃料品种、运距等，按挖方清单项目工程量减去利用回填方体积（负数）计算，以体积立方米计量。

（2）工程内容

工程内容主要为取料点装料运输至缺方点。

【知识拓展】

其他相关问题的处理规定

（1）土壤分类应按照表 2.1 来确定，如土壤类别不能准确划分时，招标人可注明为综合，由投标人根据地勘报告决定报价。

表 2.1 土壤分类表

土壤分类	土壤名称	开挖方法
一、二类土	粉土、砂土（粉砂、细砂、中砂、粗砂、砾砂）、粉质黏土、弱中盐渍土、软土（淤泥质土、泥炭、泥炭质土）、软塑红黏土、冲填土	用锹，少许用镐、条锄开挖。机械能全部直接铲挖满载者
三类土	黏土、碎石土（圆砾、角砾）、混合土、可塑红黏土、硬塑红黏土、强盐渍土、素填土、压实填土	主要用镐、条锄，少许用锹开挖。机械需部分刨松方能铲挖满载者或可直接铲挖但不能满载者
四类土	碎石土（卵石、碎石、漂石、块石）、坚硬红黏土、超盐渍土、杂填土	全部用镐、条锄挖掘，少许用撬棍挖掘。机械需普遍刨松方能铲挖满载者

（2）土方体积均以挖掘前的天然密实体积计算。如需以天然密实体积与夯实后体积、松填体积或虚方体积之间进行折算时，可按表2.2系数计算。

表2.2 土方体积折算系数表

虚体积	天然密实体积	夯实体积	松填体积
1.00	0.77	0.67	0.83
1.30	1.00	0.87	1.08
1.50	1.15	1.00	1.25
1.20	0.92	0.80	1.00

技术提示

挖掘前的天然密实体积是指未经人工加工，而在自然状态下依据图纸所计算的土方体积。

（3）岩石的分类应按表2.3确定。

表2.3 岩石分类表

岩石分类		代表性岩石	开挖方法
极软岩		1. 全风化的各种岩石； 2. 各种半成岩	部分用手凿工具、部分用爆破法开挖
软质岩	软岩	1. 强风化的坚硬岩或较硬岩； 2. 中等风化—强风化的较软岩； 3. 未风化—微风化的页岩、泥岩、泥质砂岩等	用风镐和爆破法开挖
	较软岩	1. 中等风化—强风化的坚硬岩或较硬岩； 2. 未风化—微风化的凝灰岩、千枚岩、泥灰岩、砂质泥岩等	用爆破法开挖
硬质岩	较硬岩	1. 微风化的坚硬岩； 2. 未风化—微风化的大理岩、板岩、石灰岩、白云岩、钙质砂岩等	用爆破法开挖
	坚硬岩	未风化—微风化的花岗岩、闪长岩、辉绿岩、玄武岩、安山岩、片麻岩、石英岩、石英砂岩、硅质砾岩、硅质石灰岩等	用爆破法开挖

（4）石方体积应按挖掘前的天然密实体积计算。如需将爆破、开挖或回填的虚方体积按天然密实体积折算时，应按表2.4系数计算。

表2.4 石方体积折算系数表

石方类别	天然密实度体积	虚方体积	松填体积	码方
石方	1.0	1.54	1.31	
块石	1.0	1.75	1.43	1.67
砂夹石	1.0	1.07	0.94	

（5）挖土方如需截桩头时，应按桩基工程相关项目编码列项。

（6）挖沟槽、基坑、一般土方因工作面和放坡增加的工程量（管沟工作面增加的工程量），是否并入各土方工程量中，按各省、自治区、直辖市或行业建设主管部门的规定实施。

（7）挖方出现流沙、淤泥时，可根据实际情况由发包人与承包人双方认证。

【例 2.1】 按图 2.1 所示建筑物平面图形状，土壤类别为Ⅱ类土，弃土运距 500 m，取土运距 3 km，计算建筑物人工平整场地的工程量并列出清单表。

解 （1）工程量计算

如图 2.1（a）所示，矩形建筑物平整场地的工程量为

$$S = 11 \times 25 = 275.00 \ (m^2)$$

如图 2.1（b）所示，L 形建筑物平整场地的工程量为

$$S = 11 \times 9 + 9 \times 16 = 243.00 \ (m^2)$$

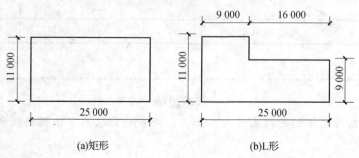

(a)矩形　　　　　　　　　　(b)L形

图 2.1　建筑物平面图

（2）列出清单项目

分部分项工程量清单见表 2.5。

表 2.5　分部分项工程量清单

工程名称：×× 　　　　　　　　　　　　　　　　　　　　　　　　　　第 1 页　共 1 页

序号	项目编码	项目名称	项目特征	计量单位	工程数量
1	010101001001	人工平整场地	土壤类别：Ⅱ类土 弃土运距：500 m	m²	275.00
2	010101001002	人工平整场地	取土运距：3 km	m²	243.00

【例 2.2】 某建筑物的基础平面图和剖面图如图 2.2 所示，该工程基槽内土质为一般土，工程采用人工挖基槽的土方开挖方法，留工作面；现场不留土，弃土运距 1 km，设计室外地坪以下的砖基础体积为 16.69 m³，混凝土垫层体积为 6.71 m³，混凝土带形基础体积为 17.85 m³。试计算平整场地、挖基槽、回填土工程量并填写工程量清单表。

解 （1）工程量计算

①平整场地。

平整场地清单工程量：S ＝首层建筑面积

$$= (8.1 + 0.25 \times 2) \times (7.2 + 0.25 \times 2)$$

$$= 66.22 \ (m^2)$$

②挖基槽。

确定基槽长度：

外墙挖基槽长度　$L_{中} = (8.1 + 0.065 \times 2 + 7.2 + 0.065 \times 2) \times 2 = 31.12 \ (m)$

内墙挖基槽长度　$L_{内} = 7.2 - (0.735 + 0.1) \times 2 + 3.90 - (0.735 + 0.6 + 0.1 \times 2)$

$$= 7.859 \ (m)$$

挖基槽深度　$2.1 - 0.45 = 1.65 \ (m)$

计算挖基槽清单工程量：

外墙挖基础土方　$V_{外} = B_{外} \times H \times L_{中}$

$$= 1.8 \times 1.65 \times 31.12 = 92.43 \ (m^3)$$

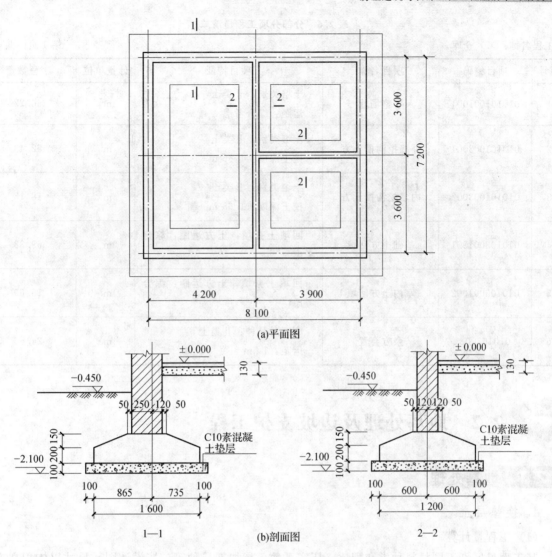

图 2.2 某建筑物的基础平面和剖面图

内墙挖基础土方 $V_内 = B_内 \times H \times L_内$

$$= 1.4 \times 1.65 \times 7.859 = 18.15 \ (m^3)$$

挖土体积 $V = V_外 + V_内 = 92.43 + 18.15 = 110.58 \ (m^3)$

③回填土。

基槽回填土工程量：$V_{基槽回填} = 挖土体积 - 室外地坪标高以下埋设物的基础体积$

$$= 110.58 - 16.69 - 6.71 - 17.85$$

$$= 69.33 \ (m^3)$$

房心回填土工程量：$V_{房心回填} = 主墙间净面积 \times 房心回填土厚度$

主墙间净面积：$S_净 = (4.2 - 0.24) \times (7.2 - 0.24) + (3.9 - 0.24) \times (3.6 - 0.24) \times 2$

$$= 52.157 \ (m^2)$$

房心回填土厚度：$h = 0.45 - 0.13 = 0.32 \ (m)$

$$V_{房心回填} = S_净 \times h = 52.157 \times 0.32 = 16.69 \ (m^3)$$

（2）列出清单项目

分部分项工程量见表 2.6。

表 2.6　分部分项工程量清单

工程名称：××仓库　　　　　　　　　　　　　　　　　　　　　　　第 1 页　共 1 页

序号	项目编码	项目名称	项目特征	计量单位	工程数量
1	010101001001	平整场地	土壤类别：Ⅱ类土 运距：综合考虑	m²	66.22
2	010101003001	外墙挖沟槽土方	土壤类别：Ⅱ类土 挖土深度：1.65 m	m³	92.43
3	010101003002	内墙挖沟槽土方	土壤类别：Ⅱ类土 挖土深度：1.65 m	m³	18.15
4	010103001001	基础土方回填	回填土夯填，土方运距：综合考虑	m³	69.33
5	010103001002	室内土方回填	回填土夯填，土方运距：综合考虑	m³	16.69
6	010103003	余方弃置	废弃料品种：Ⅱ类土 运距：1 km	m³	24.56

2.2　地基处理及边坡支护工程

2.2.1　地基处理

1. 换垫层土

（1）工程量计算

其工程量区别不同材料种类和配比、压实系数、掺加剂品种等，按设计图示尺寸以体积立方米计算。

（2）工程内容

工程内容包括分层铺垫、碾压、振密或夯实、材料运输等。

2. 铺设土工合成材料

（1）工程量计算

其工程量区别不同部位、品种、规格等，按设计图示尺寸以面积平方米计算。

（2）工程内容

工程内容包括分层挖填锚固沟、铺设、固定、运输等。

3. 预压地基

（1）工程量计算

其工程量区别不同排水竖井种类、断面、尺寸、排列方式、间距、深度，预压方法，预压荷载、时间，砂垫层厚度等，按设计图示尺寸以加固面积平方米计算。

（2）工程内容

工程内容包括设置排水竖井、盲沟、滤水管，铺设砂垫层、密封膜，堆载、卸载或抽气设备安拆、抽真空，材料运输等。

4. 强夯地基

（1）工程量计算

其工程量区别不同夯击能量、夯击遍数、地耐力要求、夯填材料种类等，按设计图示尺寸以加固面积平方米计算。

（2）工程内容

工程内容包括铺设夯填材料、强夯、夯填材料运输等。

5. 振冲密实（不填料）

（1）工程量计算

其工程量区别不同地层情况、振实密度、孔距等，按设计图示尺寸以加固面积平方米计算。

（2）工程内容

工程内容包括振冲加密、泥浆运输等。

6. 振冲桩（填料）

（1）工程量计算

其工程量区别不同地层情况，空桩长度、桩长，桩径，填充材料种类等，按设计图示尺寸以桩长米计算，或按设计桩截面乘以桩长以体积立方米计算。

（2）工程内容

工程内容包括振冲成孔、填料、振实，材料运输，泥浆运输等。

7. 砂石桩

（1）工程量计算

其工程量区别不同地层情况，空桩长度、桩长，桩径，成孔方法，材料种类、级配等，按设计图示尺寸以桩长（包括桩尖）计算，以米计量，或按设计桩截面乘以桩长（包括桩尖）以体积计算，以立方米计量。

（2）工程内容

工程内容包括振冲成孔、填充、振实，材料运输等。

8. 水泥粉煤灰碎石桩

（1）工程量计算

其工程量区别不同地层情况，空桩长度、桩长，桩径，成孔方法，混合料强度等级等，按设计图示尺寸以桩长（包括桩尖）计算，以米计量。

（2）工程内容

工程内容包括成孔、混合料制作、灌注、养护等。

9. 深层搅拌桩

（1）工程量计算

其工程量区别不同地层情况，空桩长度、桩长，桩截面尺寸，水泥强度等级、掺量等，按设计图示尺寸以桩长计算，以米计量。

（2）工程内容

工程内容包括预搅下钻、水泥浆制作、喷浆搅拌提升成桩，材料运输等。

10. 粉喷桩

（1）工程量计算

其工程量区别不同地层情况，空桩长度、桩长，桩径，粉体种类、掺量，水泥强度等级、石灰粉要求等，按设计图示尺寸以桩长计算，以米计量。

（2）工程内容

工程内容包括预搅下钻、喷粉搅拌提升成桩，材料运输等。

11. 夯实水泥土桩

（1）工程量计算

其工程量区别不同地层情况，空桩长度、桩长，桩径，成孔方法，水泥强度等级，混合料配比等，按设计图示尺寸以桩长（包括桩尖）计算，以米计量。

（2）工程内容

工程内容包括成孔、夯实，水泥土拌和、填料、夯实，材料运输等。

12. 高压喷射注浆桩

（1）工程量计算

其工程量区别不同地层情况，空桩长度、桩长，桩截面，注浆类型、方法，水泥强度等级等，按设计图示尺寸以桩长计算，以米计量。

（2）工程内容

工程内容包括成孔，水泥浆制作、高压喷射注浆，材料运输等。

13. 石灰桩

（1）工程量计算

其工程量区别不同地层情况，空桩长度、桩长，桩径，成孔方法，掺和料种类、配合比等，按设计图示尺寸以桩长（包括桩尖）计算，以米计量。

（2）工程内容

工程内容包括成孔，混合料制作、运输、夯填等。

14. 灰土（土）挤密桩

（1）工程量计算

其工程量区别不同地层情况，空桩长度、桩长，桩径，成孔方法，灰土级配等，按设计图示尺寸以桩长（包括桩尖）计算，以米计量。

（2）工程内容

工程内容包括成孔，灰土拌和、运输、填充、夯实等。

15. 柱锤冲扩桩

（1）工程量计算

其工程量区别不同地层情况，空桩长度、桩长，桩径，成孔方法，桩体材料种类、配合比等，按设计图示尺寸以桩长计算，以米计量。

（2）工程内容

工程内容包括安拔套管，冲孔、填料、夯实，桩体材料制作、运输等。

16. 注浆地基

（1）工程量计算

其工程量区别不同地层情况，空钻深度、注浆深度、注浆间距，浆液种类及配比，注浆方法，水泥强度等级等，按设计图示尺寸以钻孔深度计算，以米计量，或按设计图示尺寸以加固体积计算，以立方米计量。

（2）工程内容

工程内容包括成孔，注浆导管制作、安装，浆液制作、压浆，材料运输等。

17. 褥垫层

（1）工程量计算

其工程量区别不同厚度、材料品种及比例等，按设计图示尺寸以铺设面积计算，以平方米计量，或按设计图示尺寸以体积计算，以立方米计量。

（2）工程内容

工程内容包括材料拌和、运输、铺设、压实等。

2.2.2 基坑与边坡支护工程

1. 地下连续墙

（1）工程量计算

其工程量区别不同地层情况，导墙类型、截面，墙体厚度，成槽深度，混凝土强度等级，接头类型等，按设计图示墙中心线长乘以厚度乘以槽深以体积计算，以立方米计量。

（2）工程内容

工程内容包括导墙挖填、制作、安装、拆除，挖土成槽、固壁、清底置换，混凝土制作、运输、灌注、养护，接头处理，土方、废泥浆外运，打桩场地硬化及泥浆池、泥浆沟等。

2. 咬合灌注桩

（1）工程量计算

其工程量区别不同地层情况，桩长，桩径，混凝土类别、强度等级，部位等，按设计图示尺寸以桩长计算，以米计量，或按设计图示数量计算，以根计量。

（2）工程内容

工程内容包括成孔、固壁，混凝土制作、运输、灌注、养护，套管压拔，土方、废泥浆外运，打桩场地硬化及泥浆池、泥浆沟等。

3. 圆木桩

（1）工程量计算

其工程量区别不同地层情况，桩长，材质，尾径桩倾斜度等，按设计图示尺寸以桩长（包括桩尖）计算，以米计量，或按设计图示数量计算，以根计量。

（2）工程内容

工程内容包括工作平台搭拆，桩机竖拆、移位，桩靴安装，沉桩等。

4. 预制钢筋混凝土板桩

（1）工程量计算

其工程量区别不同地层情况，送桩深度、桩长，桩截面，混凝土强度等级等，按设计图示尺寸以桩长（包括桩尖）计算，以米计量，或按设计图示数量计算，以根计量。

（2）工程内容

工程内容包括工作平台搭拆，桩机竖拆、移位，沉桩，接桩等。

5. 型钢桩

（1）工程量计算

其工程量区别不同地层情况或部位，送桩深度、桩长，规格型号，桩倾斜度，防护材料种类和是否拔出等，按设计图示尺寸以质量计算，以吨计量，或按设计图示数量计算，以根计量。

（2）工程内容

工程内容包括工作平台搭拆，桩机竖拆、移位，打（拔）桩，接桩，刷防护材料等。

6. 钢板桩

（1）工程量计算

其工程量区别不同地层情况，桩长，板桩厚度等，按设计图示尺寸以质量计算，以吨计量，或按设计图示墙中心线长乘以桩长以面积计算，以平方米计量。

（2）工程内容

工程内容包括工作平台搭拆，桩机竖拆、移位，打拔钢板桩等。

7. 预应力锚杆、锚索

（1）工程量计算

其工程量区别不同地层情况，锚杆（索）类型、部位，钻孔深度，钻孔直径，杆体材料品种、规格、数量，浆液种类、强度等级等，按设计图示尺寸以钻孔深度计算，以米计量，或按设计图示数量计算，以根计量。

（2）工程内容

工程内容包括钻孔、浆液制作、运输、压浆，锚杆、锚索制作、安装，张拉锚固，锚杆、锚索施工平台搭设、拆除等。

8. 其他锚杆、土钉

（1）工程量计算

其工程量区别不同地层情况，钻孔深度，钻孔直径，置入方法，杆体材料品种、规格、数量，浆液种类、强度等级等，按设计图示尺寸以钻孔深度计算，以米计量，或按设计图示数量计算，以根计量。

（2）工程内容

工程内容包括钻孔、浆液制作、运输、压浆，锚杆、土钉制作、安装，锚杆、土钉施工平台搭设、拆除等。

9. 喷射混凝土、水泥砂浆

（1）工程量计算

其工程量区别不同部位，厚度，材料种类，混凝土（砂浆）类别、强度等级等，按设计图示尺寸以面积计算，以平方米计量。

（2）工程内容

工程内容包括修整边坡，混凝土（砂浆）制作、运输、喷射、养护，钻排水孔、安装排水管，喷射施工平台搭设、拆除等。

10. 混凝土支撑

（1）工程量计算

其工程量区别不同部位，混凝土强度等级等，按设计图示尺寸以体积计算，以立方米计量。

（2）工程内容

工程内容包括模板（支架或支撑）制作、安装、拆除、堆放、运输及清理模内杂物、刷隔离剂等，混凝土制作、运输、浇筑、振捣、养护等。

11. 钢支撑

（1）工程量计算

其工程量区别不同部位，钢材品种、规格，探伤要求等，按设计图示尺寸以质量计算，以吨计量，不扣除孔眼质量，焊条、铆钉、螺栓等不另加质量。

（2）工程内容

工程内容包括支撑、铁件制作（摊销、租赁），支撑、铁件安装，探伤，刷漆，拆除，运输等。

2.3 桩基工程

2.3.1 打桩

1. 预制钢筋混凝土方桩

（1）工程量计算

其工程量区别不同地层情况，送桩深度、桩长，桩截面，桩倾斜度，混凝土强度等级等，按设计图示尺寸以桩长（包括桩尖）计算，以米计量，或按设计图示数量计算，以根计量。

（2）工程内容

工程内容包括工作平台搭拆，桩机竖拆、移位，沉桩，接桩，送桩等。

2. 预制钢筋混凝土管桩

（1）工程量计算

其工程量区别不同地层情况，送桩深度、桩长，桩外径、厚度，桩倾斜度，混凝土强度等级，填充材料种类，防护材料种类等，按设计图示尺寸以桩长（包括桩尖）计算，以米计量，或按设计图示数量计算，以根计量。

（2）工程内容

工程内容包括工作平台搭拆，桩机竖拆、移位，沉桩，接桩，送桩，填充材料、刷防护材料等。

3. 钢管桩

（1）工程量计算

其工程量区别不同地层情况，送桩深度、桩长，材质，管径、厚度，桩倾斜度，填充材料种类，防护材料种类等，按设计图示尺寸以质量计算，以吨计量，或按设计图示数量计算，以根计量。

（2）工程内容

工程内容包括工作平台搭拆，桩机竖拆、移位，沉桩，接桩，送桩，切割钢管、精割盖帽，管内取土，填充材料、刷防护材料等。

4. 截（凿）桩头

（1）工程量计算

其工程量区别不同桩头截面、高度，混凝土强度等级，有无钢筋等，按设计桩截面乘以桩头长度以体积计算，以立方米计量，或按设计图示数量计算，以根计量。

（2）工程内容

工程内容包括截桩头、凿平、废料外运等。

2.3.2 灌注桩

1. 泥浆护壁成孔灌注桩

（1）工程量计算

其工程量区别不同地层情况，空桩长度、桩长，桩径，成孔方法，护筒类型、长度，混凝土类别、强度等级等，按设计图示尺寸以桩长（包括桩尖）计算，以米计量，或按不同截面在桩上范围内以体积计算，以立方米计量，或按设计图示数量计算，以根计量。

（2）工程内容

工程内容包括护筒埋设，成孔、固壁，混凝土制作、运输、灌注、养护，土方、废泥浆外运，打桩场地硬化及泥浆池、泥浆沟等。

2. 沉管灌注桩

（1）工程量计算

其工程量区别不同地层情况，空桩长度、桩长，复打长度，桩径，沉管方法，桩尖类型，混凝土类别、强度等级等，按设计图示尺寸以桩长（包括桩尖）计算，以米计量，或按不同截面在桩上范围内以体积计算，以立方米计量，或按设计图示数量计算，以根计量。

（2）工程内容

工程内容包括打（沉）拔钢管，桩尖制作、安装，混凝土制作、运输、灌注、养护等。

3. 干作业成孔灌注桩

（1）工程量计算

其工程量区别不同地层情况，空桩长度、桩长，桩径，扩孔直径、高度，成孔方法，混凝土类别、强度等级等，按设计图示尺寸以桩长（包括桩尖）计算，以米计量，或按不同截面在桩上范围内以体积计算，以立方米计量，或按设计图示数量计算，以根计量。

（2）工程内容

工程内容包括成孔、扩孔，混凝土制作、运输、灌注、振捣、养护等。

4. 挖孔桩土（石）方

（1）工程量计算

其工程量区别不同土（石）类别，挖孔深度，弃土（石）运距等，按设计图示尺寸截面积乘以挖孔深度，以立方米计量。

（2）工程内容

工程内容包括排地表水，挖土、凿岩，基底钎探，运输等。

5. 人工挖孔灌注桩

（1）工程量计算

其工程量区别不同桩芯长度，桩芯直径、扩底直径、扩底高度，护壁厚度、高度，护壁混凝土类别、强度等级，桩芯混凝土类别、强度等级等，按桩芯混凝土体积计算，以立方米计量，或按设计图示数量计算，以根计量。

（2）工程内容

工程内容包括护壁制作，混凝土制作、运输、灌注、振捣、养护等。

6. 钻孔压浆桩

（1）工程量计算

其工程量区别不同地层情况，空钻长度、桩长，钻孔直径，水泥强度等级等，按设计图示尺寸以桩长计算，以米计量，或按设计图示数量计算，以根计量。

（2）工程内容

工程内容包括钻孔，下注浆管，投放骨料，浆液制作、运输，压浆等。

7. 桩底注浆

（1）工程量计算

其工程量区别不同注浆导管材料、规格，注浆导管长度，单孔注浆量，水泥强度等级等，按设计图示以注浆孔数计算，以孔个数计量。

（2）工程内容

工程内容包括注浆导管制作、安装，浆液制作、运输，压浆等。

【例 2.3】 某工程基础采用干作业成孔灌注桩，C25 级混凝土现场搅拌，自然地坪标高 −0.45 m，桩顶标高 −3.00 m，设计桩长 12.00 m，桩进入岩层 2 m，如图 2.3 所示，土质情况：地面至桩长 10 m 处为 II 类土层，余下 2 m 为 IV 类岩层，桩直径 600 mm，设钢护筒，共 90 根，泥浆外运 5 km。试确定干作业成孔灌注桩的工程量清单。

图 2.3 例 2.3 图（mm）

解 混凝土灌注桩清单工程量 = 12×90 = 1 080（m）

分部分项工程量清单见表 2.7。

表 2.7 分部分项工程量清单

工程名称：××工程   第 1 页 共 1 页

序号	项目编码	项目名称	项目特征	计量单位	工程数量
1	010303003001	干作业成孔灌注桩	1. 土壤类别：地面至桩长 10 m 处为 II 类土层；余下为 IV 类岩层 2. 单桩长度、根数：设计桩长 12 m、90 根 3. 桩截面：直径 600 mm 4. 成孔方法：干作业成孔 5. 混凝土强度等级：C25	m	1 080

2.4 砌筑工程

砌筑工程是指砖、石块体和各种类型砌块用胶结材料组砌，使其组成具有一定的抗压、抗弯、抗拉能力的一定形状的整体。砌筑工程适用于各种建筑物、构筑物的砌筑，主要包括砖砌体、砌块砌体、石砌体、垫层等项目，其清单编号分别为 010401、010402、010403、010404。

砌体采用标准砖砌筑时，砖墙的计算厚度规定按表 2.8 所示计算。

表 2.8 标准砖砌体厚度计算表

墙厚砖数	1/4	1/2	3/4	1	1.5	2	2.5	3
计算厚度/mm	53	115	180	240	365	490	615	740

技术提示

标准砖尺寸为 240 mm×115 mm×53 mm；标准砖墙灰缝宽度 10 mm，如图 2.4 所示。

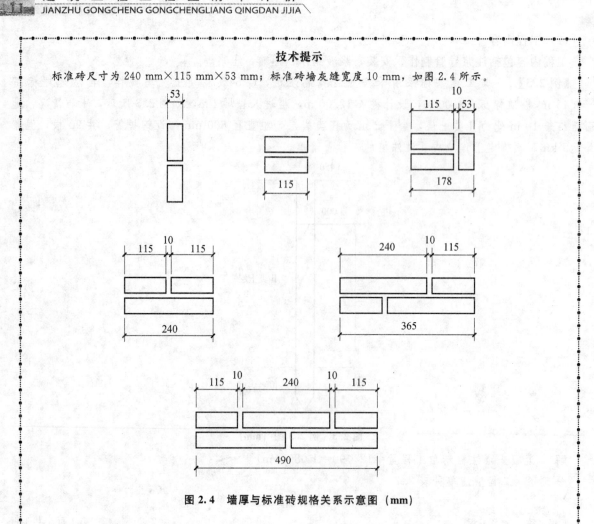

图 2.4　墙厚与标准砖规格关系示意图（mm）

1. 砖基础

砖基础与砖墙身划分见表 2.9。

表 2.9　砖基础与砖墙身划分

砖基础与砖墙身	使用相同材料	应以设计室内地坪为界（有地下室的按地下室室内设计、地坪为界），以下为基础，以上为墙身
	使用不同材料	位于设计室内地坪±300 mm 以内（含）时以不同材料为界；超过±300 mm，应以设计室内地坪为界
基础与围墙		以设计室外地坪为界，以下为基础，以上为墙身

石基础、石勒脚、石墙身的划分见表 2.10。

表 2.10　石基础、石勒脚、石墙身的划分

基础与勒脚	应以设计室外地坪为界，以下为基础，以上为墙身
勒脚与墙身	应以设计室内地坪为界，以下为勒脚，以上为墙身
基础与围墙	围墙内外地坪标高不同时，应以较低地坪标高为界，以下为基础，内外地坪标高之差为挡土墙，挡土墙以上为墙身

（1）工程量计算

其工程量区别砖品种、规格、强度等级，基础类型，砂浆强度等级，防潮层材料种类等，按设计图示尺寸以体积立方米计算。包括附墙垛基础宽出部分体积，扣除地梁（圈梁）、构造柱所占体积，不扣除基础大放脚T形接头处的重叠部分及嵌入基础内的钢筋、铁件、管道、基础砂浆防潮层和单个面积在 0.3 m² 以内（含）的孔洞所占体积，靠墙暖气沟的挑檐不增加。计算公式如下：

$$V = \text{基础长度} \times \text{基础断面积} \pm \text{有关体积}$$

式中，基础长度：外墙按中心线长度，内墙按净长计算。

砖基础的断面形式如图 2.5 所示。断面积的计算常采用以下两种办法：

①采用折加高度计算，如图 2.5（a）所示。

$$\text{基础断面面积} = \text{基础墙宽度} \times (\text{基础高度} + \text{折加高度})$$

式中，基础高度是指垫层上表至基础与墙身分界处的高度。

$$\text{折加高度} = \frac{\text{大放脚增加断面积之和}}{\text{基础宽度}}$$

②采用增加面积计算，如图 2.5（b）所示。

$$\text{基础断面面积} = \text{基础墙宽度} \times \text{基础高度} + \text{大放脚增加断面}$$

为了计算方便，将砖基础大放脚的折加高度及大放脚增加断面面积编制成表格。计算基础工程量时，可直接查折加高度和大放脚增加断面面积表，详见表 2.11。

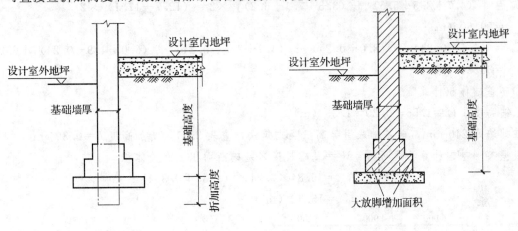

(a)砖基础折加高度　　　　　　　　　　(b)砖基础大放脚增加面积

图 2.5　砖基础的断面形式及折加高度示意图

表 2.11　条形砖基础大放脚折加高度和增加断面计算表

放脚层数	折加高度/m												增加断面/m²	
	1/2 砖 (0.115)		1 砖 (0.24)		1.5 砖 (0.365)		2 砖 (0.49)		2.5 砖 (0.615)		3 砖 (0.74)			
	等高	不等高	等高	不等高	等高	不等高	等高	不等高	等高	不等高	等高	不等高	等高	不等高
一	0.137	0.137	0.066	0.066	0.043	0.043	0.032	0.032	0.026	0.026	0.021	0.021	0.015 75	0.015 75
二	0.411	0.342	0.197	0.164	0.129	0.108	0.096	0.080	0.077	0.064	0.064	0.053	0.047 25	0.039 38
三			0.394	0.328	0.259	0.216	0.193	0.161	0.154	0.128	0.128	0.106	0.094 5	0.078 75
四			0.656	0.525	0.432	0.345	0.321	0.253	0.256	0.205	0.213	0.170	0.157 5	0.126 0
五			0.984	0.788	0.647	0.518	0.482	0.380	0.384	0.307	0.319	0.255	0.326 3	0.189 0
六			1.378	1.083	0.906	0.712	0.672	0.530	0.538	0.419	0.447	0.351	0.330 8	0.259 9

续表 2.11

| 放脚层数 | 折加高度/m | | | | | | | | | | | | 增加断面/m² | |
| | 1/2砖 (0.115) | | 1砖 (0.24) | | 1.5砖 (0.365) | | 2砖 (0.49) | | 2.5砖 (0.615) | | 3砖 (0.74) | | | |
	等高	不等高	等高	不等高	等高	不等高	等高	不等高	等高	不等高	等高	不等高		
七			1.838	1.444	1.208	0.949	0.900	0.707	0.717	0.563	0.596	0.468	0.441 0	0.346 5
八			2.363	1.838	1.553	1.208	1.157	0.900	0.922	0.717	0.766	0.596	0.567 0	0.441 1
九			2.953	2.297	1.942	1.510	1.447	1.125	1.153	0.896	0.958	0.745	0.708 8	0.551 3
十			3.610	2.789	2.372	1.834	1.768	1.366	1.409	1.088	1.171	0.905	0.866 3	0.669 4

（2）工程内容

工程内容包括砂浆制作、运输，砌砖，防潮层铺设，材料运输等。

【例 2.4】 某社区活动室采用砖砌基础，基础墙厚 240 mm，MU10 页岩标准砖砌筑，M7.5 水泥砂浆，基础施工图如图 2.6 所示，试计算砖基础的工程量并填写工程量清单表。

解 （1）工程量计算

①基础长度计算：外墙按中心线长度，内墙按净长计算。

$L_{中} = [(4.7+2.5+5.5)+(3.8+7.1+6.2)] \times 2 = (12.7+17.1) \times 2$
$= 59.60$（m）

$L_{内} = (5.5-0.24)+(8.0-0.24)+(4.7+2.5-0.24)+(6.0+4.9-0.24)+6.2$
$= 36.84$（m）

②砖基础体积计算

基础高度 $H = 1.55 - 0.20 = 1.35$（m）

基础墙厚 240 mm，砖基础采用等高三层砌筑法，查表 2.11，折加高度 $h = 0.394$ m

根据条形基础计算公式可得 $V = $ 基础长度 $\times$ 基础断面积 $\pm$ 有关体积

$= 36.84 \times 0.24 \times (1.35+0.394)$

$= 15.42$（m³）

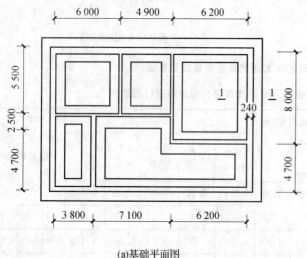
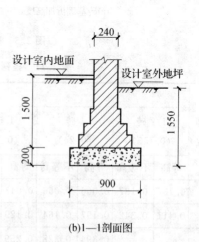

(a)基础平面图   (b)1—1剖面图

图 2.6　砖基础施工图

（2）分部分项工程量清单见表 2.12。

表 2.12　分部分项工程量清单

工程名称：××工程　　　　　　　　　　　　　　　　　　　　　　　　　第 1 页　共 1 页

序号	项目编码	项目名称	项目特征	计量单位	工程数量
1	010401001001	砖基础	1. 砖品种、规格、强度等级：页岩砖，240 mm×115 mm×53 mm，MU10 2. 基础类型：条形基础 3. 砂浆强度等级：M7.5	m³	15.42

2. 砖砌挖孔桩护壁

（1）工程量计算

其工程量区别砖品种、规格、强度等级，砂浆强度等级等，按设计图示尺寸以体积立方米计算。

（2）工程内容

工程内容包括砂浆制作、运输，砌砖，材料运输等。

3. 实心砖墙、多孔砖墙、空心砖墙

（1）工程量计算

其工程量区别不同砖品种、规格、强度等级，墙体类型，砂浆强度等级、配合比等，按设计图示尺寸以体积计算。扣除门窗洞口、过人洞、空圈、嵌入墙内的钢筋混凝土柱、梁、圈梁、挑梁、过梁及凹进墙内的壁龛、管槽、暖气槽、消火栓箱所占体积，不扣除梁头、板头、檩头、垫木、木楞头、沿缘木、木砖、门窗走头、砖墙内加固钢筋、木筋、铁件、钢管及单个面积 0.3 m² 以内（含）的孔洞所占体积。凸出墙面的腰线、挑檐、压顶、窗台线、虎头砖、门窗套的体积也不增加。凸出墙面的砖垛并入墙体积内计算。计算公式如下：

$$V =（墙长度×墙高度-洞口面积）×墙厚度±有关体积$$

式中，①墙长度：外墙按中心线，内墙按净长计算。

②墙高度按如下规定选取：

a. 外墙：斜（坡）屋面无檐口天棚者算至屋面板底；有屋架且室内外均有天棚者算至屋架下弦底另加 200 mm；无天棚者算至屋架下弦底另加 300 mm，出檐宽度超过 600 mm 时，按实砌高度计算；平屋面算至屋面板底（如有女儿墙时算至屋面板顶）。

b. 内墙：位于屋架下弦者，算至屋架下弦底；无屋架者算至天棚底另加 100 mm；有钢筋混凝土楼板隔层者算至楼板顶（单层平屋面算至板底）；有框架梁时算至梁底。

c. 女儿墙：从屋面板上表面算至女儿墙顶面（如有混凝土压顶时算至压顶下表面）。

d. 内、外山墙：按其平均高度计算。

③框架间墙：不分内外墙按墙体净尺寸以体积计算。

④围墙：高度从基础顶面起算至压顶上表面（如有混凝土压顶时算至压顶下表面），与墙体为一体的砖砌围墙柱并入围墙体积内计算。

（2）工程内容

工程内容包括砂浆制作、运输，砌砖，刮缝，砖压顶砌筑，材料运输等。

4. 空斗墙、空花墙、填充墙

（1）工程量计算

其工程量区别不同砖品种、规格、强度等级，墙体类型，砂浆强度等级、配合比等，按设计图示尺寸以体积立方米计算。

①空斗墙工程量按设计图示尺寸以空斗墙外形体积计算。墙角、内外墙交接处、门窗洞口立边、窗台砖及屋檐处的实砌部分体积并入空斗墙体积内，不另列项计算。但窗间墙、窗台下、楼板下等的实砌部分，应按零星项目编码列项。

②空花墙工程量按设计图示尺寸以空花部分外形体积计算，不扣除空洞部分体积，其中实体墙部分另列项计算。

③填充墙工程量按设计图示尺寸以填充墙的外形体积计算。

（2）工程内容

工程内容包括砂浆制作、运输，砌砖，装填充料，刮缝，材料运输。

5. 实心砖柱、多孔砖柱

（1）工程量计算

其工程量区别不同砖品种、规格、强度等级，柱类型，砂浆强度等级、配合比等，按设计图示尺寸以体积立方米计算。扣除混凝土及钢筋混凝土梁垫、梁头、板头所占体积。

砖柱体积采用折加高度法按下式计算：

$$V = 砖柱断面积 \times （全柱高度 + 折加高度）$$

式中，砖柱断面积为柱断面长乘宽之积；全柱高度为包括砖柱基础高度在内的全柱总高度；折加高度为大放脚增加体积的折加高度，根据大放脚层数和砖柱断面积查表 2.13 计算。

（2）工程内容

工程内容包括砂浆制作、运输，砌砖，刮缝，材料运输。

表 2.13　砖柱基础四周大放脚折加高度和断面积

矩形砖柱断面尺寸/m	断面积/m²	形式	大放脚层数						
			一层	二层	三层	四层	五层	六层	七层
0.24×0.24	0.057 6	等高	0.168	0.564	1.271	2.344	3.502	5.858	8.458
		不等高		0.488	1.075	1.896	3.108	4.675	6.720
0.24×0.365	0.087 6	等高	0.126	0.444	0.969	1.767	2.863	4.325	6.195
		不等高		0.370	0.815	1.437	2.315	3.451	4.912
0.24×0.49	0.117 6	等高	0.112	0.378	0.821	1.477	2.389	3.581	5.079
		不等高		0.321	0.689	1.203	1.924	2.843	4.026
0.24×0.615	0.147 6	等高	0.104	0.337	0.733	1.312	2.100	3.133	4.423
		不等高		0.285	0.613	1.065	1.698	2.448	3.051
0.365×0.365	0.133 2	等高	0.099	0.333	0.724	1.306	2.107	3.158	4.483
		不等高		0.284	0.668	1.063	1.703	2.511	3.556
0.365×0.49	0.178 9	等高	0.087	0.279	0.606	1.089	1.734	2.581	3.646
		不等高		0.236	0.506	0.880	1.396	2.049	2.890
0.49×0.49	0.240 1	等高	0.074	0.234	0.501	0.889	1.415	2.096	2.950
		不等高		0.198	0.418	0.717	1.414	1.666	2.319
0.49×0.616	0.304 4	等高	0.063	0.206	0.488	0.773	1.225	1.805	2.532
		不等高		0.173	0.369	0.624	0.986	1.434	2.001

6. 砖检查井

(1) 工程量计算

其工程量区别不同井截面，垫层材料种类、厚度，底板厚度，井盖安装，混凝土强度等级等，按设计图示数量计算，以座计量。

(2) 工程内容

工程内容包括土方挖、运，砂浆制作、运输，铺设垫层，底板混凝土制作、运输、浇筑、振捣、养护，砌砖，刮缝，井底池、壁抹灰，抹防潮层，回填，材料运输等。

7. 零星砌砖

(1) 工程量计算

其工程量区别不同零星砌砖名称、部位，砂浆强度等级、配合比等，按设计图示尺寸截面积乘以长度，以体积立方米计量，或按设计图示尺寸水平投影面积计算，以平方米计量，或按设计图示尺寸长度计算，以米计量，或按设计图示数量计算，以个计量。

(2) 工程内容

工程内容包括砂浆制作、运输，砌砖，刮缝，材料运输等。

8. 砖散水、地坪

(1) 工程量计算

其工程量区别不同砖品种、规格、强度等级，垫层材料种类、厚度，散水、地坪厚度，面层种类、厚度，砂浆强度等级等，按设计图示尺寸以面积计算。

(2) 工程内容

工程内容包括土方挖、运，地基找平、夯实，铺设垫层，砌砖散水、地坪，抹砂浆面层等。

9. 砖地沟、明沟

(1) 工程量计算

其工程量区别不同砖品种、规格、强度等级，沟截面尺寸，垫层材料种类、厚度，混凝土强度等级，砂浆强度等级等，按设计图示尺寸以中心线长度计算，以米计量。

(2) 工程内容

工程内容包括土方挖、运，铺设垫层，底板混凝土制作、运输、浇筑、振捣、养护，砌砖，刮缝、抹灰，材料运输等。

【例 2.5】 某传达室工程如 2.7 所示，砖墙体用 M5 混合砂浆、MU10 红机砖砌筑，外墙清水墙，水泥石灰膏勾缝，内墙混水墙，M1 为 1 200 mm×2 400 mm，M2 为 1 000 mm×2 400 mm，C1 窗为 1 500 mm×1 500 mm，门窗上均设过梁，截面为 240 mm×200 mm，长度按门窗洞口宽度两边共增加 500 mm；外墙均设圈梁，截面为 240 mm×240 mm。试计算砖墙体工程量并填写工程量清单表。

解 (1) 工程量计算

砖墙体工程量计算公式为

$$V = （墙长度×墙高度-洞口面积）×墙厚度±有关体积$$

砖墙体中应扣除过梁、圈梁的体积。

外墙长度 $L_{中}$=7.00+3.40+3.60×3.141 6+7.00+8.00+3.40=40.11 （m）

内墙长度 $L_{内}$=7.00-0.24+8.00-0.24=14.52 （m）

外墙高度=0.90+1.70+0.18+0.38+0.24=3.40 （m）

内墙高度=0.90+1.70+0.18+0.38+0.11=3.27 （m）

门窗洞口面积及对应过梁体积计算见表 2.14。

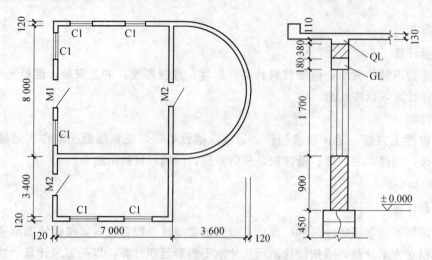

图 2.7 某传达室工程示意图

表 2.14 门窗洞口面积及对应过梁体积计算表

门窗名称	洞口面积/m²	对应构件名称	构件体积/m³
M1	1.20×2.4＝2.88	M1过梁	0.24×0.18×（1.20＋0.50）＝0.073
M2	1.00×2.4＝2.40	M2过梁	0.24×0.18×（1.00＋0.50）×2＝0.065
C1	1.50×1.5＝2.25	C1过梁	0.24×0.18×（1.50＋0.50）＝0.086

外墙圈梁体积＝40.11×0.24×0.24＝2.31（m³）

外墙砖砌体工程量＝（40.11×3.40－2.88－2.40－2.25×6）×0.24

　　　　　　　　　　－0.073－0.065－0.086×6－2.31

　　　　　　　　＝25.40（m³）

内墙砖砌体工程量＝（14.52×3.27－2.40）×0.24－0.065＝10.75（m³）

（2）分部分项工程量清单见表 2.15。

表 2.15 分部分项工程量清单

工程名称：××传达室   第1页 共1页

序号	项目编码	项目名称	项目特征	计量单位	工程数量
1	010401003001	实心砖墙	1. 砖品种：红机砖 2. 规格：240×115×53 3. 强度等级：MU10 4. 墙体类型：清水砖墙 5. 砂浆强度等级：M5	m³	25.40
2	010401003002	实心砖墙	1. 砖品种：红机砖 2. 规格：240×115×53 3. 强度等级：MU10 4. 墙体类型：混水砖墙 5. 砂浆强度等级：M5	m³	10.75

2.4.2 砌块砌体

1. 砌块墙

（1）工程量计算

其工程量区别不同砌块品种、规格、强度等级，墙体类型，砂浆强度等级等，按设计图示尺寸以体积立方米计算。扣除门窗洞口、过人洞、空圈、嵌入墙内的钢筋混凝土柱、梁、圈梁、过梁及凹进墙内的壁龛、管槽、暖气槽、消火栓箱所占体积。不扣除梁头、板头、檩头、垫木、木楞头、沿缘木、木砖、门窗走头、砖墙内加固钢筋、木筋、铁件、钢管及单个面积 0.3 m² 以内（含）的孔洞所占体积。凸出墙面的腰线、挑檐、压顶、窗台线、虎头砖、门窗的体积也不增加。凸出墙面的砖垛并入墙体体积内计算。计算公式如下：

$$V＝（墙长度×墙高度－洞口面积）×墙厚度±有关体积$$

式中，①墙长度：外墙按中心线，内墙按净长计算。

②墙高度按如下规定选取：

a. 外墙：斜（坡）屋面无檐口天棚者算至屋面板底；有屋架且室内外均有天棚者算至屋架下弦底另加 200 mm；无天棚者算至屋架下弦底另加 300 mm，出檐宽度超过 600 mm 时，按实砌高度计算；平屋面算至屋面板底（如有女儿墙时算至屋面板顶）。

b. 内墙：位于屋架下弦者，算至屋架下弦底；无屋架者算至天棚底另加 100 mm；有钢筋混凝土楼板隔层者算至楼板顶（单层平屋面算至板底）；有框架梁时算至梁底。

c. 女儿墙：从屋面板上表面算至女儿墙顶面（如有混凝土压顶时算至压顶下表面）。

d. 内、外山墙：按其平均高度计算。

框架间墙：不分内外墙按墙体净尺寸以体积计算。

围墙：高度从基础顶面起算至压顶上表面（如有混凝土压顶时算至压顶下表面），与墙体为一体的砖砌围墙柱并入围墙体积内计算。

（2）工程内容

工程内容包括砂浆制作、运输，砌砖、砌块，勾缝，材料运输。

2. 砌块柱

（1）工程量计算

其工程量区别不同砖品种、规格、强度等级，墙体类型，砂浆强度等级等，按设计图示尺寸以体积立方米计算。扣除混凝土及钢筋混凝土梁垫、梁头、板头所占体积。

（2）工程内容

工程内容包括砂浆制作、运输，砌砖、砌块，勾缝，材料运输。

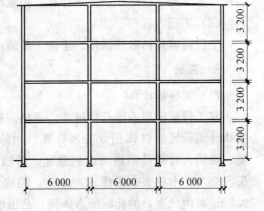

图 2.8 框架结构间砌体

【例 2.6】 如图 2.8 所示，计算框架结构间砌体工程量，列出工程量清单，已知结构间采用 MU7.5 砌硅酸盐砌块，墙厚为 240 mm，M5 混合砂浆砌筑。

解 （1）工程量计算

框架结构间砌体工程量为

$$V＝6.00×3.20×0.24×12＝55.30（m^3）$$

（2）分部分项工程量清单见表 2.16。

表 2.16 分部分项工程量清单

工程名称：××　　　　　　　　　　　　　　　　　　　　　　　　　　第 1 页　共 1 页

序号	项目编码	项目名称	项目特征	计量单位	工程数量
1	010402001001	砌块墙	1. 砌块品种：砌硅酸盐砌块 2. 规格：580 mm×430 mm×240 mm 3. 强度等级：MU7.5 4. 墙体类型：框架结构间砌体 5. 砂浆强度等级：M5.0	m³	55.30

2.4.3 石砌体

1. 石基础

（1）工程量计算

其工程量区别不同石料种类、规格，基础类型，砂浆强度等级、配合比，按设计图示尺寸以体积立方米计算。包括附墙垛基础宽出部分体积，不扣除基础砂浆防潮层和单个面积在 0.3 m² 以内（含）的孔洞所占体积，靠墙暖气沟的挑檐不增加体积。

基础长度：外墙按中心线，内墙按净长线。

（2）工程内容

工程内容包括砂浆制作、运输，吊装，砌石，防潮层铺设，材料运输等。

2. 石勒脚

（1）工程量计算

其工程量区别不同石料种类、规格，石表面加工要求，勾缝要求，砂浆强度等级、配合比等，按设计图示尺寸以体积立方米计算。扣除单个面积大于 0.3 m² 的孔洞所占的体积。

（2）工程内容

工程内容包括砂浆制作、运输，吊装，砌石，石表面加工，勾缝，材料运输等。

3. 石墙

（1）工程量计算

其工程量区别不同石料种类、规格，石表面加工要求、勾缝要求，砂浆强度等级、配合比等，按设计图示尺寸以体积立方米计算。扣除门窗洞口、过人洞、空圈、嵌入墙内的钢筋混凝土柱、梁、圈梁、过梁及凹进墙内的壁龛、管槽、暖气槽、消火栓箱所占体积。不扣除梁头、板头、檩头、垫木、木棱头、沿缘木、木砖、门窗走头、砖墙内加固钢筋、木筋、铁件、钢管及单个面积 0.3 m² 以内（含）的孔洞所占体积。凸出墙面的腰线、挑檐、压顶、窗台线、虎头砖、门窗的体积也不增加。凸出墙面的砖垛并入墙体体积内计算。计算公式如下：

$$V =（墙长度×墙高度－洞口面积）×墙厚度±有关体积$$

式中，①墙长度：外墙按中心线，内墙按净长计算。

②墙高度按如下规定选取：

a. 外墙：斜（坡）屋面无檐口天棚者算至屋面板底；有屋架且室内外均有天棚者算至屋架下弦底另加 200 mm；无天棚者算至屋架下弦底另加 300 mm，出檐宽度超过 600 mm 时，按实砌高度计算；平屋面算至屋面板底（如有女儿墙时算至屋面板顶）。

b. 内墙：位于屋架下弦者，算至屋架下弦底；无屋架者算至天棚底另加 100 mm；有钢筋混凝土楼板隔层者算至楼板顶（单层平屋面算至板底）；有框架梁时算至梁底。

c. 女儿墙：从屋面板上表面算至女儿墙顶面（如有混凝土压顶时算至压顶下表面）。

d. 内、外山墙：按其平均高度计算。

框架间墙：不分内外墙按墙体净尺寸以体积计算。

围墙：高度从基础顶面起算至压顶上表面（如有混凝土压顶时算至压顶下表面），与墙体为一体的砖砌围墙柱并入围墙体积内计算。

（2）工程内容

工程内容包括砂浆制作、运输，吊装，砌石，石表面加工，勾缝，材料运输等。

4. 石挡土墙

（1）工程量计算

其工程量区别不同石料种类、规格，石表面加工要求，勾缝要求，砂浆强度等级、配合比等，按设计图示尺寸以体积立方米计算。

（2）工程内容

工程内容包括砂浆制作、运输，吊装，砌石，变形缝、泄水孔、压顶抹灰、滤水层，勾缝，材料运输等。

5. 石柱、石栏杆

（1）工程量计算

其工程量区别不同石料种类、规格，石表面加工要求，勾缝要求，砂浆强度等级、配合比等，石柱按设计图示尺寸以体积立方米计算，石栏杆按设计图示尺寸以长度米计算。

（2）工程内容

工程内容包括砂浆制作、运输，吊装，砌石，石表面加工，勾缝，材料运输等。

6. 石护坡

（1）工程量计算

其工程量区别不同垫层材料种类、厚度，石料种类、规格，护坡厚度、高度，石表面加工要求，勾缝要求，砂浆强度等级、配合比等，按设计图示尺寸以体积计算，以立方米计量。

（2）工程内容

工程内容包括砂浆制作、运输，吊装，砌石，石表面加工，勾缝，材料运输等。

7. 石台阶、石坡道

（1）工程量计算

其工程量区别不同垫层材料种类、厚度，石料种类、规格，护坡厚度、高度，石表面加工要求，勾缝要求，砂浆强度等级、配合比等，石台阶按设计图示尺寸以体积立方米计算，石坡道按设计图示尺寸以水平投影面积平方米计算。

（2）工程内容

工程内容包括铺设垫层，石料加工，砂浆制作、运输，砌石，石表面加工，勾缝，材料运输等。

8. 石地沟、石明沟

（1）工程量计算

其工程量区别不同沟截面尺寸，土壤类别、运距，垫层材料种类、厚度，石料种类、规格，石表面加工要求，勾缝要求，砂浆强度等级、配合比等，按设计图示尺寸以中心线长度米计算。

（2）工程内容

工程内容包括土方挖运，砂浆制作、运输，铺设垫层，砌石，石表面加工，勾缝，回填，材料运输等。

【例 2.7】 某锥形毛石护坡尺寸如图 2.9 所示，试计算工程量并填写工程量清单表。

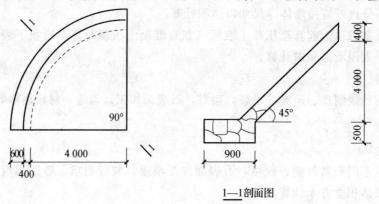

1—1剖面图

图 2.9 锥形毛石护坡示意图

解 （1）工程量计算

锥形护坡工程量 $V=$外锥体积－内锥体积

$$外锥体积 = \frac{1}{3}\pi r^2 h \times \frac{1}{4} = \frac{3.141\,6}{3} \times 4.4 \times 4.4 \times 4.4 \times \frac{1}{4}$$
$$= 22.30 \text{（m}^3\text{）}$$

$$内锥体积 = \frac{1}{3}\pi r^2 h \times \frac{1}{4} = \frac{3.141\,6}{3} \times 4 \times 4 \times 4 \times \frac{1}{4}$$
$$= 16.76 \text{（m}^3\text{）}$$

锥形毛石护坡 $V=22.30-16.76=5.54$ （m³）

$$毛石护坡基础 \quad V = 0.9 \times 0.5 \times (4.0 + 1.0/2) \times 2 \times 3.141\,6 \times \frac{1}{4}$$
$$= 3.18 \text{（m}^3\text{）}$$

（2）分部分项工程量清单见表 2.17。

表 2.17 分部分项工程量清单

工程名称：××工程　　　　　　　　　　　　　　　　　　　　　　　　　第 1 页　共 1 页

序号	项目编码	项目名称	项目特征（根据实际情况选用）	计量单位	工程数量
1	010403007001	毛石护坡基础	1. 垫层材料种类、厚度 2. 石料种类、规格 3. 护坡厚度、高度	m³	3.18
2	010403007002	锥形毛石护坡	4. 石表面加工要求 5. 勾缝要求 6. 砂浆强度等级、配合比	m³	5.54

2.4.4 垫层

（1）工程量计算

其工程量区别不同垫层材料种类、厚度、配合比，按设计图示尺寸以立方米计算。

（2）工程内容

工程内容包括垫层材料的拌制，垫层铺设，材料运输等。

【例 2.8】 如图 2.10 所示为某建筑物平面图及地面构造图。散水采用 C15 混凝土，宽 900 mm；明沟采用 MU10 红机砖、M5.0 水泥砂浆砌筑，明沟宽 600 mm，深 600 mm。

解 （1）工程量计算

散水采用 C15 混凝土。砖明沟工程量按设计图示尺寸以中心线长度计算。

砖明沟长度＝［8.4＋（0.9＋0.6/2）×2＋6.0＋（0.9＋0.6/2）×2）］×2－（1.8＋0.3×4）

$\qquad$ ＝（10.8＋8.4）×2－3.0

$\qquad$ ＝35.40（m）

明沟截面尺寸＝0.60×0.60＝0.36（m²）

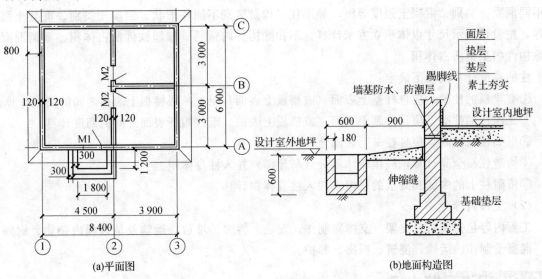

(a)平面图 　　　　　(b)地面构造图

图 2.10　某建筑物平面图及地面构造图

（2）分部分项工程量清单见表 2.18。

表 2.18　分部分项工程量清单

工程名称：××工程 　　　　　　　　　　　　　　　　　　　　　第 1 页　共 1 页

序号	项目编码	项目名称	项目特征（根据实际情况选用）	计量单位	工程数量
1	010404015001	砖明沟	1. 砖品种、规格、强度等级：MU10 红机砖 2. 沟截面尺寸：0.36 m² 3. 垫层材料种类：MU7.5 红机砖 4. 垫层厚度：180 mm 5. 砂浆强度等级：M5.0 水泥砂浆	m	35.40

 # 2.5　混凝土及钢筋混凝土工程

2.5.1　现浇混凝土基础

（1）工程量计算

现浇混凝土基础可分为垫层、带形基础、独立基础、满堂基础、桩承台基础、设备基础等项目。其中设备基础的工程量区别混凝土类别，混凝土强度等级，灌浆材料、灌浆材料等级，其余基础工程量区别不同混凝土类别、混凝土强度等级等，按设计图示尺寸以体积立方米计算。不扣除构件内钢筋、预埋铁件和伸入承台基础的桩头所占体积。

（2）工程内容

工程内容包括模板及支撑制作、安装、拆除、堆放、运输及清理模内杂物、刷隔离剂等，混凝土制作、运输、浇筑、振捣、养护等。

2.5.2 现浇混凝土柱

（1）工程量计算

现浇混凝土柱按柱的形式不同可分为矩形柱、构造柱和异形柱，其中矩形柱和构造柱工程量区别不同混凝土类别、混凝土强度等级，异形柱工程量区别不同柱形状、混凝土类别、混凝土强度等级等，按设计图示尺寸以体积立方米计算。不扣除构件内钢筋、预埋铁件所占体积。型钢混凝土柱扣除构件内型钢所占体积。

柱的高度计算按以下确定：

①有梁板的柱高，应自柱基上表面（或楼板上表面）至上一层楼板上表面之间的高度计算。

②无梁板的柱高，应自柱基上表面（或楼板上表面）至柱帽下表面之间的高度计算。

③框架柱的柱高，应自柱基上表面至柱顶高度计算。

④构造柱按全高计算，嵌接墙体部分（马牙槎）并入柱身体积。

⑤依附柱上的牛腿和升板的柱帽，并入柱身体积计算。

（2）工程内容

工程内容包括模板及支架（支撑）制作、安装、拆除、堆放、运输及清理模内杂物、刷隔离剂等，混凝土制作、运输、浇筑、振捣、养护。

2.5.3 现浇混凝土梁

（1）工程量计算

现浇混凝土梁按形式不同可分为基础梁、矩形梁、异形梁、圈梁、过梁、弧形梁、拱形梁，其工程量区别不同混凝土类别、混凝土强度等级，按设计图示尺寸以体积立方米计算。不扣除构件内钢筋、预埋铁件所占体积，伸入墙内的梁头、梁垫并入梁体积内。型钢混凝土梁扣除构件内型钢所占体积。

梁的长度计算按以下确定：

①梁与柱连接时，梁长算至柱侧面。

②主梁与次梁连接时，次梁长算至主梁侧面。

（2）工程内容

工程内容包括模板及支架（支撑）制作、安装、拆除、堆放、运输及清理模内杂物、刷隔离剂等，混凝土制作、运输、浇筑、振捣、养护。

2.5.4 现浇混凝土墙

（1）工程量计算

现浇混凝土墙按形式不同可分为直形墙、弧形墙、短肢剪力墙和挡土墙，其工程量区别不同混凝土类别、混凝土强度等级等，按设计图示尺寸以体积立方米计算。不扣除构件内钢筋、预埋铁件所占体积，扣除门窗洞口及单个面积大于 0.3 m^2 的孔洞所占体积，墙垛及凸出墙面部分并入墙体体积计算。

（2）工程内容

工程内容包括模板及支架（支撑）制作、安装、拆除、堆放、运输及清理模内杂物、刷隔离剂等，混凝土制作、运输、浇筑、振捣、养护。

2.5.5 现浇混凝土板

1. 有梁板、无梁板、平板、拱板、薄壳板、栏板

（1）工程量计算

其工程量区别不同混凝土类别、混凝土强度等级等，按设计图示尺寸以体积立方米计算。

不扣除构件内钢筋、预埋铁件及单个面积 0.3 m² 内的柱、垛以及孔洞所占体积。压形钢板混凝土楼板扣除构件内压形钢板所占体积。有梁板（包括主、次梁和板）按梁、板体积之和计算，无梁板按板和柱帽体积之和计算，各类板伸入墙内的板头并入板体积内计算，薄壳板的肋、基梁并入薄壳体积内计算。

（2）工程内容

工程内容包括模板及支架（支撑）制作、安装、拆除、堆放、运输及清理模内杂物、刷隔离剂等，混凝土制作、运输、浇筑、振捣、养护。

2. 天沟（檐沟）、挑檐板

（1）工程量计算

其工程量区别不同混凝土类别、混凝土强度等级等，按设计图示尺寸以体积计算。

（2）工程内容

工程内容包括模板及支架（支撑）制作、安装、拆除、堆放、运输及清理模内杂物、刷隔离剂等，混凝土制作、运输、浇筑、振捣、养护。

3. 雨篷、悬挑板、阳台板

（1）工程量计算

其工程量区别不同混凝土类别、混凝土强度等级等，按设计图示尺寸以墙外部分体积计算。包括伸出墙外的牛腿和雨篷反挑檐的体积。

（2）工程内容

工程内容包括模板及支架（支撑）制作、安装、拆除、堆放、运输及清理模内杂物、刷隔离剂等，混凝土制作、运输、浇筑、振捣、养护。

4. 其他板

（1）工程量计算

其工程量区别不同混凝土类别、混凝土强度等级等，按设计图示尺寸以体积计算。

（2）工程内容

工程内容包括模板及支架（支撑）制作、安装、拆除、堆放、运输及清理模内杂物、刷隔离剂等，混凝土制作、运输、浇筑、振捣、养护。

【例 2.9】 如图 2.11 所示现浇钢筋混凝土单层厂房，屋面板顶标高 5.0 m，柱基础顶面标高 −0.6，柱中心线与轴线重合；柱截面尺寸为：Z1＝400 mm×500 mm，Z2＝300 mm×400 mm，Z3＝300 mm×400 mm，Z4＝400 mm×500 mm；均采用 C25 商品混凝土，泵送 20 m³/h。试根据所给数据计算柱、梁、板工程量并填写工程量清单。

解 （1）工程量计算

①现浇柱。

柱高：0.6＋5.0＝5.6（m）

$V_{Z1}=0.4\times0.5\times5.6\times4=4.48$（m³）

$V_{Z3}=0.3\times0.4\times5.6\times4=2.69$（m³）

$V_{Z4}=0.4\times0.5\times5.6\times4=4.48$（m³）

$V_{Z5} = 0.3 \times 0.4 \times 5.6 \times 4 = 2.69 \ (m^3)$

$V_{现浇柱} = 4.48 + 2.69 + 4.48 + 2.69 = 14.34 \ (m^3)$

②现浇有梁板。

$V_{WKL1} = (16 - 0.15 \times 2 - 0.4 \times 2) \times 0.2 \times (0.5 - 0.1) \times 2 = 2.38 \ (m^3)$

$V_{WL1} = (16 - 0.15 \times 2 - 0.3 \times 2) \times 0.2 \times (0.4 - 0.1) \times 2 = 1.82 \ (m^3)$

$V_{WKL2} = (10 - 0.2 \times 2 - 0.4 \times 2) \times 0.2 \times (0.5 - 0.1) \times 2 = 1.41 \ (m^3)$

$V_{WKL3} = (10 - 0.25 \times 2) \times 0.3 \times (0.9 - 0.1) \times 2 = 4.56 \ (m^3)$

$\begin{aligned} V_{板} &= [(10 + 0.2 \times 2) \times (16 + 0.15 \times 2) - (0.3 \times 0.4 \times 8 + 0.4 \times 0.5 \times 8)] \times 0.1 \\ &= (169.52 - 2.56) \times 0.1 \\ &= 16.70 \ (m^3) \end{aligned}$

$V_{现浇有梁板} = 2.38 + 1.82 + 1.41 + 4.56 + 16.70 = 26.87 \ (m^3)$

③现浇挑檐、天沟。

$\begin{aligned} V_{现浇挑檐,天沟} &= [(0.5 - 0.2) \times (16 + 0.35 \times 2) + (0.35 - 0.15) \times (10 + 0.4)] \times 2 \times 0.1 \\ &= (5.01 + 2.08) \times 2 \times 0.1 \\ &= 1.42 \ (m^3) \end{aligned}$

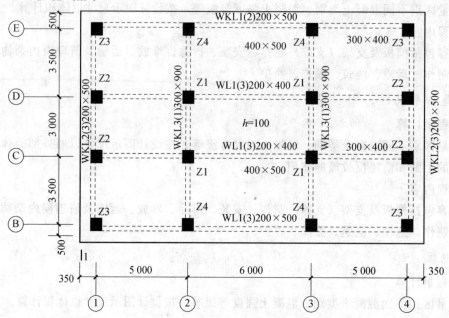

图 2.11 现浇钢筋混凝土单层厂房

（2）分部分项工程量清单见表 2.19。

表 2.19 分部分项工程量清单

工程名称：××工程　　　　　　　　　　　　　　　　　　　　　　　　第 1 页　共 1 页

序号	项目编码	项目名称	项目特征	计量单位	工程数量
1	010502001001	矩形柱	混凝土种类：C25 商品混凝土，20 石。泵送	m³	14.34
2	010505001001	有梁板	混凝土种类：C25 商品混凝土，20 石。泵送	m³	26.87
3	010505007001	天沟、挑檐板	混凝土种类：C25 商品混凝土，20 石。泵送	m³	1.42

2.5.6 现浇混凝土楼梯

（1）工程量计算

现浇混凝土楼梯按形式不同分为直形楼梯和弧形楼梯，其工程量区别不同混凝土类别、混凝土强度等级等，按设计图示尺寸以水平投影面积计算，以平方米计量，不扣除宽度不大于 500 mm 的楼梯井，伸入墙内部分不计算，或按设计图示尺寸以体积计算，以立方米计量。

（2）工程内容

工程内容包括模板及支架（支撑）制作、安装、拆除、堆放、运输及清理模内杂物、刷隔离剂等，混凝土制作、运输、浇筑、振捣、养护。

2.5.7 后浇带

（1）工程量计算

其工程量区别不同混凝土类别、混凝土强度等级等，按设计图示尺寸以体积立方米计算。

（2）工程内容

工程内容包括模板及支架（支撑）制作、安装、拆除、堆放、运输及清理模内杂物、刷隔离剂等，混凝土制作、运输、浇筑、振捣、养护等。

2.5.8 预制混凝土柱

（1）工程量计算

预制混凝土柱按形式分为矩形柱和异形柱，其工程量区别不同图代号，单件体积，安装高度，混凝土强度等级，砂浆强度等级、配合比等，按设计图示尺寸以体积立方米计算，不扣除构件内钢筋、预埋铁件所占体积。或按设计图示尺寸以数量根计算。

（2）工程内容

工程内容包括构件安装，砂浆制作、运输，接头灌缝、养护等。

2.5.9 预制混凝土梁

（1）工程量计算

预制混凝土梁按形式分为矩形梁、异形梁、过梁、拱形梁、鱼腹式吊车梁、风道梁，其工程量区别不同图代号，单件体积，安装高度，混凝土强度等级，砂浆强度等级、配合比等，按设计图示尺寸以体积立方米计算，不扣除构件内钢筋、预埋铁件所占体积。或按设计图示尺寸以数量根计算。

（2）工程内容

工程内容包括构件安装，砂浆制作、运输，接头灌缝、养护等。

2.5.10 预制混凝土屋架

（1）工程量计算

预制混凝土屋架按形式分为折线型屋架、组合屋架、薄腹屋架、门式刚架屋架、天窗架屋架，其工程量区别不同图代号，单件体积，安装高度，混凝土强度等级，砂浆强度等级、配合比等，按设计图示尺寸以体积立方米计算，不扣除构件内钢筋、预埋铁件所占体积。或按设计图示尺寸以数量榀计算。

（2）工程内容

工程内容包括构件安装，砂浆制作、运输，接头灌缝、养护等。

2.5.11 预制混凝土板

1. 平板、空心板、槽形板、网架板、折线板、带肋板、大型板

（1）工程量计算

其工程量区别不同图代号，单件体积，安装高度，混凝土强度等级，砂浆强度等级、配合比等，按设计图示尺寸以体积立方米计算，不扣除构件内钢筋、预埋铁件及单个尺寸 300 mm×300 mm 以内（含）的孔洞所占体积，扣除空心板空洞体积。或按设计图示尺寸以数量块计算。

（2）工程内容

工程内容包括构件安装，砂浆制作、运输，接头灌缝、养护等。

2. 沟盖板、井盖板、井圈

（1）工程量计算

其工程量区别不同单件体积，安装高度，混凝土强度等级，砂浆强度等级、配合比等，按设计图示尺寸以体积立方米计算。不扣除构件内钢筋、预埋铁件所占体积。或按设计图示尺寸以数量块（套）计算。

（2）工程内容

工程内容包括构件安装，砂浆制作、运输，接头灌缝、养护等。

【例 2.10】 试计算如图 2.12 所示 33 块 YKB3364 预制预应力空心板工程量。

解 预制空心板工程量按设计图示尺寸以体积立方米计算。不扣除构件内钢筋、预埋铁件及单个尺寸 300 mm×300 mm 以内（含）的孔洞所占体积，扣除空心板空洞体积。

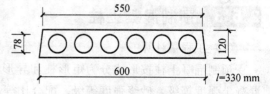

图 2.12 YKB3364 预制预应力空心板

V = 空心板横截面净面积×板长×块数

= [0.12× (0.55＋0.60) ×1/2－3.141 6×0.0782/4×6] ×3.3×33

= 4.39（m³）

2.5.12 钢筋工程

1. 现浇构件钢筋、钢筋网片、钢筋笼

（1）工程量计算

其工程量区别不同钢筋种类、规格，按设计图示尺寸以钢筋（网）长度（面积）乘以单位理论质量以吨计算。

钢筋工程量＝钢筋长度×钢筋每米长质量

式中，钢筋长度的计算方法与构件及钢筋类型有关，下面仅介绍不考虑抗震要求构件中钢筋长度的计算。考虑抗震要求构件中钢筋长度的计算可依据《混凝土结构施工图平面整体表示方法制图规则和构造详图》（11G101）系列进行计算。

钢筋每米长质量见表 2.20。

表 2.20 钢筋每米长质量表

直径/mm	2.5	3	4	5	6	6.5	8	10	12	14
单位质量/（kg·m⁻¹）	0.039	0.055	0.099	0.154	0.222	0.260	0.395	0.617	0.888	1.208
直径/mm	16	18	20	22	25	28	30	32	36	40
单位质量/（kg·m⁻¹）	1.578	1.998	2.466	2.984	3.850	4.384	5.549	6.313	7.990	9.865

> **技术提示**
>
> 钢筋每米长质量＝0.006 165d^2，其中 d 为钢筋直径。

（2）工程内容

工程内容包括钢筋（网、笼）制作、运输、安装、焊接等。

2. 先张法预应力钢筋

（1）工程量计算

先张法预应力钢筋区别不同钢筋种类、规格，锚具种类，按设计图示尺寸以钢筋长度乘以单位理论以质量吨计算。

（2）工程内容

工程内容包括钢筋制作、运输，钢筋张拉。

3. 后张法预应力钢筋、预应力钢丝、预应力钢绞线

（1）工程量计算

其工程量区别不同钢筋种类、规格，钢丝种类、规格，钢绞线种类、规格，锚具种类，砂浆强度等级，按设计图示尺寸以钢筋（丝束、绞线）长度乘以单位理论质量以吨计算。计算式如下：

$$钢筋（丝束、绞线）工程量＝钢筋长度×钢筋每米长质量$$

（2）工程内容

工程内容包括钢筋、钢丝束、钢绞线制作、运输、安装，预埋管孔道铺设，锚具安装，砂浆制作、运输，孔道压浆、养护等。

4. 支撑钢筋（铁马）

（1）工程量计算

其工程量区别不同钢筋种类、规格，按钢筋长度乘以单位理论质量以吨计算。

（2）工程内容

工程内容包括钢筋制作、焊接、安装。

5. 声测管

（1）工程量计算

其工程量区别不同材质，规格、型号，按设计图示尺寸质量以吨计算。

（2）工程内容

工程内容包括检测管截断、封头，套管制作、焊接，定位、固定。

2.5.13 螺栓、铁件

1. 螺栓、预埋铁件

（1）工程量计算

其中螺栓工程量区别不同螺栓种类和规格，预埋铁件工程量区别不同钢材种类、规格，铁件尺寸等，按设计图示尺寸以质量吨计算。

（2）工程内容

工程内容包括螺栓、铁件制作、运输，螺栓、铁件安装等。

2. 机械连接

（1）工程量计算

其工程量区别不同连接方式，螺纹套筒种类，规格等，按设计数量以个计算。

（2）工程内容

工程内容包括钢筋套丝、套筒连接等。

【例 2.11】 已知某 C30 钢筋混凝土梁，非抗震结构，室内环境潮湿，截面配筋如图 2.13 所示，试计算单梁钢筋的下料长度及质量。

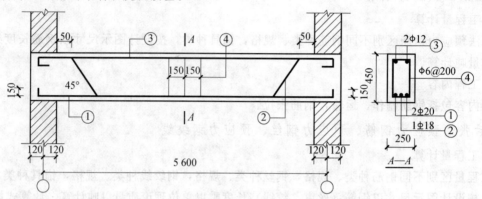

图 2.13 梁的配筋图

解 室内潮湿环境，混凝土保护层最小厚度为 25 mm，则

①号筋（Φ 20，2 根）

$$长度 = （5\,600 + 120 \times 2 - 25 \times 2 + 150 \times 2 - 2 \times 20 \times 2）\times 2$$
$$= 6\,010 \times 2 = 12\,020\ （mm）$$
$$质量 = 12.02 \times 2.466 = 29.64\ （kg）$$

②号筋（Φ 18，1 根）

$$长度 = 5\,600 + 120 \times 2 - 25 \times 2 + 0.414 \times 400 \times 2 - 0.5 \times 18 \times 4$$
$$= 6\,085\ （mm）$$
$$质量 = 6.085 \times 2.466 = 15.01\ （kg）$$

③号筋（ϕ 12，2 根）

$$长度 = （5\,600 + 120 \times 2 - 25 \times 2 + 6.25 \times 12 \times 2）\times 2$$
$$= 5\,940 \times 2 = 11\,880\ （mm）$$
$$质量 = 11.88 \times 0.888 = 10.55\ （kg）$$

④号箍筋（ϕ 6）

$$箍筋根数 = （5\,600 - 2 \times 25）/200 + 1 = 29\ （个）$$
$$单根箍筋长度 = （450 - 25 \times 2）\times 2 + （250 - 25 \times 2）\times 2 + 100$$
$$= 1\,300\ （mm）（量内包尺寸）$$
$$箍筋长度 = 单根箍筋长度 \times 箍筋根数$$
$$= 1.30 \times 29$$
$$= 37.70\ （mm）$$
$$质量 = 37.70 \times 0.222 = 8.37\ （kg）$$

【例 2.12】 如图 2.14 所示后张预应力混凝土 T 形吊车梁 46 根，下部后张预应力钢筋用 JM 型锚具，上部钢筋为非预应力钢筋，箍筋采用点焊接头。试计算吊车梁及钢筋工程量，列出工程量清单。

解 （1）计算工程量

预制混凝土 T 形吊车梁工程量＝截面面积×设计图示长度

$$= (0.15 \times 0.8 + 0.4 \times 0.8) \times 6.18 \times 46$$

$$= 2.719 \times 46 = 125.08 \ (m^3)$$

$\Phi 25$ 后张预应力钢筋工程量

＝（设计图示钢筋长度＋增加长度）×单位理论质量＝ $(6.18 + 1.00) \times 6 \times 3.850 \times 46$

$$= 7 \ 629.47 \ (kg) \approx 7.629 \ (t)$$

$\Phi 20$ 受压钢筋工程量＝设计图示钢筋长度×单位理论质量

$$= (6.18 - 0.25 \times 2) \times 8 \times 2.466 \times 46$$

$$= 5 \ 154.53 \ (kg) \approx 5.155 \ (t)$$

单根吊车梁箍筋根数＝ $(6.18 - 0.25 \times 2)/20 + 1 = 32$ 根

$\Phi 8$ 箍筋工程量

$$= [(0.40 - 0.025 \times 2 + 0.95 - 0.025 \times 2) \times 2 + (0.80 - 0.025 \times 2 + 0.15 - 0.025 \times 2) \times 2] \times$$
$32 \times 0.395 \times 46$

$$= (2.50 + 1.70) \times 32 \times 0.395 \times 46 = 2 \ 442.05 \ (kg) \approx 2.442 \ (t)$$

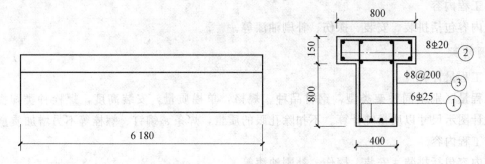

图 2.14　后张预应力混凝土 T 形吊车梁示意图

（2）分部分项工程量清单见表 2.21。

表 2.21　分部分项工程量清单

工程名称：××工程　　　　　　　　　　　　　　　　　　　　　　　　　　　第 1 页　共 1 页

序号	项目编码	项目名称	项目特征	计量单位	工程数量
1	010510002001	预制异型梁	单件体积 2.719 m³	m³	125.08
2	010515005001	预制构件箍筋	φ8 圆钢，点焊	t	2.442
3	010515005002	预制构件钢筋	Φ20 圆钢	t	5.155
4	010416006001	后张法预应力钢筋	Φ25 圆钢，JM 型锚具	t	7.634

 ## 2.6　金属结构工程

2.6.1　钢网架

（1）工程量计算

其工程量区别不同钢材品种、规格，网架节点形式、连接方式，网架跨度、安装高度，探伤要求，防火要求等，按设计图示尺寸以质量吨计算。不扣除孔眼的质量，焊条、铆钉、螺栓等不另增加质量。

（2）工程内容

工程内容包括拼装、安装、探伤、补刷油漆等。

2.6.2 钢屋架、钢托架、钢桁架、钢桥架

1. 钢屋架

(1) 工程量计算

其工程量区别不同钢材品种、规格，单榀质量，屋架跨度、安装高度，螺栓种类，探伤要求，防火要求等，按设计图示数量以榀计算。或按设计图示尺寸以质量吨计算。不扣除孔眼的质量，焊条、铆钉、螺栓等不另增加质量。

(2) 工程内容

工程内容包括拼装、安装、探伤、补刷油漆等。

2. 钢托架、钢桁架

(1) 工程量计算

其工程量区别不同钢材品种、规格，单榀质量，安装高度，螺栓种类，探伤要求，防火要求等，按设计图示尺寸以质量吨计算。不扣除孔眼的质量，焊条、铆钉、螺栓等不另增加质量。

(2) 工程内容

工程内容包括拼装、安装、探伤、补刷油漆等。

3. 钢桥架

(1) 工程量计算

其工程量区别不同桥架类型，钢材品种、规格，单榀质量，安装高度，螺栓种类，探伤要求等，按设计图示尺寸以质量吨计算。不扣除孔眼的质量，焊条、铆钉、螺栓等不另增加质量。

(2) 工程内容

工程内容包括拼装、安装、探伤、补刷油漆等。

2.6.3 钢柱

1. 实腹钢柱、空腹钢柱

(1) 工程量计算

其工程量区别不同柱类型，钢材品种、规格，单根柱质量，螺栓种类，探伤要求，防火要求，按设计图示尺寸以质量计算，不扣除孔眼的质量，焊条、铆钉、螺栓等不另增加质量，依附在钢柱上的牛腿及悬臂梁等并入钢柱工程量内。

·(2) 工程内容

工程内容包括拼装、安装、探伤、补刷油漆等。

2. 钢管柱

(1) 工程量计算

其工程量区别不同钢材品种、规格，单根柱质量，螺栓种类，探伤要求，防火要求等，按设计图示尺寸以质量计算，不扣除孔眼的质量，焊条、铆钉、螺栓等不另增加质量，钢管柱上的节点板、加强环、内衬管、牛腿等并入钢管柱工程量内。

(2) 工程内容

工程内容包括拼装、安装、探伤、补刷油漆等。

2.6.4 钢梁

(1) 工程量计算

其工程量区别不同梁类型，钢材品种、规格，单根质量，螺栓种类，安装高度，探伤要求，防

火要求等，按设计图示尺寸以质量计算，不扣除孔眼的质量，焊条、铆钉、螺栓等不另增加质量，制动梁、制动板、制动桁架、车挡并入钢梁、钢吊车梁工程量内。

（2）工程内容

工程内容包括拼装、安装、探伤、补刷油漆等。

2.6.5 钢板楼板、墙板

1. 钢板楼板

（1）工程量计算

其工程量区别不同钢材品种、规格，钢板厚度，螺栓种类，防火要求等，按设计图示尺寸以铺设水平投影面积平方米计算，不扣除柱、垛及单个面积不大于 0.3 m² 的孔洞所占面积。

（2）工程内容

工程内容包括拼装、安装、探伤、补刷油漆等。

2. 钢板墙板

（1）工程量计算

其工程量区别不同钢材品种、规格，钢板厚度、复合板厚度，螺栓种类，复合板夹芯材料种类、层数、型号、规格，防火要求等，按设计图示尺寸以挂铺面积平方米计算，不扣除单个面积不大于 0.3 m² 的梁、孔洞所占面积，包角、包边、窗台泛水等不另增加面积。

（2）工程内容

工程内容包括拼装、安装、探伤、补刷油漆等。

2.6.6 钢构件

1. 钢支撑、钢拉条

（1）工程量计算

其工程量区别不同钢材品种、规格，构件类型，安装高度，螺栓种类，探伤要求，防火要求等，按设计图示尺寸以质量吨计算，不扣除孔眼的质量，焊条、铆钉、螺栓等不另增加质量。

（2）工程内容

工程内容包括拼装、安装、探伤、补刷油漆等。

2. 钢檩条

（1）工程量计算

其工程量区别不同钢材品种、规格，构件类型，单根质量，安装高度，螺栓种类，探伤要求，防火要求等，按设计图示尺寸以质量吨计算，不扣除孔眼的质量，焊条、铆钉、螺栓等不另增加质量。

（2）工程内容

工程内容包括拼装、安装、探伤、补刷油漆等。

3. 钢天窗架

（1）工程量计算

其工程量区别不同钢材品种、规格，单榀质量，安装高度，螺栓种类，探伤要求，防火要求等，按设计图示尺寸以质量吨计算，不扣除孔眼的质量，焊条、铆钉、螺栓等不另增加质量。

（2）工程内容

工程内容包括拼装、安装、探伤、补刷油漆等。

4. 钢挡风架、钢墙架

(1) 工程量计算

其工程量区别不同钢材品种、规格，单榀质量，螺栓种类，探伤要求，防火要求等，按设计图示尺寸以质量吨计算，不扣除孔眼的质量，焊条、铆钉、螺栓等不另增加质量。

(2) 工程内容

工程内容包括拼装、安装、探伤、补刷油漆等。

5. 钢平台、钢走道

(1) 工程量计算

其工程量区别不同钢材品种、规格，螺栓种类，防火要求等，按设计图示尺寸以质量吨计算，不扣除孔眼的质量，焊条、铆钉、螺栓等不另增加质量。

(2) 工程内容

工程内容包括拼装、安装、探伤、补刷油漆等。

6. 钢梯

(1) 工程量计算

其工程量区别不同钢材品种、规格，钢梯形式，螺栓种类，防火要求等，按设计图示尺寸以质量吨计算，不扣除孔眼的质量，焊条、铆钉、螺栓等不另增加质量。

(2) 工程内容

工程内容包括拼装、安装、探伤、补刷油漆等。

7. 钢护栏

(1) 工程量计算

其工程量区别不同钢材品种、规格，防火要求等，按设计图示尺寸以质量吨计算，不扣除孔眼的质量，焊条、铆钉、螺栓等不另增加质量。

(2) 工程内容

工程内容包括拼装、安装、探伤、补刷油漆等。

8. 钢漏斗、钢板天沟

(1) 工程量计算

其工程量区别不同钢材品种、规格，漏斗、天沟形式，安装高度，探伤要求等，按设计图示尺寸以质量吨计算，不扣除孔眼的质量，焊条、铆钉、螺栓等不另增加质量，依附漏斗、天沟的型钢并入漏斗或天沟工程量内。

(2) 工程内容

工程内容包括拼装、安装、探伤、补刷油漆等。

9. 钢支架

(1) 工程量计算

其工程量区别不同钢材品种、规格，单付质量，防火要求等，按设计图示尺寸以质量计算。不扣除孔眼的质量，焊条、铆钉、螺栓等不另增加质量。

(2) 工程内容

工程内容包括拼装、安装、探伤、补刷油漆等。

10. 零星钢构件

(1) 工程量计算

其工程量区别不同构件名称，钢材品种、规格等，按设计图示尺寸以质量计算。不扣除孔眼的质量，焊条、铆钉、螺栓等不另增加质量。

（2）工程内容

工程内容包括拼装、安装、探伤、补刷油漆等。

2.6.7 金属制品

1. 成品空调金属百页护栏

（1）工程量计算

其工程量区别不同材料品种、规格，边框材质等，按设计图示尺寸以框外围展开面积平方米计算。

（2）工程内容

工程内容包括安装、校正、预埋铁件及安螺栓。

2. 成品栅栏

（1）工程量计算

其工程量区别不同材料品种、规格，边框及立柱型钢品种、规格等，按设计图示尺寸以框外围展开面积平方米计算。

（2）工程内容

工程内容包括安装、校正、预埋铁件、安螺栓及金属立柱。

3. 成品雨棚

（1）工程量计算

其工程量区别不同材料品种、规格，雨棚宽度，晾衣杆品种、规格等，按设计图示接触边以米计算，或按设计图示尺寸以展开面积平方米计算。

（2）工程内容

工程内容包括安装、校正、预埋铁件及安螺栓。

4. 金属网栏

（1）工程量计算

其工程量区别不同材料品种、规格，边框及立柱型钢品种、规格等，按设计图示尺寸以框外围展开面积平方米计算。

（2）工程内容

工程内容包括安装、校正、安螺栓及金属立柱。

5. 砌块墙钢丝网加固、后浇带金属网

（1）工程量计算

其工程量区别不同材料品种、规格，加固方式等，按设计图示尺寸以框外围展开面积平方米计算。

（2）工程内容

工程内容包括铺贴、铆固。

【例2.13】 某厂房上柱间支撑尺寸如图2.15所示，共4组，∟63×6的线密度为5.72 kg/m，－8钢板的面密度为62.8 kg/m²，刷防锈漆一遍。试编制柱间支撑工程量清单。

解 （1）工程量计算

∟63×6角钢质量：$\left[\sqrt{6^2+2.8^2}-0.04\times2\right]\times5.72\times2$

$$=74.83\ (\text{kg})=0.075\ (\text{t})$$

－8钢板质量：$0.17\times0.15\times62.8\times4=6.41\ (\text{kg})$

单榀质量：74.83＋6.41＝81.28（kg）＝0.081（t）

柱间支撑：81.28×4＝325.12（kg）＝0.325（t）

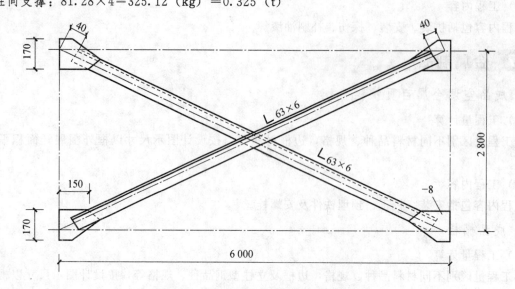

图 2.15　某厂房上柱间支撑尺寸示意图

（2）分部分项工程量清单见表 2.22。

表 2.22　分部分项工程量清单

工程名称：××厂房 第 1 页　共 1 页

序号	项目名称	项目编码	项目特征	计量单位	工程数量
1	钢支撑	010606001001	1. 钢材品种、规格：∟63×6 角钢 2. 构件类型柱间支撑 3. 安装高度 2.8 m 4. 油漆品种、刷漆遍数：刷防锈漆一遍	t	0.325

 # 2.7　木结构工程

2.7.1　木屋架、钢木屋架

1. 木屋架

（1）工程量计算

其工程量区别不同跨度，材料品种、规格，刨光要求，拉杆及夹板种类，防护材料种类等，按设计图示以数量榀计算。或按设计图示的规格尺寸以体积立方米计算。

（2）工程内容

工程内容包括制作、运输、安装、刷防护材料。

2. 钢木屋架

（1）工程量计算

其工程量区别不同跨度，材料品种、规格，刨光要求，钢材品种、规格，防护材料种类等，按设计图示以数量榀计算。

（2）工程内容

工程内容包括制作、运输、安装、刷防护材料。

2.7.2 木构件

1. 木柱、木梁

（1）工程量计算

其工程量区别不同构件规格尺寸，木材种类、刨光要求，防护材料种类等，按设计图示尺寸以体积立方米计算。

（2）工程内容

工程内容包括制作、运输、安装、刷防护材料。

2. 木檩

（1）工程量计算

其工程量区别不同构件规格尺寸，木材种类、刨光要求，防护材料种类等，按设计图示尺寸以体积立方米计算。或按设计图示尺寸以长度米计算。

（2）工程内容

工程内容包括制作、运输、安装、刷防护材料。

3. 木楼梯

（1）工程量计算

其工程量区别不同楼梯形式，木材种类、刨光要求，防护材料种类等，按设计图示尺寸以水平投影面积平方米计算。不扣除宽度不大于 300 mm 的楼梯井，伸入墙内部分不计算。

（2）工程内容

工程内容包括制作、运输、安装、刷防护材料。

4. 其他木构件

（1）工程量计算

其工程量区别不同构件名称，构件规格尺寸，木材种类、刨光要求，防护材料种类等，按设计图示尺寸以体积立方米或长度米计算。

（2）工程内容

工程内容包括制作、运输、安装、刷防护材料。

2.7.3 屋面木基层

（1）工程量计算

其工程量区别不同椽子断面尺寸及椽距，望板材料种类、厚度，防护材料种类等，按设计图示尺寸以斜面积平方米计算。不扣除房上烟囱、风帽底座、风道、小气窗、斜沟等所占面积。小气窗的出檐部分不增加面积。

（2）工程内容

工程内容包括椽子制作、安装，望板制作、安装，顺水条和挂瓦条制作、安装，刷防护材料。

2.8 门窗工程

门窗工程清单项目包括木门、金属门、金属卷帘（闸）门、厂房库大门、特种门、其他门、木窗、金属窗、门窗套、窗台板、窗帘、窗帘盒及窗帘轨和其他相关问题的处理。

2.8.1 木门

木门清单编码为 010801。其工程量清单项目设置包括木质门（010801001）、木质门窗套

（010801002）、木质连窗门（010801003）、木质防火门（010801004）、木门框（010801005）、门锁安装（010801006）。

1. 木质门、木质门窗套、木质连窗门及木质防火门的工程量清单编制方法

（1）工作内容

门安装；玻璃安装；五金安装。

（2）工程量计算规则

应根据项目特征（①门代号及洞口尺寸，②镶嵌玻璃品种、厚度），以"樘或 m²"为计量单位，工程量分别按设计图示数量或设计图示洞口尺寸面积计算。

2. 木门框的工程量清单编制方法

（1）工作内容

木门框制作、安装；运输；刷防护材料。

（2）工程量计算规则

应根据项目特征（①门代号及洞口尺寸，②框截面尺寸，③防护材料种类），以"樘或 m"为计量单位，工程量分别按设计图示数量或设计图示框的中心线以延长米计算。

3. 门锁安装的工程量清单编制方法

（1）工作内容

安装。

（2）工程量计算规则

应根据项目特征（①锁品种，②锁规格），以"个（套）"为计量单位，工程量按设计图示数量计算。

【例 2.14】　编制图 2.16 木质连窗门工程量清单。

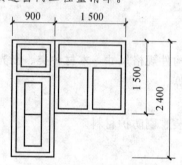

图 2.16　例 2.14 图

解　木质连窗门清单工程量＝1 樘或 $0.9 \times 2.4 + 1.5 \times 1.5 = 4.41$（m²）

表 2.23　分部分项工程量清单

工程名称：某饭店装饰工程　　　　　　　　　　　　　　　　　　　　　　　　　第　页　共　页

序号	项目编码	项目名称	项目特征	计量单位	工程数量
1	010801004001	木质连窗门	门的类型：连窗门 门、窗尺寸规格：门尺寸 2 400 mm×900 mm；窗尺寸 1 500 mm×1 500 mm	樘（m²）	1（4.41）

2.8.2　金属门

金属门清单编码为 010802。其工程量清单项目设置包括金属（塑钢）门（010802001）、彩板门（010802002）、钢质防火门（010802003）、防盗门（010802004）。

1. 金属（塑钢）门的工程量清单编制方法

（1）工作内容

门安装；五金安装；玻璃安装。

（2）工程量计算规则

应根据项目特征（①门代号及洞口尺寸，②门框或扇外围尺寸，③门框、扇材质，④玻璃品种、厚度），以"樘或 m²"为计量单位，工程量分别按设计图示数量或设计图示洞口尺寸面积计算。

2. 彩板门的工程量清单编制方法

（1）工作内容

门安装；五金安装；玻璃安装。

（2）工程量计算规则

应根据项目特征（①门代号及洞口尺寸，②门框或扇外围尺寸），以"樘或 m²"为计量单位，工程量分别按设计图示数量或设计图示洞口尺寸面积计算。

3. 钢质防火门、防盗门的工程量清单编制方法

（1）工作内容

门安装；五金安装。

（2）工程量计算规则

应根据项目特征（①门代号及洞口尺寸，②门框或扇外围尺寸，③门框、扇材质），以"樘或 m²"为计量单位，工程量分别按设计图示数量或设计图示洞口尺寸面积计算。

【例 2.15】 某饭店采用铝合金地弹簧门 1 樘，洞口尺寸如图 2.17 所示。双扇带侧亮、带上亮，采用铝合金型材 100 系列，编制该金属地弹簧门工程量清单。

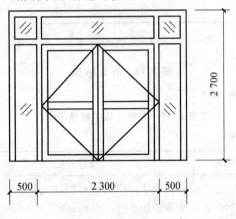

图 2.17 例 2.15 图

解 金属地弹簧门工程量＝1 樘或（0.5＋2.3＋0.5）×2.70＝8.91（m²）

表 2.24 分部分项工程量清单

工程名称：某饭店装饰工程　　　　　　　　　　　　　　　　　　　　第 页 共 页

序号	项目编码	项目名称	项目特征	计量单位	工程数量
1	010802001001	金属地弹门	门的类型：双扇地弹簧 材料种类、规格：铝合金型材 100 系列	樘（m²）	1（8.91）

2.8.3 金属卷帘（闸）门

金属卷帘（闸）门清单编码为 010803。其工程量清单项目设置包括金属卷帘（闸）门（010803001）、防火卷帘（闸）门（010803002）。

1. 金属卷帘（闸）门、防火卷帘（闸）门的工程量清单编制方法

（1）工作内容

门运输、安装；启动装置、活动小门、五金安装。

（2）工程量计算规则

根据项目特征（①门代号及洞口尺寸，②门材质，③启动装置品种、规格），以"樘或 m²"为计量单位，工程量分别按设计图示数量或设计图示洞口尺寸面积计算。

2. 金属卷帘（闸）门工程量清单编制注意事项

以樘计量，项目特征必须描述洞口尺寸，以平方米计量，项目特征可不描述洞口尺寸。

【例 2.16】 某单位车库如图 2.18 所示，安装遥控电动铝合金卷闸门（带卷筒罩）3 樘。门洞口：3 700 mm×3 300 mm，卷闸门上有一活动小门：750 mm×2 000 mm，试计算车库卷闸门清单工程量及材料消耗工程量。

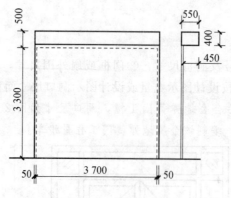

图 2.18 例 2.16 图

解 金属卷闸门工程量清单编制如下：

表 2.25 分部分项工程量清单

工程名称：某单位车库装饰工程　　　　　　　　　　　　　　　　　　　　　　　　　第　页　共　页

序号	项目编码	项目名称	项目特征	计量单位	工程数量
1	010803001001	金属卷闸门	门洞尺寸：3 700 mm×3 300 mm 安装活动小门：750 mm×2 000 mm 遥控电动铝合金	樘	3

2.8.4 木窗

木窗清单编码为 010806。其工程量清单项目设置包括木质窗（010806001）、木飘（凸）窗（010806002）、木橱窗（010806003）、木纱窗（010806004）。

1. 木质窗、木飘（凸）窗的工程量清单编制方法

（1）工作内容

窗安装；五金、玻璃安装。

（2）工程量计算规则

根据项目特征（①窗代号及洞口尺寸，②玻璃品种、厚度），以"樘或 m²"为计量单位，工程

量分别按设计图示数量计算或设计图示洞口尺寸面积计算。

2．木橱窗的工程量清单编制方法

（1）工作内容

窗制作、运输、安装；五金、玻璃安装；刷防护材料。

（2）工程量计算规则

根据项目特征（①窗代号，②框截面及外围展开面积，③玻璃品种、厚度，④防护材料种类），以"樘或 m²"为计量单位，工程量分别按设计图示数量计算或设计图示尺寸以框外围展开面积计算。

3．木纱窗的工程量清单编制方法

（1）工作内容

窗安装；五金安装。

（2）工程量计算规则

根据项目特征（①窗代号及框的外围尺寸，②窗纱材料品种、规格），以"樘或 m²"为计量单位，工程量分别按设计图示数量计算或按框的外围尺寸以面积计算。

【例 2.17】 已知某工程采用木质推拉窗 10 樘，尺寸如图 2.19 所示，采用东北榆木，平板玻璃 3 mm，编制木窗的工程量清单。

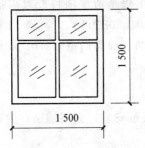

图 2.19 例 2.17 图

表 2.26 分部分项工程量清单

工程名称：　　　　　　　　　　　　　　　　　　　　　　　　　　　　　　　　　　　　第　页　共　页

序号	项目编码	项目名称	项目特征	计量单位	工程数量
1	010806001001	木质推拉窗	窗类型：木质推拉窗 框外围尺寸：1 500 mm×1 500 mm 材质种类：东北榆木 玻璃种类：平板玻璃 3 mm	樘	10

2.8.5 金属窗

木窗清单编码为 010807。其工程量清单项目设置包括金属（塑钢、断桥）窗（010807001）、金属防火窗（010807002）、金属百叶窗（010807003）、金属纱窗（010807004）、金属格栅窗（010807005）、金属（塑钢、断桥）橱窗（010807006）、金属（塑钢、断桥）飘（凸）窗（010807007）、彩板窗（010807008）、复合材料窗（010807009）。

金属窗工程量清单编制方法：

（1）工作内容

窗安装；五金、玻璃安装。

（2）工程量计算规则

根据项目特征，以"樘或 m²"为计量单位，工程量分别按设计图示数量计算或设计图示洞口尺寸面积计算。

【例 2.18】 某工程设有：塑钢窗推拉窗 48 樘，其中 24 樘 1 500×2 100；6 樘 1 200×1 200；请根据工程量清单计价规范编制工程量清单。

解 本题主要是掌握门窗工程清单的编制方法，按照门窗的类别，分别列项计算。

表 2.27 分部分项工程量清单

工程名称   第 页 共 页

序号	项目编码	项目名称	项目特征	计量单位	工程数量
4	010807001001	塑钢窗	窗类型：塑钢窗 窗洞尺寸：1 500×2 100	樘	24
5	010807001002	塑钢窗	窗类型：塑钢窗 窗洞尺寸：1 200×1 200	樘	6
6	010807001003	塑钢窗	窗类型；塑钢窗 窗洞尺寸：1 800×2 100	樘	18

2.8.6 门窗套

门窗套的清单编码为 010808。其工程量清单项目设置包括木门窗套（010808001）、木筒子板（010808002）、饰面夹板筒子板（010808003）、金属门窗套（010808004）、石材门窗套（010808005）、门窗木贴脸（010808006）、成品门窗套（010808007）。

1. 木门窗套的工程量清单编制方法

（1）工作内容

清理基层；立筋制作、安装；基层板安装；面层铺贴；线条安装；刷防护材料。

（2）工程量计算规则

根据项目特征（①窗代号及洞口，②门窗套展开宽度，③基层材料种类，④面层材料品种、规格，⑤线条品种、规格，⑥防护材料种类），以"樘、m^2 或 m"为计量单位，工程量分别按设计图示数量计算、设计图示尺寸以展开面积计算或设计图示中心以延长米计算。

2. 木筒子板、饰面夹板筒子板的工程量清单编制方法

（1）工作内容

清理基层；立筋制作、安装；基层板安装；面层铺贴；线条安装；刷防护材料。

（2）工程量计算规则

根据项目特征（①筒子板宽度，②基层材料种类，③面层材料品种、规格，④线条品种、规格，⑤防护材料种类），以"樘、m^2 或 m"为计量单位，工程量分别按设计图示数量计算、设计图示尺寸以展开面积计算或设计图示中心以延长米计算。

3. 金属门窗套的工程量清单编制方法

（1）工作内容

清理基层；立筋制作、安装；基层板安装；面层铺贴；刷防护材料。

（2）工程量计算规则

根据项目特征（①窗代号及洞口尺寸，②门窗套展开宽度，③基层材料种类，④面层材料品种、规格，⑤防护材料种类），以"樘、m^2 或 m"为计量单位，工程量分别按设计图示数量计算、设计图示尺寸以展开面积计算或设计图示中心以延长米计算。

4. 石材门窗套的工程量清单编制方法

(1) 工作内容

清理基层；立筋制作、安装；基层板安装；面层铺贴；线条安装。

(2) 工程量计算规则

根据项目特征（①窗代号及洞口尺寸，②门窗套展开宽度，③黏结层厚度、砂浆配合比，④面层材料品种、规格，⑤线条品种、规格），以"樘、m^2 或 m"为计量单位，工程量分别按设计图示数量计算、设计图示尺寸以展开面积计算或设计图示中心以延长米计算。

5. 门窗木贴脸的工程量清单编制方法

(1) 工作内容

安装。

(2) 工程量计算规则

根据项目特征（①门窗代号及洞口尺寸，②贴脸板宽度，③防护材料种类），以"樘或 m"为计量单位，工程量按设计图示数量计算或按设计图示尺寸以延长米计算。

6. 成品门窗套的工程量清单编制方法

(1) 工作内容

清理基层；立筋制作、安装；板安装。

(2) 工程量计算规则

根据项目特征（①门窗代号及洞口尺寸，②门窗套展开宽度，③门窗套材料品种、规格），以"樘、m^2 或 m"为计量单位，工程量分别按设计图示数量计算、设计图示尺寸以展开面积计算或设计图示中心以延长米计算。

【例 2.19】 如图 2.20 所示，起居室的门洞 M4：3 000 mm×2 000 mm，设计做门套装饰。筒子板构造：细木工板基层柚木装饰面层，厚 30 mm，筒子板宽 300 mm；贴脸构造：80 mm 宽柚木装饰线脚。试计算筒子板、贴脸的清单工程量。

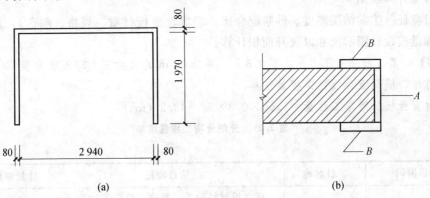

(a)   (b)

图 2.20 例 2.19 图

解 筒子板清单工程量 ＝ $(1.97×2+2.94) ×0.3$

$\qquad\qquad\qquad = 6.88×0.3$

$\qquad\qquad\qquad = 2.06 (m^2)$

贴脸清单工程量 ＝ $(1.97×2+2.94+0.08×2) ×0.08$

$\qquad\qquad\qquad = 7.04×0.08$

$\qquad\qquad\qquad = 0.56 (m^2)$

表 2.28　分部分项工程量清单

工程名称：某起居室装饰工程　　　　　　　　　　　　　　　　　　　　第　页　共　页

序号	项目编码	项目名称	项目特征	计量单位	工程数量
1	010808006001	门窗木贴脸	门洞尺寸：3 000 mm×2 000 mm 贴脸构造：80 mm 宽柚木装饰线脚	m²	0.56
2	010808003001	饰面夹板筒子板	门洞尺寸：3 000 mm×2 000 mm 筒子板构造：细木工板基层柚木装饰面层，厚 30 mm 筒子板宽：300 mm	m²	2.06

2.8.7　窗台板

窗台板的清单编码为 010809，其工程量清单项目设置包括木窗台板（010809001）、铝塑窗台板（010809002）、金属窗台板（010809003）、石材窗台板（010809004）。

1. 木窗台板、铝塑窗台板、金属窗台板的工程量清单编制方法

（1）工作内容

基层清理；基层制作、安装；窗台板制作、安装；刷防护材料。

（2）工程量计算规则

根据项目特征（①基层材料种类，②窗台面板材质、规格、颜色，③防护材料种类），以"m²"为计量单位，工程量按设计图示尺寸以展开面积计算。

2. 石材窗台板的工程量清单编制方法

（1）工作内容

基层清理；抹找平层；窗台板制作、安装。

（2）工程量计算规则

根据项目特征（①黏结层厚度、砂浆配合比，②窗台面板材质、规格、颜色），以"m²"为计量单位，工程量按设计图示尺寸以展开面积计算。

【例 2.20】　某工程用长 1.6 m、宽 0.3 m、厚 0.02 m 的汉白玉大理石窗台板 90 块，水泥砂浆铺贴，酸洗打蜡。编制窗台板的工程量清单。

解　石材窗台板的清单工程量＝1.60×0.3×90＝43.2（m²）

表 2.29　分部分项工程量清单

工程名称　　　　　　　　　　　　　　　　　　　　　　　　　　　　　　第　页　共　页

序号	项目编码	项目名称	项目特征	计量单位	工程数量
1	010809004001	石材窗台板	窗台板材料种类、规格：汉白玉大理石、1 600 mm×300 mm×20 mm 面层材料铺贴方式：水泥砂浆铺贴	m²	43.2

2.8.8　窗帘、窗帘盒、轨

窗帘、窗帘盒、轨的清单编码为 010810，其工程量清单项目设置包括窗帘（010810001），木窗帘盒（010810002），饰面夹板、塑料窗帘盒（010810003），铝合金窗帘盒（010810004），窗帘轨（010810005）。

1. 窗帘的工程量清单编制方法

(1) 工作内容

制作、运输；安装。

(2) 工程量计算规则

根据项目特征（①窗帘材质，②窗帘高度、宽度，③窗帘层数，④带幔要求），以"m 或 m²"为计量单位，工程量分别按设计图示尺寸以成活后长度计算或图示尺寸以成活后展开面积计算。

2. 木窗帘盒、饰面夹板、塑料窗帘盒、铝合金窗帘盒的工程量清单编制方法

(1) 工作内容

制作、运输、安装；刷防护材料。

(2) 工程量计算规则

根据项目特征（①窗帘盒材质、规格，②防护材料种类），以"m"为计量单位，工程量按设计图示尺寸以长度计算。

3. 窗帘轨的工程量清单编制方法

(1) 工作内容

制作、运输、安装；刷防护材料。

(2) 工程量计算规则

根据项目特征（①窗帘轨材质、规格，②轨的数量，③防护材料种类），以"m"为计量单位，工程量按设计图示尺寸以长度计算。

技术提示

盒、轨工程量清单编制注意事项

①窗帘若是双层，项目特征必须描述每层材质；

②窗帘以米计量，项目特征必须描述窗帘高度和宽。

【例 2.21】 求图 2.21 所示窗帘盒清单工程量。

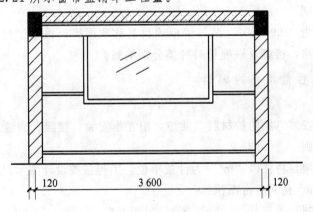

图 2.21 例 2.21 图

解 铝合金窗帘盒清单工程量＝3.6－2×0.12＝3.36（m）

表 2.30 分部分项工程量清单

工程名称：某起居室装饰工程 第 页 共 页

序号	项目编码	项目名称	项目特征	计量单位	工程数量
1	010810004001	铝合金窗帘盒	窗帘盒尺寸详见图纸	m	3.36

2.9 屋面及防水工程

屋面及防水工程工程量清单项目包括瓦、型材、阳光板、玻璃钢、膜结构屋面，屋面防水、墙、地面防水、防潮。

2.9.1 瓦、型材屋面

瓦、型材屋面编码为010901。

瓦、型材屋面工程量清单项目包括瓦屋面、型材屋面、阳光板屋面、玻璃钢屋面、膜结构屋面。

1. 瓦屋面工程量清单的编制

（1）工程内容

檩条、椽子安装，基层铺设，铺防水层，安顺水条和挂瓦条，安瓦，刷防护材料。

（2）工程量计算规则

瓦屋面应根据项目特征以"m²"为计量单位，工程量按设计图示尺寸以斜面积计算。不扣除房上烟囱、风帽底座、风道、小气窗、斜沟等所占面积，小气窗的出檐部分不增加面积。

（3）工程量清单编制

瓦屋面项目编码为010901001，其各清单项目名称顺序码，根据瓦品种、规格、品牌、颜色，防水材料种类，基层材料种类，檩条种类、截面，防护材料种类分别编制。

2. 型材屋面工程量清单的编制

（1）工程内容

骨架制作、运输、安装，屋面型材安装，接缝、嵌缝。

（2）工程量计算规则

型材屋面应根据项目特征以"m²"为计量单位，工程量按设计图示尺寸以斜面积计算。不扣除房上烟囱、风帽底座、风道、小气窗、斜沟等所占面积，小气窗的出檐部分不增加面积。

（3）工程量清单编制

型材屋面项目编码为010901002，其各清单项目名称顺序码，根据型材品种、规格、品牌、颜色，骨架材料品种、规格，接缝、嵌缝材料种类分别编制。

3. 阳光板屋面工程量清单的编制

（1）工程内容

骨架制作、运输、安装，刷防护材料、油漆，阳光板安装，接缝、嵌缝。

（2）工程量计算规则

阳光板屋面应根据项目特征以"m²"为计量单位，工程量按设计图示尺寸以斜面积计算。不扣除屋面面积不大于0.3 m² 孔洞所占面积。

（3）工程量清单编制

阳光板屋面项目编码为010901003，其各清单项目名称顺序码，根据阳光板品种、规格，骨架材料品种、规格，接缝、嵌缝材料种类，油漆品种、刷漆遍数分别编制。

4. 玻璃钢屋面工程量清单的编制

（1）工程内容

骨架制作、运输、安装，刷防护材料、油漆，阳光板安装，接缝、嵌缝。

（2）工程量计算规则

玻璃钢屋面应根据项目特征以"m²"为计量单位，工程量按设计图示尺寸以斜面积计算。不扣除屋面面积不大于 0.3 m² 孔洞所占面积。

（3）工程量清单编制

玻璃钢屋面项目编码为 010901004，其各清单项目名称顺序码，根据玻璃钢品种、规格、骨架材料品种、规格，玻璃钢固定方式，接缝、嵌缝材料种类，油漆品种、刷漆遍数分别编制。

5. 膜结构屋面工程量清单的编制

（1）工程内容

膜布热压胶接，支柱（网架）制作、安装，膜布安装，穿钢丝绳、锚头锚固，锚固基座挖土、回填，刷防护材料、油漆。

（2）工程量计算规则

膜结构屋面应根据项目特征以"m²"为计量单位，工程量按设计图示尺寸以需要覆盖的水平面积计算。

（3）工程量清单编制

膜结构屋面项目编码为 010901005，其各清单项目名称顺序码，根据膜布品种、规格，支柱（网架）钢材品种、规格，钢丝绳品种、规格，锚固基座做法，油漆品种、刷漆遍数分别编制。

2.9.2　屋面防水及其他

屋面防水编码为 010902。

屋面防水工程量清单项目包括屋面卷材防水，屋面涂膜防水，屋面刚性层，屋面排水管，屋面排（透）气管，屋面（廊、阳台）吐水管，屋面天沟、檐沟，屋面变形缝。

1. 屋面卷材防水工程量清单的编制

（1）工程内容

基层处理，刷底油，铺油毡卷材、接缝。

（2）工程量计算规则

屋面卷材防水应根据项目特征以"m²"为计量单位，工程量按设计图示尺寸以面积计算。

①斜屋顶（不包括平屋顶找坡）按斜面积计算，平屋顶按水平投影面积计算。

②不扣除房上烟囱、风帽底座、风道、屋面小气窗和斜沟所占面积。

③屋面的女儿墙、伸缩缝和天窗等处的弯起部分并入屋面工程量内。

（3）工程量清单编制

屋面卷材防水项目编码为 010902001，其各清单项目名称顺序码，根据卷材品种、规格、厚度，防水层数，防水层做法分别编制。

【例 2.22】　试编制卫生院住院楼中的屋面防水工程量清单。

其分部分项工程量清单见表 2.31。

表 2.31　分部分项工程量清单

工程名称：　　　　　　　　　　　　　　　　　　　　　　　　　　　　　　　　　第　页　共　页

序号	项目编码	项目名称	计量单位	工程数量
1	010902001001	屋面柔性防水 4 m 厚 SBS 防水卷材 20 厚 1∶3 水泥砂浆找平 刷冷底子油、热沥青各一道	m²	41.48

2. 屋面涂膜防水工程量清单的编制

(1) 工程内容

基层处理，刷基层处理剂，铺布、喷涂防水层。

(2) 工程量计算规则

屋面涂膜防水应根据项目特征以"m²"为计量单位，工程量计算同屋面卷材防水。

(3) 工程量清单编制

屋面涂膜防水项目编码为010902002，其各清单项目名称顺序码，根据防水膜品种，涂膜厚度、遍数，增强材料种类分别编制。

3. 屋面刚性层工程量清单的编制

(1) 工程内容

基层处理，混凝土制作、运输、铺筑、养护，钢筋制作、安装。

(2) 工程量计算规则

屋面刚性防水应根据项目特征以"m²"为计量单位，工程量按设计图示尺寸以面积计算。不扣除房上烟囱、风帽底座、风道等所占面积。

(3) 工程量清单编制

屋面刚性防水项目编码为010902003，其各清单项目名称顺序码，根据刚性层厚度，混凝土强度等级，嵌缝材料种类，钢筋规格、型号分别编制。

4. 屋面排水管工程量清单的编制

(1) 工程内容

排水管及配件安装、固定，雨水斗、山墙出水口、雨水篦子安装，接缝、嵌缝，刷漆。

(2) 工程量计算规则

屋面排水管，应根据项目特征，以"m"为计量单位，工程量按设计图示尺寸以长度计算。如设计未标注尺寸，以檐口至设计室外散水上表面垂直距离计算。

(3) 工程量清单编制

屋面排水管项目编码为010902004，其各清单项目名称顺序码，根据排水管品种、规格，雨水斗、山墙出水口品种、规格，接缝、嵌缝材料种类，油漆品种、刷漆遍数分别编制。

5. 屋面排（透）气管工程量清单的编制

(1) 工程内容

排（透）气管及配件安装、固定，铁件制作、安装，接缝、嵌缝，刷漆。

(2) 工程量计算规则

屋面排（透）气管应根据项目特征以"m"为计量单位，工程量按设计图示尺寸以长度计算。

(3) 工程量清单编制

屋面排水管项目编码为010902005，其各清单项目名称顺序码，根据排（透）气管品种、规格，接缝、嵌缝材料种类，油漆品种、刷漆遍数分别编制。

6. 屋面（廊、阳台）吐水管工程量清单的编制

(1) 工程内容

吐水管及配件安装、固定，接缝、嵌缝，刷漆。

(2) 工程量计算规则

屋面（廊、阳台）吐水管应根据项目特征以"根（个）"为计量单位，工程量按设计图示数量计算。

(3) 工程量清单编制

屋面排水管项目编码为010902006，其各清单项目名称顺序码，根据吐水管品种、规格，接缝、

嵌缝材料种类，吐水管长度，油漆品种、刷漆遍数分别编制。

7. 屋面天沟、檐沟工程量清单的编制

（1）工程内容

天沟材料铺设，天沟配件安装，接缝、嵌缝，刷防护材料。

（2）工程量计算规则

屋面天沟、檐沟应根据项目特征以"m²"为计量单位，工程量按设计图示尺寸以面积计算。

（3）工程量清单编制

屋面天沟、沿沟项目编码为01090207，其各清单项目名称顺序码，根据材料品种、规格，接缝、嵌缝材料种类分别编制。

8. 屋面变形缝工程量清单的编制

（1）工程内容

清缝，填塞防水材料，止水带安装，盖缝制作、安装，刷防护材料。

（2）工程量计算规则

屋面变形缝应根据项目特征以"m"为计量单位，工程量按设计图示以长度计算。

（3）工程量清单编制

屋面变形缝项目编码为01090208，其各清单项目名称顺序码，根据嵌缝材料种类，止水带材料种类，盖缝材料，防护材料种类分别编制。

2.9.3 墙面防水、防潮

墙面防水、防潮编码为010903。

墙面防水、防潮工程量清单项目包括卷材防水、涂膜防水、砂浆防水（防潮）和变形缝。

1. 墙面卷材防水工程量清单的编制

（1）工程内容

基层处理，刷黏结剂，铺防水卷材，接缝、嵌缝。

（2）工程量计算规则

墙面卷材防水应根据项目特征以"m²"为计量单位，工程量按设计图示尺寸以面积计算。

（3）工程量清单编制

墙面卷材防水项目编码为010903001，其各清单项目名称顺序码，根据卷材品种、规格、厚度，防水层数，防水层做法分别编制。

2. 墙面涂膜防水工程量清单的编制

（1）工程内容

基层处理，刷基层处理剂，铺布、喷涂防水层。

（2）工程量计算规则

墙面涂膜防水应根据项目特征以"m²"为计量单位，工程量按设计图示尺寸以面积计算（同卷材防水）。

（3）工程量清单编制

涂膜防水项目编码为010903002，其各清单项目名称顺序码，根据防水膜品种，涂膜厚度、遍数，增强材料种类分别编制。

3. 墙面砂浆防水（防潮）工程量清单的编制

（1）工程内容

基层处理，挂钢丝网片，设置分格缝，砂浆制作、运输、摊铺、养护。

（2）工程量计算规则

砂浆防水（潮）应根据项目特征以"m²"为计量单位，工程量按设计图示尺寸以面积计算（同卷材防水）。

（3）工程量清单编制

砂浆防水（防潮）项目编码为010903003，其各清单项目名称顺序码，根据防水层做法，砂浆厚度、配合比，钢丝网规格分别编制。

4. 墙面变形缝工程量清单的编制

（1）工程内容

清缝，填塞防水材料，止水带安装，盖缝制作、安装，刷防护材料。

（2）工程量计算规则

墙面变形缝应根据项目特征以"m"为计量单位，工程量按设计图示以长度计算。

（3）工程量清单编制

变形缝项目编码为010903004，其各清单项目名称顺序码，根据嵌缝材料种类，止水带材料种类，盖缝材料，防护材料种类分别编制。

2.9.4　楼（地）面防水、防潮

楼（地）面防水、防潮编码为010904。

楼（地）面防水、防潮工程量清单项目包括卷材防水、涂膜防水、砂浆防水（防潮）和变形缝。

1. 楼（地）面防水、防潮工程量清单的编制

（1）工程内容

基层处理，刷黏结剂，铺防水卷材，接缝、嵌缝。

（2）工程量计算规则

楼（地）面防水、防潮应根据项目特征以"m²"为计量单位，工程量按设计图示尺寸以面积计算。

（3）工程量清单编制

其各清单项目名称顺序码，根据卷材品种、规格、厚度，防水层数，防水层做法分别编制。

2. 楼（地）面变形缝工程量清单的编制

（1）工程内容

清缝，填塞防水材料，止水带安装，盖缝制作、安装，刷防护材料。

（2）工程量计算规则

楼（地）面变形缝应根据项目特征以"m"为计量单位，工程量按设计图示以长度计算。

（3）工程量清单编制

变形缝项目编码为010904004，其各清单项目名称顺序码，根据嵌缝材料种类，止水带材料种类，盖缝材料，防护材料种类分别编制。

2.10　隔热、保温、防腐工程

隔热、保温、防腐工程工程量清单项目包括隔热、保温，防腐面层，其他防腐。

2.10.1　隔热、保温

隔热、保温编码为 011001。

隔热、保温工程量清单项目包括保温隔热屋面、保温隔热天棚、保温隔热墙面、保温柱梁、保温隔热楼地面、其他保温隔热。

1. 保温隔热屋面工程量清单的编制

（1）工程内容

基层清理，刷黏结材料，铺粘保温层，铺、刷（喷）防护材料。

（2）工程量计算规则

保温隔热屋面应根据项目特征以"m²"为计量单位，工程量按设计图示尺寸以面积计算。扣除面积大于 0.3 m² 孔洞及占位面积。

（3）工程量清单编制

保温隔热屋面项目编码为 011001001，其各清单项目名称顺序码，根据保温隔热材料品种、规格、厚度，隔气层材料品种、厚度，黏结材料种类、做法，防护材料种类、做法分别编制。

【例 2.23】　试编制卫生院住院楼中的屋面保温工程量清单。

其分部分项工程量清单见表 2.32。

表 2.32　分部分项工程量清单

工程名称：　　　　　　　　　　　　　　　　　　　　　　　　　　　　　第 页 共 页

序号	项目编码	项目名称	计量单位	工程数量
1	011001001001	屋面 FSG 保温板保温隔热，厚 0.08 m，1：8 水泥炉渣找坡	m²	2.29

2. 其他保温隔热工程量清单的编制

（1）工程内容

基层清理，刷界面剂，安装龙骨，填贴保温材料，保温板安装，粘贴面层，铺设增强格网、抹抗裂防水砂浆面层，嵌缝，铺、刷（喷）防护材料。

（2）工程量计算规则

其他保温隔热，应根据项目特征，以"m²"为计量单位，工程量按设计图示尺寸以面积计算。扣除面积大于 0.3 m² 孔洞及占位面积。

（3）工程量清单编制

其各清单项目名称顺序码，根据保温隔热部位，保温隔热方式，隔气层材料品种、厚度，保温隔热面层材料品种、规格、性能，保温隔热材料品种、规格及厚度，黏结材料种类及做法，增强网及抗裂防水砂浆种类，防护材料种类及做法分别编制。

2.10.2　防腐面层

防腐面层编码为 011001。

防腐面层工程量清单项目包括防腐混凝土面层、防腐砂浆面层、防腐胶泥面层、玻璃钢防腐面层、聚氯乙烯板面层、块料防腐面层和池、槽块料防腐面层。

1. 防腐面层工程量清单的编制

（1）工程内容

基层清理，基层刷稀胶泥，混凝土制作、运输、摊铺、养护。

（2）工程量计算规则

防腐面层，应根据项目特征，以"m²"为计量单位，工程量按设计图示尺寸以面积计算。

①平面防腐：扣除凸出地面的构筑物、设备基础等以及面积大于 0.3 m² 孔洞、柱、垛所占面积。

②立面防腐：扣除门、窗、洞口以及面积大于 0.3 m² 孔洞、梁所占面积，门、窗、洞口侧壁、垛凸出部分按展开面积并入墙面积内。

（3）工程量清单编制

其各清单项目名称顺序码，根据防腐部位，面层厚度，混凝土，胶泥种类、配合比种类分别编制。

2. 池、槽块料防腐面层工程量清单的编制

（1）工程内容

基层清理，砌块料，胶泥调制、勾缝。

（2）工程量计算规则

池、槽块料防腐面层应根据项目特征以"m²"为计量单位，工程量按设计图示尺寸以展开面积计算。

（3）工程量清单编制

池、槽块料防腐面层项目编码为 011002007，其各清单项目名称顺序码，根据防腐池、槽名称、代号，块料品种、规格，黏结材料种类，勾缝材料种类分别编制。

2.11 楼地面装饰工程

2.11.1 整体面层及找平层

整体面层（011101）包括水泥砂浆楼地面（011101001）、现浇水磨石楼地面（011101002）、细石混凝土楼地面（011101003）、菱苦土楼地面（011101004）、自流坪楼地面（011101005）、找平层（011101006）。

1. 水泥砂浆楼地面工程量清单的编制

（1）项目特征

找平层厚度、砂浆配合比；素水泥浆遍数；面层厚度、砂浆配合比；面层做法要求。

（2）工程内容

基层清理；垫层铺设；抹找平层；防水层铺设；抹面层；材料运输。

（3）工程量计算规则

按设计图示尺寸以面积计算。扣除凸出地面的构筑物、设备基础、室内铁道、地沟等所占面积；不扣除隔墙和不大于 0.3 m² 的柱、垛、附墙烟囱及孔洞所占面积。门洞、空圈、暖气包槽、壁龛的开口部分的不增加面积。

间壁墙指墙厚不大于 120 mm 的墙。

> **技术提示**
> 水泥砂浆面层处理是拉毛还是提浆压光应在面层做法要求中描述。

【例 2.24】 某建筑如图 2.22 所示，内外墙均为 240 mm，轴线居中。地面为水泥砂浆地面，铺设找平层和混凝土垫层，编制水泥砂浆楼地面工程量清单。

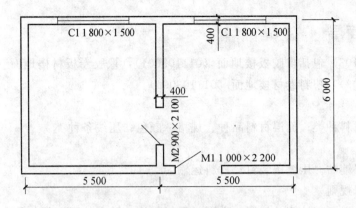

图 2.22 例 2.24 图

解 水泥砂浆地面面积为 $S=(5.5-0.12\times2)\times(6-0.12\times2)\times2=60.60$（$m^2$）

表 2.33 分部分项工程量清单

工程名称 第 页 共 页

序号	项目编码	项目名称	计量单位	工程数量
1	011101001001	水泥砂浆地面	m^2	60.60

2. 其他整体面层

按设计图示尺寸以 m^2 计算，其工程量清单根据项目特征分别编制。

2.11.2 块料面层

块料面层项目编码为 011102。块料面层项目包括石材楼地面（011102001）、碎石材楼地面（011102002）、块料楼地面（011102003）。

（1）项目特征

找平层厚度、砂浆配合比；结合层厚度、砂浆配合比；面层材料品种、规格、品牌、颜色；嵌缝材料种类；防护层材料种类；酸洗、打蜡要求。

碎石材项目面层材料特征可不描述规格、颜色。石材、块料与黏结材料的结合面刷防渗材料的种类在防护材料种类中描述。

（2）工程内容

基层清理；抹找平层；面层铺设、磨边；嵌缝；刷防护材料；酸洗、打蜡；材料运输。

磨边指施工现场磨边。

（3）工程量计算规则

按设计图示尺寸以面积计算。门洞、空圈、暖气包槽、壁龛的开口部分并入相应的工程量内。

【例 2.25】 某建筑如例 2.24 图所示，内外墙均为 240 mm，轴线居中。地面为石材块料地面，铺设水泥砂浆找平层和混凝土垫层，编制块料地面、平面水泥砂浆找平层工程量清单。

解 水泥砂浆找平层为 $S_1=(5.5-0.12\times2)\times(6-0.12\times2)\times2=60.60$（$m^2$）

石材块料地面为 $S_2=S_1+(0.9+1.0)\times0.24=60.60+0.46=61.06$（$m^2$）

表 2.34 分部分项工程量清单

工程名称 第 页 共 页

序号	项目编码	项目名称	计量单位	工程数量
1	011101003001	平面砂浆找平层	m^2	60.60
2	011102001001	石材楼地面	m^2	61.06

2.11.3 橡塑面层

橡塑面层（011103）包括橡胶板楼地面（011103001），橡胶卷板材楼地面（011103002），塑料板楼地面（011103003），塑料卷材楼地面（011103004）。

（1）项目特征

黏结层厚度、材料种类；面层材料品种、规格、颜色；压线条种类。

（2）工程内容

基层清理；面层铺贴；压缝条装钉；材料运输。

（3）工程量计算规则

按设计图示尺寸以面积计算。门洞、空圈、暖气包槽、壁龛的开口部分并入相应的工程量内。

2.11.4 其他材料面层

其他材料面层（011104）包括地毯楼地面（011104001），竹、木（复合）地板（011104002），金属复合地板（011104003），防静电活动地板（011104004）。

1. 地毯楼地面工程量清单的编制

（1）项目特征

面层材料品种、规格、颜色；防护材料种类；黏结层材料种类；压线条种类。

（2）工程内容

基层清理；面层铺贴；刷防护材料；装钉压条；材料运输。

（3）工程量计算规则

按设计图示尺寸以面积计算。门洞、空圈、暖气包槽、壁龛的开口部分并入相应的工程量内。

（4）计算方法

同橡塑面层工程量的计算方法。

2. 竹、木（复合）地板、金属复合地板工程量清单的编制

（1）项目特征

龙骨材料种类、规格、铺设间距；基层材料种类、规格；面层材料品种、规格、颜色；防护材料种类。

（2）工程内容

基层清理；龙骨铺设；基层铺设；面层铺贴；刷防护材料；材料运输。

（3）工程量计算规则

按设计图示尺寸以面积计算。门洞、空圈、暖气包槽、壁龛的开口部分并入相应的工程量内。

（4）计算方法

同橡塑面层工程量的计算方法。

3. 防静电活动地板工程量清单的编制

（1）项目特征

支架高度、材料种类；面层材料品种、规格、颜色；防护材料种类。

（2）工程内容

基层清理；固定支架安装；活动面层安装；刷防护材料；材料运输。

（3）工程量计算规则

按设计图示尺寸以面积计算。门洞、空圈、暖气包槽、壁龛的开口部分并入相应的工程量内。

（4）计算方法

同橡塑面层工程量的计算方法。

2.11.5 踢脚线

踢脚线（011105）包括水泥砂浆踢脚线（011105001）、石材踢脚线（011105002）、块料踢脚线（011105003）、塑料踢脚线（011105004）、木质踢脚线（011105005）、金属踢脚线（011105006）、防静电踢脚线（011105007）。

1. 水泥砂浆踢脚线工程量清单的编制

（1）项目特征

踢脚线高度；底层厚度、砂浆配合比；面层厚度、砂浆配合比。

（2）工程内容

基层清理；底层和面层抹灰；材料运输。

（3）工程量计算规则

以平方米计量，按设计图示长度乘以高度以面积计算；以米计量，按延长米计算。

2. 石材踢脚线、块料踢脚线工程量清单的编制

（1）项目特征

踢脚线高度；黏结层厚度、材料种类；面层材料品种、规格、颜色；防护材料种类。

石材、块料与黏结材料的结合面刷防渗材料的种类在防护材料种类中描述。

（2）工程内容

基层清理；底层抹灰；面层铺贴、磨边；擦缝；磨光、酸洗、打蜡；刷防护材料；材料运输。

（3）工程量计算规则

同水泥砂浆踢脚线。

3. 塑料踢脚线、木质踢脚线、金属踢脚线、防静电踢脚线工程量清单的编制

（1）项目特征

踢脚线高度；基层材料种类、规格；面层材料品种、规格、颜色。

（2）工程内容

基层清理；基层铺贴；面层铺贴；材料运输。

（3）工程量计算规则

同水泥砂浆踢脚线。

【例2.26】 某建筑如图2.23所示，M1（1 500×2 400），M2（900×2 000），采用块料踢脚线，踢脚线高度为100 mm，计算并编制踢脚线工程量清单。

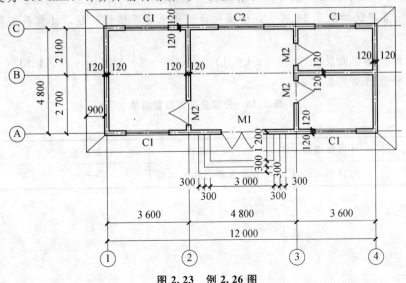

图2.23 例2.26图

解 块料踢脚线面积为

$S= [(4.8-0.12\times2) \times6+ (4.8-0.12\times4) \times2+ (3.6-0.12\times2) \times6-1.5-0.9\times6] \times 0.1=4.91$ （m^2）

表 2.35 分部分项工程量清单

工程名称
第 页 共 页

序号	项目编码	项目名称	计量单位	工程数量
1	011105003001	块料踢脚线	m^2	4.91

2.11.6 楼梯面层

楼梯面层（011106）包括石材楼梯面层（011106001）、块料楼梯面层（011106002）、拼碎块料面层（011106003）、水泥砂浆楼梯面层（011106004）、现浇水磨石楼梯面层（011106005）、地毯楼梯面层（011106006）、木板楼梯面层（011106007）、橡胶板楼梯面层（011106008）、塑料板楼梯面层（011106009）。

1. 石材楼梯面层、块料楼梯面层、拼碎块料面层工程量清单的编制

（1）项目特征

找平层厚度、砂浆配合比；黏结层厚度、材料种类；面层材料品种、规格、颜色；防滑条材料种类、规格；勾缝材料种类；防护材料种类；酸洗、打蜡要求。

碎石材项目的面层材料特征可不描述规格、颜色。

石材、块料与黏结材料的结合面刷防渗材料的种类在防护材料种类中描述。

（2）工程内容

基层清理；抹找平层；面层铺贴、磨边；贴嵌防滑条；勾缝；刷防护材料；酸洗、打蜡；材料运输。

（3）工程量计算规则

按设计图示尺寸以楼梯（包括踏步、休息平台及不大于500 mm以内楼梯井）水平投影面积计算。楼梯与楼地面相连时，算至梯口梁内侧边沿；无梯口梁者，算至最上一层踏步边沿加300 mm。

2. 水泥砂浆及其他楼梯面层工程量清单的编制

水泥砂浆及其他楼梯面层工程量按设计图示尺寸以楼梯（包括踏步、休息平台及不大于500 mm以内楼梯井）水平投影面积计算，工程量清单根据不同项目特征分别编制。

【例2.27】 某建筑如图2.24所示，楼梯间为现浇水磨石楼梯面层，计算并编制现浇水磨石楼梯工程量清单。

解 现浇水磨石楼梯面层＝$(1.3\times2+0.1) \times (1.6+3+0.25)\times2=11.61$ （m^2）

分部分项工程量清单见表2.36。

表 2.36 分部分项工程量清单

工程名称
第 页 共 页

序号	项目编码	项目名称	计量单位	工程数量
1	011106005001	现浇水磨石楼梯面层	m^2	11.61

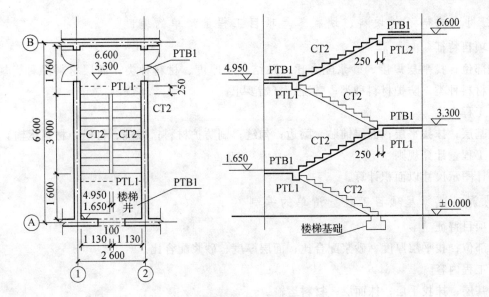

图 2.24　例 2.27 图

2.11.7　台阶装饰

台阶装饰（011107）包括石材台阶面（011107001）、块料台阶面（011107002）、拼碎石块料台阶面层（011107003）、水泥砂浆台阶面（011107004）、现浇水磨石台阶面（011107005）、剁假石台阶面（011107006）。台阶装饰工程量清单编制如下：

（1）项目特征

找平层厚度、砂浆配合比；黏结材料种类；面层材料品种、规格、颜色；勾缝材料种类、规格；防护材料种类。

碎石材项目的面层材料特征可不描述规格、颜色。

石材、块料与黏结材料的结合面刷防渗材料的种类在防护材料种类中描述。

（2）工程内容

基层清理；抹找平层；面层铺贴；贴嵌防滑条；勾缝；刷防护材料；材料运输。

（3）工程量计算规则

按设计图示尺寸以台阶（包括最上层踏步边沿加 300 mm）水平投影面积计算。

【例 2.28】　如例 2.26 中图 2.23 所示，台阶面层为石材台阶面，计算并编制石材台阶面工程量清单。

解　石材台阶面 $(3+0.3 \times 4) \times (1.2+0.3 \times 2) - (3-0.3 \times 2) \times (1.2-0.3) = 5.4$（$m^2$）

表 2.37　分部分项工程量清单

工程名称				第 页 共 页
序号	项目编码	项目名称	计量单位	工程数量
1	011107001001	石材台阶面	m^2	5.40

2.11.8　零星装饰项目

零星装饰项目（011108）包括石材零星项目（011108001）、拼碎石材块料零星项目（011108002）、块料零星项目（011108003）、水泥砂浆零星项目（011108004）。

包括楼梯、台阶牵边和侧面镶贴块料面层，不大于 $0.5 m^2$ 的少量分散的楼地面镶贴块料面层。

1. 石材、拼碎石材块料、块料零星项目工程量清单的编制

（1）项目特征

工程部位；找平层厚度、砂浆配合比；贴结合层厚度、材料种类；面层材料品种、规格、颜色；勾缝材料种类；防护材料种类；酸洗、打蜡要求。

（2）工程内容

清理基层；抹找平层；面层铺贴、磨边；勾缝；刷防护材料；酸洗、打蜡；材料运输。

（3）工程量计算规则

按设计图示尺寸以面积计算。

2. 水泥砂浆零星项目工程量清单的编制

（1）项目特征

工程部位；找平层厚度、砂浆配合比；面层厚度、砂浆配合比。

（2）工程内容

清理基层；抹找平层；抹面层；材料运输。

（3）工程量计算规则

同石材零星项目。

2.12 墙、柱面与隔断、幕墙工程

2.12.1 墙面抹灰

墙面抹灰（0111201）包括墙面一般抹灰（0111201001）、墙面装饰抹灰（0111201002）、墙面勾缝（0111201003）、立面砂浆找平层（0111201004）。

飘窗凸出外墙面增加的抹灰并入外墙工程内；有吊顶天棚的内墙面抹灰，抹至吊顶以上部分在综合单价汇总考虑。

墙面抹灰工程量清单的编制

（1）项目特征

墙体类型；底层厚度、砂浆配合比；面层厚度、砂浆配合比；装饰面材料种类；分格缝宽度、材料种类。

（2）工程内容

基层清理；砂浆制作、运输；底层抹灰；抹面层；抹装饰面；勾分格缝。

（3）计算规则

按设计图示尺寸以面积计算。扣除墙裙、门窗洞口及单个大于 0.3 m² 的孔洞面积；不扣除踢脚线、挂镜线和墙与构件交接处的面积，门窗洞口和孔洞的侧壁及顶面的面积不增加。附墙柱、梁、垛、烟囱侧壁并入相应的墙面面积内。

①外墙面抹灰面积按外墙面的垂直投影面积计算。

②外墙裙抹灰面积按其长度乘以高度计算。

③内墙面抹灰面积按主墙间的净长乘以高度计算：

无墙裙的，高度按室内楼地面至天棚底面计算；有墙裙的，高度按墙裙顶至天棚底面计算；有吊顶天棚抹灰，高度算至天棚底。

④内墙裙抹灰面积按内墙净长乘以高度计算。

【例 2.29】 如例 2.26 中图 2.23 所示，建筑为平屋面，板厚 100 mm，层高为 3 m，室内外高差为 450 mm，M1（1 500×2 400），M2（900×2 000），C1（1 500×1 500），C2（1 500×1 500），外墙水刷石抹灰，计算外墙装饰抹灰工程量并编制清单。

解 水刷石抹灰面积为 ［（12+0.12×2）+（4.8+0.12×2）］×2×（3+0.45）−（1.5×2.4+1.5×1.5×5）=104.38（m²）

表 2.38 分部分项工程量清单

工程名称 　　　　　　　　　　　　　　　　　　　　　　　　　　　第 页 共 页

序号	项目编码	项目名称	计量单位	工程数量
1	0111201002001	墙面装饰抹灰（水刷石）	m²	104.38

2.12.2 柱（梁）面抹灰

柱（梁）面抹灰（011202）包括柱、梁面一般抹灰（011202001）；柱、梁面装饰抹灰（011202002）；柱、梁面砂浆找平（011202003）；柱面勾缝（011202004）。

柱、梁面一般抹灰和柱、梁面装饰抹灰工程量清单的编制

柱（梁）面抹灰石灰砂浆、水泥砂浆、混合砂浆、聚合物水泥砂浆、麻刀石灰浆、石膏灰浆等按柱（梁）面一般抹灰项目编码列项；柱（梁）面水刷石、斩假石、干粘石、假面砖等按装饰抹灰项目编码列项。

（1）项目特征

柱（梁）体类型；底层厚度、砂浆配合比；面层厚度、砂浆配合比；装饰面层材料种类；分格缝宽度、材料种类。

（2）工程内容

基层清理；砂浆制作、运输；底层抹灰；抹面层；勾分格缝。

（3）计算规则

柱面抹灰：按设计图示柱断面周长乘以高度以面积计算。

梁面抹灰：按设计图示梁断面周长乘以长度以面积计算。

（4）计算方法

$$柱面抹灰面积＝柱面断面周长×柱面高度$$
$$梁面抹灰面积＝梁面断面周长×梁长$$

2.12.3 零星抹灰

零星项目（011203）包括零星项目一般抹灰（011203001）、零星项目装饰抹灰（011203002）、零星项目砂浆找平（011203003）。

墙、柱（梁）面不大于 0.5 m² 的少量分散的抹灰。

1. 零星项目一般抹灰、零星项目装饰抹灰工程量清单的编制

零星项目抹灰石灰砂浆、水泥砂浆、混合砂浆、聚合物水泥砂浆、麻刀石灰浆、石膏灰浆等按零星项目一般抹灰项目编码列项；水刷石、斩假石、干黏石、假面砖等按零星项目装饰抹灰项目编码列项。

（1）项目特征

基层类型、部位；底层厚度、砂浆配合比；面层厚度、砂浆配合比；装饰面层材料种类；分格缝宽度、材料种类。

（2）工程内容

基层清理；砂浆制作、运输；底层抹灰；抹面层；抹装饰面；勾分格缝。

（3）计算规则

按设计图示尺寸以面积计算。

2. 零星项目砂浆找平工程量清单的编制

（1）项目特征

基层类型、部位；找平的砂浆厚度、砂浆配合比。

（2）工程内容

基层清理；砂浆制作、运输；抹灰找平。

（3）计算规则

同零星项目抹灰。

2.12.4 墙面块料面层

墙面块料面层（011204）包括石材墙面（011204001）、拼碎石材墙面（011204002）、块料墙面（011204003）、干挂石材钢骨架（011204004）。

碎石材项目的面层材料特征可不描述规格、颜色。

石材、块料与黏结材料的结合面刷防渗材料的种类在防护材料种类中描述。

安装方式可描述为砂浆或黏结剂粘贴、挂贴、干挂等，不论哪种安装方式，都要详细描述与组价相关的内容。

1. 石材墙面、拼碎石材墙面、块料墙面工程量清单的编制

（1）项目特征

墙体类型；安装方式；面层材料品种、规格、颜色；缝宽、嵌缝材料种类；防护材料种类；磨光、酸洗、打蜡要求。

（2）工程内容

基层清理；砂浆制作、运输；黏结层铺贴；面层铺安装；嵌缝；刷防护材料；磨光、酸洗、打蜡。

（3）计算规则

按镶贴表面积计算。

2. 干挂石材钢骨架工程量清单的编制

（1）项目特征

骨架种类、规格；防锈漆品种遍数。

（2）工程内容

骨架制作、运输、安装；刷漆。

（3）计算规则

按设计图示以质量计算。

2.12.5 柱（梁）面镶贴块料

柱（梁）面镶贴块料（011205）包括石材柱面（011205001）、块料柱面（011205002）、拼碎块柱面（011205003）、石材梁面（011205004）、块料梁面（011205005）。

1. 石材柱面、块料柱面、拼碎块柱面工程量清单的编制

(1) 项目特征

柱截面类型、尺寸；安装方式；面层材料品种、规格、颜色；缝宽、嵌缝材料种类；防护材料种类；磨光、酸洗、打蜡要求。

(2) 工程内容

基层清理；砂浆制作、运输；黏结层铺贴；面层安装；嵌缝；刷防护材料；磨光、酸洗、打蜡。

(3) 计算规则

按镶贴表面积计算。

【例 2.30】 某柱断面为 500 mm×500 mm，柱高 3 m，采用 10 厚块料镶贴，则其镶贴块料面积为 $(0.5+0.01×2)×4×3=6.24$（m^2）。试编制清单。

表 2.39　分部分项工程量清单

工程名称			第　页　共　页	
序号	项目编码	项目名称	计量单位	工程数量
1	011205002001	块料柱面	m^2	6.24

2. 石材梁面、块料梁面工程量清单的编制

(1) 项目特征

安装方式；面层材料品种、规格、颜色；缝宽、嵌缝材料种类；防护材料种类；磨光、酸洗、打蜡要求。

(2) 工程内容

基层清理；砂浆制作、运输；黏结层铺贴；面层安装；嵌缝；刷防护材料；磨光、酸洗、打蜡。

(3) 计算规则

按镶贴表面积计算。

2.12.6　零星镶贴块料

零星镶贴块料（011206）包括石材零星项目（011206001）、块料零星项目（011206002）、拼碎块零星项目（011206003）。

(1) 项目特征

基层类型、部位；安装方式；面层材料品种、规格、颜色；缝宽、嵌缝材料种类；防护材料种类；磨光、酸洗、打蜡要求。

(2) 工程内容

基层清理；砂浆制作、运输；面层安装；嵌缝；刷防护材料；磨光、酸洗、打蜡。

(3) 计算规则

按镶贴表面积计算。

2.12.7　墙饰面

墙饰面（011207）包括墙面装饰板（011207001）、墙面装饰浮雕（011207002）。

1. 墙面装饰板

(1) 项目特征

龙骨材料种类、规格、中距；隔离层材料种类、规格；基层材料种类、规格；面层材料品种、

规格、颜色；压条材料种类、规格。

（2）工程内容

基层清理；龙骨制作、运输、安装；钉隔离层；基层铺钉。

（3）计算规则

按设计图示墙净长乘以净高以面积计算。扣除门窗洞口及单个大于 0.3 m² 的孔洞所占面积。

2. 墙面装饰浮雕

（1）项目特征

基层类型；浮雕材料种类；浮雕样式。

（2）工程内容

基层清理；材料制作、运输；安装成型。

（3）计算规则

按设计图示尺寸以面积计算。

2.12.8 柱（梁）饰面

柱（梁）饰面（011208）包括柱（梁）面装饰（011208001）、成品装饰（011208002）。

1. 柱（梁）面装饰工程量清单的编制

（1）项目特征

龙骨材料种类、规格、中距；隔离层材料种类；基层材料种类、规格；面层材料品种、规格、颜色；压条材料种类、规格。

（2）工程内容

清理基层；龙骨制作、运输、安装；钉隔离层；基层铺钉；面层铺贴。

（3）计算规则

按设计图示饰面外围尺寸以面积计算。柱帽、柱墩并入相应柱饰面工程量内。

2. 成品装饰工程量清单的编制

（1）项目特征

柱截面、高度尺寸；柱材质。

（2）工程内容

柱运输、固定、安装。

（3）计算规则

以根计量，按设计数量计算；以米计量，按设计长度计算。

2.12.9 幕墙工程

幕墙工程（011209）包括带骨架幕墙（011209001）、全玻（无框玻璃）幕墙（0112090021）。

1. 带骨架幕墙工程量清单的编制

（1）项目特征

骨架材料种类、规格、中距；面层材料品种、规格、颜色；面层固定方式；隔离带、框边封闭材料品种、规格；嵌缝、塞口材料种类。

（2）工程内容

骨架制作、运输、安装；面层安装；隔离带、框边封闭；嵌缝、塞口；清洗。

（3）计算规则

按设计图示框外围尺寸以面积计算。与幕墙同种材质的窗所占面积不扣除。

2. 全玻（无框玻璃）幕墙工程量清单的编制

（1）项目特征

玻璃品种、规格、颜色；黏结塞口材料种类；固定方式。

（2）工程内容

幕墙安装；嵌缝、塞口；清洗。

（3）计算规则

按设计图示尺寸以面积计算。带肋全玻幕墙按展开面积计算。

2.12.10 隔断

隔断（011210）包括木隔断（011210001）、金属隔断（011210002）、玻璃隔断（011210003）、塑料隔断（011210004）、成品隔断（0112100051）、其他隔断（011210006）。

1. 木隔断工程量清单的编制

（1）项目特征

骨架、边框材料种类、规格；隔板材料品种、规格、颜色；嵌缝、塞口材料品种。

（2）工程内容

骨架及边框制作、运输、安装；隔板制作、运输、安装；嵌缝、塞口；装钉压条。

（3）计算规则

按设计图示框外围尺寸以面积计算。不扣除单个不大于 $0.3~m^2$ 的孔洞所占面积；浴厕门的材质与隔断相同时，门的面积并入隔断面积内。

2. 金属隔断工程量清单的编制

（1）项目特征

骨架、边框材料种类、规格；隔板材料品种、规格、颜色；嵌缝、塞口材料品种。

（2）工程内容

骨架及边框制作、运输、安装；隔板制作、运输、安装；嵌缝、塞口。

（3）计算规则

同木隔断。

3. 玻璃隔断工程量清单的编制

（1）项目特征

边框材料种类、规格；玻璃品种、规格、颜色；嵌缝、塞口材料品种。

（2）工程内容

边框制作、运输、安装；玻璃制作、运输、安装；嵌缝、塞口。

（3）计算规则

按设计图示框外围尺寸以面积计算。不扣除单个不大于 $0.3~m^2$ 的孔洞所占面积。

4. 塑料隔断工程量清单的编制

（1）项目特征

边框材料种类、规格；隔板材料品种、规格、颜色；嵌缝、塞口材料品种。

（2）工程内容

骨架及边框制作、运输、安装；隔板制作、运输、安装；嵌缝、塞口。

（3）计算规则

同玻璃隔断。

5. 成品隔断工程量清单的编制

（1）项目特征

隔断材料品种、规格、颜色；配件品种、规格。

（2）工程内容

隔断运输、安装；嵌缝、塞口。

（3）计算规则

以平方米计量，按设计图示框外围尺寸以面积计算。

以间计量，按设计间的数量计算。

6. 其他隔断工程量清单的编制

（1）项目特征

骨架、边框材料种类、规格；隔板材料品种、规格、颜色；嵌缝、塞口材料品种。

（2）工程内容

骨架及边框安装；隔板安装；嵌缝、塞口。

（3）计算规则

同玻璃隔断。

 # 2.13 天棚工程

2.13.1 天棚抹灰

（1）项目编码

011301001。

（2）项目特征

基层类型；抹灰厚度、材料种类；砂浆配合比。

（3）工程内容

基层清理；底层抹灰；抹面层。

（4）计算规则

按设计图示尺寸以水平投影面积计算。不扣除隔墙、垛、柱、附墙烟囱、检查口和管道所占的面积，带梁天棚的梁两侧抹灰面积并入天棚面积内，板式楼梯底面抹灰工程量按楼梯底面的斜面积计算，锯齿形楼梯底面抹灰工程量按楼梯底面的展开面积计算。

【例 2.31】 如例 2.26 图 2.23 所示，室内天棚采用混合砂浆抹灰面积，计算天棚抹灰工程并编制天棚抹灰工程量清单。

解 天棚混合砂浆抹灰面积为

$(12-0.12\times6)\times(4.8-0.12\times2)-(3.6-0.12\times2)\times0.24=50.63$（$m^2$）

表 2.40 分部分项工程量清单

工程名称 第 页 共 页

序号	项目编码	项目名称	计量单位	工程数量
1	011301001001	天棚抹灰	m^2	50.63

2.13.2　天棚吊顶

天棚吊顶（011302）包括天棚吊顶（011302001）、格栅吊顶（011302002）、吊筒吊顶（011302003）、藤条造型悬挂吊顶（011302004）、织物软雕吊顶（011302005）、装饰网架吊顶（011302006）。

其中天棚吊顶、格栅吊顶、吊筒吊顶、藤条造型悬挂吊顶、织物软雕吊顶、装饰网架吊顶工程量按天棚水平投影面积以"m²"计算。

2.13.3　采光天棚

采光天棚（011303001）工程量按框外围展开面积计算。其工程量清单按相应的项目特征分别编制。

2.13.4　天棚其他装饰

天棚其他装饰（0111304）包括灯带（槽）（0111304001）、送风口和回风口（0111304002）。

1. 灯带（槽）工程量清单的编制

（1）项目特征

灯带形式、尺寸；格栅片材料品种、规格；安装固定方式。

（2）工程内容

安装、固定。

（3）计算规则

按设计图示尺寸以框外围面积计算。

2. 送风口、回风口工程量清单的编制

（1）项目特征

风口材料品种、规格；安装固定方式；防护材料种类。

（2）工程内容

安装、固定；刷防护材料。

（3）计算规则

按设计图示数量计算。

2.14　油漆、涂料、裱糊工程

油漆、涂料、裱糊工程清单项目包括门油漆，窗油漆，木扶手及其他板条、线条油漆，木材面油漆，金属面油漆，抹灰面油，喷刷、涂料，裱糊和其他相关问题的处理。

2.14.1　门油漆

门油漆清单编码为011401。其工程量清单项目设置包括木门油漆（011401001）、金属门油漆（011401002）。门油漆工程量计算根据项目特征（①门类型，②门代号及洞口尺寸，③腻子种类，④刮腻子遍数，⑤防护材料种类，⑥油漆品种、刷漆遍数），以"樘或m²"为计量单位，工程量分别按设计图示数量或设计图示洞口尺寸面积计算。

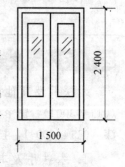

图 2.25　例 2.32 图

【例 2.32】　全玻璃木门，共 10 樘，尺寸如图 2.25 所示，油漆为底油 1遍，调和漆 3 遍。编制门油漆工程量清单。

解　门油漆清单工程量＝10 樘

表 2.41　分部分项工程量清单

工程名称　　　　　　　　　　　　　　　　　　　　　　　　　　　　　　　　　　　第　页　共　页

序号	项目编码	项目名称	项目特征	计量单位	工程数量
1	011401001001	门油漆	门类型：全玻璃木门 油漆种类、刷油要求：底油 1 遍，调和漆 3 遍	樘	10

2.14.2　窗油漆

窗油漆的清单编码为 011402，其工程量清单项目设置包括木窗油漆（011402001）、金属窗油漆（011402002）。

1. 木窗油漆的工程量清单编制方法

（1）工作内容

基层清理；刮腻子；刷防护材料、油漆。

（2）工程量计算规则

根据项目特征（①窗类型，②窗代号及洞口尺寸，③腻子种类，④刮腻子遍数，⑤防护材料种类，⑥油漆品种、刷漆遍数），以"樘或 m²"为计量单位，工程量分别按设计图示数量或设计图示洞口尺寸面积计算。

2. 金属窗油漆的工程量清单编制方法

（1）工作内容

除锈、基层清理；刮腻子；刷防护材料、油漆。

（2）工程量计算规则

根据项目特征（①窗类型，②窗代号及洞口尺寸，③腻子种类，④刮腻子遍数，⑤防护材料种类，⑥油漆品种、刷漆遍数），以"樘或 m²"为计量单位，工程量分别按设计图示数量或设计图示洞口尺寸面积计算。

【例 2.33】　已知某工程单层木窗长 1.8 m、宽 1.8 m，共 64 樘，润油粉，刮 1 遍腻子，调和漆 3 遍，磁漆 1 遍，编制窗油漆工程量清单。

解　窗油漆清单工程量＝64 樘

表 2.42　分部分项工程量清单

工程名称　　　　　　　　　　　　　　　　　　　　　　　　　　　　　　　　　　　第　页　共　页

序号	项目编码	项目名称	项目特征	计量单位	工程数量
1	011402001001	窗油漆	窗类型：单层推拉窗 油漆种类、刷油要求：刮 1 遍腻子润油粉，调和漆 3 遍，磁漆 1 遍	樘	64

2.14.3　木扶手及其他板条、线条油漆

木扶手及其他板条、线条油漆编码为 011403。其工程量清单项目设置包括木扶手油漆（011403001），窗帘盒油漆（011403002），封檐板、顺水板油漆（011403003），挂衣板、黑板框油漆（011403004），挂镜线、窗帘棍、单独木线油漆（011403005）。

1. 木扶手及其他板条线条油漆的工程量清单编制方法

（1）工作内容

基层清理；刮腻子；刷防护材料、油漆。

（2）工程量计算规则

根据项目特征（①断面尺寸，②腻子种类，③刮腻子要求，④防护材料种类，⑤油漆品种、刷漆遍数），以"m"为计量单位，工程量按设计图示尺寸以长度计算。

2. 木扶手及其他板条、线条油漆工程量清单编制注意事项

木扶手应区分带托板与不带托板，分别编码列项，若是木栏杆代扶手，木扶手不应单独列项，应包含在木栏杆油漆中。

【例 2.34】 某宾馆客房木质明式窗帘盒长度 3.6 m，高度 0.15 m，共 80 个，润油粉漆片，刷硝基清漆六遍。编制窗帘盒工程量清单。

解 窗帘盒油漆清单工程量＝3.60×80＝288.00（m）

表 2.43 分部分项工程量清单

工程名称 第 页 共 页

序号	项目编码	项目名称	项目特征	计量单位	工程数量
1	011403002001	窗帘盒油漆	窗帘盒类型、高度：木质明式窗帘盒、高度 0.15 m 油漆种类、刷油要求：润油粉漆片，刷硝基清漆六遍	m	288.00

2.14.4 木材面油漆

木材面油漆编码为 011404。其工程量清单项目设置包括木护墙、木墙裙油漆（011404001），窗台板、筒子板、盖板、门窗套、踢脚线油漆（011404002），清水板条天棚、檐口油漆（011404003），木方格吊顶天棚油漆（011404004），吸音板墙面、天棚面油漆（011404005），暖气罩油漆（011404006），其他木材面（011404007），木间壁、木隔断油漆（011404008），玻璃间壁露明墙筋油漆（011404009），木栅栏、木栏杆（带扶手）油漆（011404010），衣柜、壁柜油漆（011404011），梁柱饰面油漆（011404012），零星木装修油漆（011404013），木地板油漆（011404014），木地板烫硬蜡面（011404015）。

1. 各类木材面油漆的工程量清单编制方法

（1）工作内容

基层清理；刮腻子；刷防护材料、油漆。

（2）工程量计算规则

根据项目特征（①腻子种类，②刮腻子遍数，③防护材料种类，④油漆品种、刷漆遍数），以"m²"为计量单位，工程量按设计图示尺寸以面积计算。

2. 木间壁、木隔断油漆，玻璃间壁露明墙筋油漆及木栅栏、木栏杆（带扶手）油漆的工程量清单编制方法

（1）工作内容

基层清理；刮腻子；刷防护材料、油漆。

（2）工程量计算规则

根据项目特征（①腻子种类，②刮腻子遍数，③防护材料种类，④油漆品种、刷漆遍数），以"m²"为计量单位，工程量按设计图示尺寸以单面外围面积计算。

3. 衣柜、壁柜油漆，梁柱饰面油漆及零星木装修油漆的工程量清单编制方法

（1）工作内容

基层清理；刮腻子；刷防护材料、油漆。

（2）工程量计算规则

根据项目特征（①腻子种类，②刮腻子遍数，③防护材料种类，④油漆品种、刷漆遍数），以"m²"为计量单位，工程量按设计图示尺寸以油漆部分展开面积计算。

4. 木地板油漆的工程量清单编制方法

（1）工程内容

基层清理；刮腻子；刷防护材料、油漆。

（2）工程量计算规则

根据项目特征（①腻子种类，②刮腻子遍数，③防护材料种类，④油漆品种、刷漆遍数），以"m²"为计量单位，工程量按设计图示尺寸以面积计算，空洞、空圈、暖气包槽、壁龛的开口部分并入相应的工程量内。

5. 木地板烫硬蜡面的工程量清单编制方法

（1）工作内容

基层清理；烫蜡。

（2）工程量计算规则

根据项目特征（①硬蜡品种，②面层处理要求），以"m²"为计量单位，工程量按设计图示尺寸以面积计算。空洞、空圈、暖气包槽、壁龛的开口部分并入相应的工程量内。

【例 2.35】 某装饰工程造型木墙裙刷亚光聚酯色漆，工程量为 27.20 m²，按透明腻子一遍，底漆一遍，面漆三遍的要求施工。编制木墙裙油漆工程量清单。

解 木墙裙油漆清单工程量＝27.20 m²

表 2.44 分部分项工程量清单

工程名称   第 页 共 页

序号	项目编码	项目名称	项目特征	计量单位	工程数量
1	011404001001	木墙裙油漆	基层类型：木饰面板，有造型墙裙 油漆种类、刷油要求：亚光聚酯色漆，透明腻子一遍，底漆一遍，面漆三遍	m²	27.20

2.14.5 金属面油漆

金属面油漆的清单编码为 011405。其工程量清单项目设置只有金属面油漆（011405001）。

金属面油漆的工程量清单编制方法

（1）工程内容

基层清理；刮腻子；刷防护材料、油漆。

（2）工程量计算规则

根据项目特征（①构件名称，②腻子种类，③刮腻子要求，④防护材料种类，⑤油漆品种、刷漆遍数），以"t 或 m²"为计量单位，工程量按设计图示尺寸以质量计算或设计展开面积计算。

【例 2.36】 某单位围墙钢栏杆 2.56 t，刷防锈漆一遍，天蓝色调和漆两遍，编制工程量清单。

解 钢栏杆油漆工程量为 2.56 t

表 2.45 分部分项工程量清单

工程名称   第 页 共 页

序号	项目编码	项目名称	项目特征	计量单位	工程数量
1	011405001001	金属面油漆	金属面类型：钢栏杆 油漆种类、刷油要求：防锈漆一遍，天蓝色调和漆两遍	t	2.56

2.14.6 抹灰面油漆

抹灰面油漆编码为 011406。其工程量清单项目设置包括抹灰面油漆（011406001）、抹灰线条油漆（011406002）、满刮腻子（011406003）。

1. 抹灰面油漆的工程量清单编制方法

（1）工作内容

基层清理；刮腻子；刷防护材料、油漆。

（2）工程量计算规则

根据项目特征（①基层类型，②腻子种类，③刮腻子遍数，④防护材料种类，⑤油漆品种、刷漆遍数，⑥部位），以"m²"为计量单位，工程量按设计图示尺寸以面积计算。

2. 抹灰线条油漆的工程量清单编制方法

（1）工作内容

基层清理；刮腻子；刷防护材料、油漆。

（2）工程量计算规则

根据项目特征（①基层类型，②腻子种类，③刮腻子遍数，④防护材料种类，⑤油漆品种、刷漆遍数），以"m"为计量单位，工程量按设计图示尺寸以长度计算。

3. 满刮腻子的工程量清单编制方法

（1）工作内容

基层清理；刮腻子。

（2）工程量计算规则

根据项目特征（①基层类型，②腻子种类，③刮腻子遍数），以"m²"为计量单位，工程量按设计图示尺寸以面积计算。

【例 2.37】 某加工厂墙裙刷底油一遍，天蓝色调和漆两遍，油漆工程量 328 m²，编制工程量清单。

解 抹灰面油漆工程量为 328 m²

表 2.46 分部分项工程量清单

工程名称   第 页 共 页

序号	项目编码	项目名称	项目特征	计量单位	工程数量
1	011406001001	抹灰面油漆	基层类型：水泥砂浆面 油漆种类、刷油要求：底油一遍，天蓝色调和漆两遍	m²	328

2.14.7 喷刷、涂料

喷刷、涂料的清单项目编码为 011407。其工程量清单项目设置包括墙面喷刷涂料（011407001），天棚喷刷涂料（011407002），空花格、栏杆刷涂料（011407003），线条刷涂料（011407004），金属构件刷防火涂料（011407005），木材构件刷防火涂料（011407006）。

1. 墙面喷刷涂料、天棚喷刷涂料的工程量清单编制方法

（1）工作内容

基层清理；刮腻子；刷、喷涂料。

（2）工程量计算规则

根据项目特征（①基层类型，②喷刷涂料部位，③腻子种类，④刮腻子遍数，⑤涂料品种、刷喷遍数），以"m^2"为计量单位，工程量按设计图示尺寸以面积计算。

2. 空花格、栏杆刷涂料的工程量清单编制方法

（1）工作内容

基层清理；刮腻子；刷、喷涂料。

（2）工程量计算规则

根据项目特征（①腻子种类，②刮腻子遍数，③涂料品种、刷喷遍数），以"m^2"为计量单位，工程量按设计图示尺寸以单面外围面积计算。

3. 线条刷涂料的工程量清单编制方法

（1）工作内容

基层清理；刮腻子；刷、喷涂料。

（2）工程量计算规则

根据项目特征（①基层清理，②线条宽度，③刮腻子遍数，④刷防护材料、油漆），以"m"为计量单位，工程量按设计图示尺寸以长度计算。

4. 金属构件刷防火涂料的工程量清单编制方法

（1）工作内容

基层清理；刷防火材料、油漆。

（2）工程量计算规则

根据项目特征（①喷刷防火涂料构件名称，②防火等级要求，③涂料品种、刷喷遍数），以"m^2 或 t"为计量单位，工程量按设计图示尺寸以质量计算或设计展开面积计算。

（3）计算方法

$$S=T \quad 或 \quad S=A$$

式中　S——金属构件刷防火涂料工程量，t/m^2；

　　　T——设计图示尺寸质量，t；

　　　A——设计图示尺寸展开面积，m^2。

5. 木材构件刷防火涂料的工程量清单编制方法

（1）工作内容

基层清理；刷防火材料。

（2）工程量计算规则

根据项目特征（①喷刷防火涂料构件名称，②防火等级要求，③涂料品种、刷喷遍数），以"m^2"为计量单位，工程量按设计图示尺寸以面积计算。

【例 2.38】　某建筑如图 2.26 所示，外墙刷真石漆墙面，窗连门，全玻璃门、推拉窗，居中立樘，框厚 80 mm，墙厚 240 mm。试计算外墙面油漆清单工程量。

　　解　按照《建设工程量清单计价规范》中的工程量计算规则计算如下：

外墙面油漆工程量＝墙面工程量＋洞口侧面工程量

$$= (6.24+4.44)×2×4.8-(1.76+1.44+2.7)+(7.6+6.6)×0.08$$
$$=102.53-5.9+1.14$$
$$=97.77（m^2）$$

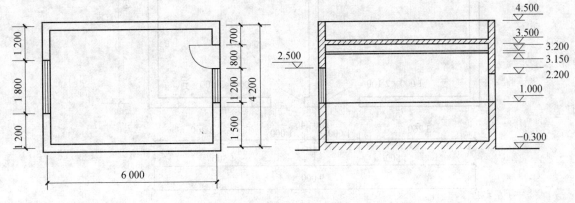

图 2.26　例 2.38 图

表 2.47　分部分项工程量清单

工程名称　　　　　　　　　　　　　　　　　　　　　　　　　　　　　　第　页　共　页

序号	项目编码	项目名称	项目特征	计量单位	工程数量
1	011407001001	外墙面油漆	油漆种类：真石漆	m²	97.77

【例 2.39】　某工程楼梯间室外混凝土花格刷白水泥两遍，混凝土花格为面积 3.00 mm× 12.00 mm 的两块。编制其工程量清单。

　　解　混凝土花格刷白水泥工程量＝0.003×0.012×2＝0.072（m²）

表 2.48　分部分项工程量清单

工程名称　　　　　　　　　　　　　　　　　　　　　　　　　　　　　　第　页　共　页

序号	项目编码	项目名称	项目特征	计量单位	工程数量
1	011407003001	空花格、栏杆涂料	基层类型：混凝土面 油漆种类、刷油要求：白水泥两遍	m²	0.072

2.14.8　裱糊

裱糊清单编码为 011408。其工程量清单项目设置包括墙纸裱糊（011408001）、织锦缎裱糊（011408002）。

（1）工作内容

基层清理；刮腻子；面层铺粘；刷防护材料。

（2）工程量计算规则

根据项目特征（①基层类型，②裱糊部位，③腻子种类，④刮腻子遍数，⑤黏结材料种类，⑥防护材料种类，⑦面层材料品种、规格、颜色），以"m²"为计量单位，工程量按设计图示尺寸以面积计算。

【例2.40】 如图2.27所示,墙面粘贴对花壁纸,门窗洞口侧面贴壁纸100 mm,房间净高3.0 m,踢脚板高150 mm,墙面与天棚交接处粘钉4185木装饰压角线,木线条润油粉、刮腻子、漆片3遍、刷硝基清漆4遍、磨退出亮。试编制墙面裱糊工程量清单。

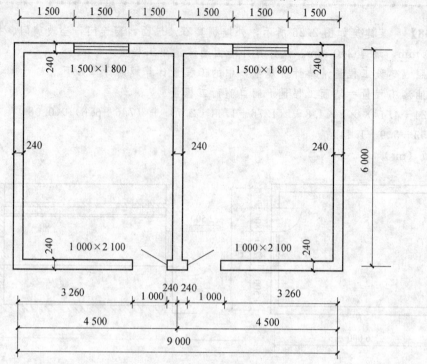

图2.27 例2.40图

解 墙面粘贴壁纸工程量:

$$S = [(6-0.24) + (4.5-0.24)] \times 2 \times (3-0.15) \times 2 - 1 \times (2.1-0.15) \times 2 - 1.5 \times 1.8 \times 2 + [(2.1-0.15) \times 2 + 1] \times 0.1 \times 2 + (1.5+1.8) \times 2 \times 0.1 \times 2 = 107.23 \ (m^2)$$

表2.49 分部分项工程量清单

工程名称 第 页 共 页

序号	项目编码	项目名称	项目特征	计量单位	工程数量
1	011408001001	墙纸裱糊	裱糊构件:墙面 面层:对花壁纸	m²	107.23

2.15 措施项目

措施项目包括脚手架工程,混凝土模板及支架(撑),垂直运输,超高施工增加,大型机械设备进出场及安拆,施工排水、降水,安全文明施工及其他措施项目。

2.15.1 脚手架工程

脚手架工程编码为011701。

脚手架工程清单项目有综合脚手架、外脚手架、里脚手架、悬空脚手架、挑脚手架、满堂脚手架、整体提升架、外装饰吊篮。

1.综合脚手架工程量清单的编制

(1)工程内容

场内、场外材料搬运,搭、拆脚手架、斜道、上料平台,安全网铺设,选择附墙点与主体连接,测试电动装置、安全锁等,拆除脚手架后材料的堆放。

（2）工程量计算规则

按建筑面积计算，以"m²"为计量单位。

（3）工程量清单编制

综合脚手架项目编码为011701001，其各清单项目名称顺序码，根据建筑结构形式、檐口高度分别编制。

【例2.41】 图2.28配电室综合脚手架工程量清单编制如下：

（1）计算工程量

$$(5.40+0.12\times2)\times(4.20+0.12\times2)=25.04（m^2）$$

（2）分部分项工程量清单见表2.50。

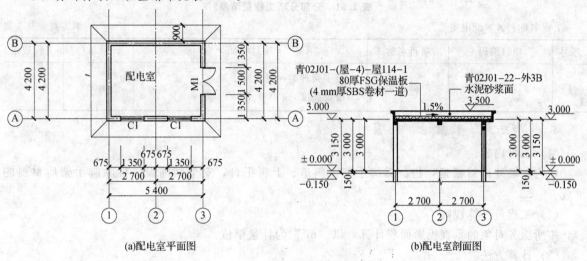

图2.28 配电室平面图、剖面图

表2.50 分部分项工程量清单

工程名称：××配电室 　　　　　　　　　　　　　　　　　　　　　　　　　　　　　第1页 共1页

序号	项目编码	项目名称	项目特征	计量单位	工程数量
1	011701001001	综合脚手架	1. 脚手架种类：钢管脚手架 2. 搭设高度：3.000 m	m²	25.04

2. 外脚手架工程量清单的编制

（1）工程内容

场内、场外材料搬运，搭、拆脚手架、斜道、上料平台，安全网铺设，拆除脚手架后材料的堆放。

（2）工程量计算规则

按所服务对象的垂直投影面积计算，以"m²"为计量单位。

（3）计算方法

①砌筑用外脚手架。

$$砌筑用外脚手架工程量=L_外\times外墙砌筑高度+应增加面积$$

式中，外墙砌筑高度即为檐高；

应增加面积是指凸出墙外宽度大于24 cm时的墙垛、附墙烟囱等增加面积。

②现浇钢筋混凝土框架梁（墙）脚手架。

$$现浇钢筋混凝土框架梁（墙）工程量=脚手架高度\times梁（墙）净长度$$

式中，脚手架高度为设计室外地坪或楼板上表面至楼板底面之间的高度。

③独立柱脚手架。

$$独立柱脚手架工程量＝（柱周长＋3.60 \text{ m}）×柱高$$

（4）工程量清单编制

外脚手架项目编码为 011701002，其各清单项目名称顺序码，根据搭设方式、搭设高度、脚手架材质分别编制。

【例 2.42】 图 2.28 配电室外脚手架工程量清单编制如下：

（1）计算工程量

$$[（5.40＋0.12×2）×3.00＋（4.20＋0.12×2）×3.00]×2＝60.48 \text{（m}^2）$$

（2）分部分项工程量清单见表 2.51。

表 2.51 分部分项工程量清单

工程名称：××配电室　　　　　　　　　　　　　　　　　　　　　　　　第 1 页　共 1 页

序号	项目编码	项目名称	项目特征	计量单位	工程数量
1	011701002001	外脚手架	1. 脚手架种类：钢管脚手架 2. 搭设高度：3.000 m	m²	60.48

3. 里脚手架工程量清单的编制

（1）工程内容

场内、场外材料搬运，搭、拆脚手架、斜道、上料平台，安全网铺设，拆除脚手架后材料的堆放。

（2）工程量计算规则

按所服务对象的垂直投影面积计算，以"m²"为计量单位。

（3）计算方法

按墙面垂直投影面积计算。

$$A＝a×b$$

式中　A——里脚手架工程量，m²；

a——墙体长度，m；

b——墙体宽度，m。

（4）工程量清单编制

里脚手架项目编码为 011701003，其各清单项目名称顺序码，根据搭设方式、搭设高度、脚手架材质分别编制。

4. 悬空脚手架工程量清单的编制

（1）工程内容

场内、场外材料搬运，搭、拆脚手架、斜道、上料平台，安全网铺设，拆除脚手架后材料的堆放。

（2）工程量计算规则

按搭设的水平投影面积计算，以"m²"为计量单位。

（3）计算方法

$$A＝a×b$$

式中　A——悬空脚手架工程量，m²；

a——搭设的水平投影长度，m；

b——搭设的水平投影宽度，m。

（4）工程量清单编制

悬空脚手架项目编码为 011701004，其各清单项目名称顺序码，根据搭设方式、悬挑宽度、脚手架材质分别编制。

5. 挑脚手架工程量清单的编制

（1）工程内容

场内、场外材料搬运，搭、拆脚手架、斜道、上料平台，安全网铺设，拆除脚手架后材料的堆放。

（2）工程量计算规则

按搭设长度乘以搭设层数以延长米计算，以"m"为计量单位。

（3）工程量清单编制

挑脚手架项目编码为011701005，其各清单项目名称顺序码，根据搭设方式、搭设高度、脚手架材质分别编制。

6. 满堂脚手架工程量清单的编制

（1）工程内容

场内、场外材料搬运，搭、拆脚手架、斜道、上料平台，安全网铺设，拆除脚手架后材料的堆放。

（2）工程量计算规则

按搭设的水平投影面积计算，以"m^2"为计量单位。

（3）工程量清单编制

满堂脚手架项目编码为011701006，其各清单项目名称顺序码，根据搭设方式、搭设高度、脚手架材质分别编制。

7. 整体提升架工程量清单的编制

（1）工程内容

场内、场外材料搬运，选择附近墙点与主体连接，搭、拆脚手架、斜道、上料平台，安全网铺设，测试电动装置、安全锁等，拆除脚手架后材料的堆放。

（2）工程量计算规则

按所服务对象的垂直投影面积计算，以"m^2"为计量单位。

（3）工程量清单编制

整体提升架项目编码为011701007，其各清单项目名称顺序码，根据搭设方式及启动装置、搭设高度分别编制。

8. 外装饰吊篮工程量清单的编制

（1）工程内容

场内、场外材料搬运，吊篮的安装，测试电动装置、安全锁、平衡控制器等，吊篮的拆除。

（2）工程量计算规则

按所服务对象的垂直投影面积计算，以"m^2"为计量单位。

（3）工程量清单编制

外装饰吊篮项目编码为011701008，其各清单项目名称顺序码，根据升降方式及启动装置、搭设高度及吊篮型号分别编制。

2.15.2　混凝土模板及支架（撑）

混凝土模板及支架（撑）编码为011702。

混凝土模板及支架（撑）包括基础（011702001），矩形柱（011702002），构造柱（011702003），异形柱（117020040），基础梁（011702005），矩形梁（011702006），异形梁（011702007），圈梁（011702008），过梁（011702009），弧形、拱形梁（011702010），直形墙

（011702011），弧形墙（11702012），短肢剪力墙、电梯井壁（011702013），有梁板（011702014），无梁板（011702015），平板（011702016），拱板（0117020170），薄壳板（011702018），空心板（0117020190），其他板（011702020），栏板（011702021），天沟、檐沟（011702022），雨篷、悬挑板、阳台板（011702023），楼梯（011702024）等。

混凝土模板及支架（撑）的计算除有特殊规定者外，均按模板与混凝土之间的接触面积以"m²"计算。

【例2.43】 编制图2.29柱基础及图2.30配电室基础工程量清单。

清单编制如下：

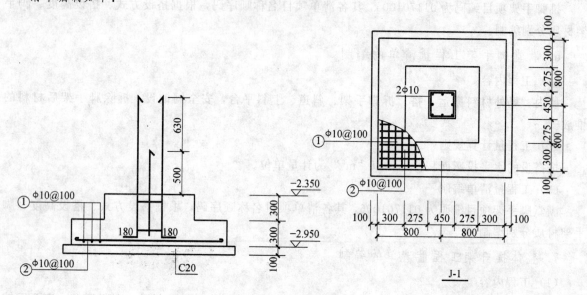

图2.29 柱基础详图

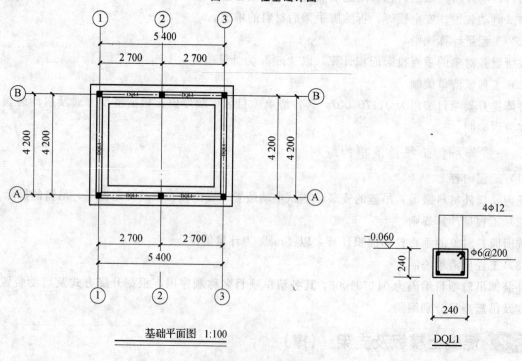

基础平面图 1:100

图2.30 配电室基础图

（1）计算工程量

①J-1：1.60×4×0.30＋1.00×4×0.30＝3.12（m²）

②DQL1：0.24×2×（5.40＋4.20）×2＝9.22（m²）

（2）分部分项工程量清单见表 2.52。

表 2.52　分部分项工程量清单

工程名称：××工程　　　　　　　　　　　　　　　　　　　　　　　　　第 1 页　共 1 页

序号	项目编码	项目名称	项目特征	计量单位	工程数量
1	011702001001	混凝土基础模板	1. 模板种类：定型组合钢模板 2. 基础类型：独立基础	m²	3.12
2	011702008001	圈梁模板	1. 模板种类：定型组合钢模板 2. 基础类型：条形基础	m²	9.22

2.15.3　垂直运输

垂直运输工程编码为 011703。

垂直运输工程量清单的编制

（1）工程内容

垂直运输机械的固定安装、基础制作、安装，行走式垂直运输机械轨道的铺设、拆除、摊销。

（2）工程量计算规则

按建筑面积计算，以"m²"为计量单位；按施工工期日历天数计算，以"天"为计量单位。

（3）工程量清单编制

垂直运输项目编码为 011703001，其各清单项目名称顺序码，根据建筑物建筑类型及结构形式、地下室建筑面积、建筑物檐口高度、层数分别编制。

2.15.4　超高施工增加

超高施工增加工程编码为 011704。

超高施工增加工程量清单的编制

（1）工程内容

建筑物超高引起的人工工效降低以及由于人工工效降低引起的机械降效；高层施工用水加压水泵的安装、拆除及工作台班；通信联络设备的使用及摊销。

（2）工程量计算规则

按建筑物超高部分的建筑面积计算，以"m²"为计量单位。

（3）工程量清单编制

超高施工增加项目编码为 011704001，其各清单项目名称顺序码，根据建筑物建筑类型及结构形式、建筑物檐口高度、层数、单层建筑物檐口高度超过 20 m、多层建筑物超过 6 层部分的建筑面积分别编制。

2.15.5　大型机械设备进出场及安拆

大型机械设备进出场及安拆工程编码为 011705。

大型机械设备进出场及安拆工程量清单的编制

（1）工程内容

安拆费包括施工机械、设备在现场进行安装拆卸所需人工、材料、机械和试运转费用以及机械辅助设施的折旧、搭设、拆除等费用；进出场费包括施工机械、设备整体或分体自停放地点运至施工现场或由一施工地点运至另一施工地点所发生的运输、装卸、辅助材料等费用。

（2）工程量计算规则

按使用机械设备的数量计算，以"台次"为计量单位。

（3）工程量清单编制

大型机械设备进出场及安拆项目编码为011705001，其各清单项目名称顺序码，根据机械设备名称、机械设备规格型号分别编制。

2.15.6 施工排水、降水

施工排水、降水工程编码为011706。

施工排水、降水工程清单项目有成井，排水、降水。

1. 成井工程量清单的编制

（1）工程内容

准备钻孔机械、埋设护筒、钻机就位，泥浆制作、固壁；成孔、出渣、清孔等；对接上、下井管（滤管），焊接，安放，下滤料，洗井，连接试抽等。

（2）工程量计算规则

按设计图示尺寸以钻孔深度计算，以"m"为计量单位。

（3）工程量清单编制

成井项目编码为011706001，其各清单项目名称顺序码，根据成井方式、地层情况、成井直径、井（滤）管类型、直径分别编制。

2. 排水、降水工程量清单的编制

（1）工程内容

管道安装、拆除，场内搬运等；抽水、值班、降水设备维修等。

（2）工程量计算规则

按排、降水日历天数计算，以"昼夜"为计量单位。

（3）工程量清单编制

排水、降水项目编码为011706002，其各清单项目名称顺序码，根据机械规格型号、降排水管规格分别编制。

2.15.7 安全文明施工及其他措施项目

安全文明施工及其他措施项目工程编码为011707。

1. 安全文明施工项目工程量清单的编制

（1）工程内容及包含范围

①环境保护：现场施工机械设备降低噪音、防扰民措施；水泥和其他易飞扬细颗粒建筑材料密闭存放或采取覆盖措施等；工程防扬尘洒水；土石方、建渣外运车辆防护措施等；现场污染源的控制、生活垃圾清理外运、场地排水排污措施；其他环境保护措施。

②文明施工："五牌一图"；现场围挡的墙面美化（包括内外粉刷、刷白、标语等）、压顶装饰；现场厕所便槽刷白、贴面砖，水泥砂浆地面或地砖，建筑物内临时便溺设施；其他施工现场临时设施的装饰装修、美化措施；现场生活卫生设施；符合卫生要求的饮水设备、淋浴、消毒等设施；生活用洁净燃料；防煤气中毒、防蚊虫叮咬等措施；施工现场操作场地的硬化；现场绿化、治安综合治理；现场配备医药保健器材、物品和急救人员培训；现场工人的防暑降温、电风扇、空调等设备及用电；其他文明施工措施。

③安全施工：安全资料、特殊作业专项方案的编制，安全施工标志的购置及安全宣传；"三宝"

（安全帽、安全带、安全网）、"四口"（楼梯口、电梯井口、通道口、预留洞口）、"五临边"（阳台围边、楼板围边、屋面围边、槽坑围边、卸料平台两侧）、水平防护架、垂直防护架、外架封闭等防护；施工安全用电，包括配电箱三级配电、两级保护装置要求、外电防护措施；起重机、塔吊等起重设备（含井架、门架）及外用电梯的安全防护措施（含警示标志）及卸料平台的临边防护、层间安全门、防护棚等设施；建筑工地起重机械的检验检测；施工机具防护棚及其围栏的安全保护措施；施工安全防护通道；工人的安全防护用品、用具购置；消防设施与消防器材的配置；电气保护、安全照明设施；其他安全防护措施。

④临时设施：施工现场采用彩色、定性钢板，砖、混凝土砌块等围挡的安砌、维修、拆除；施工现场临时建筑物、构筑物、构筑物的搭设、维修和拆除，如临时宿舍、办公室，食堂、厨房、厕所、诊疗所、临时文化福利用房、临时仓库、加工场所、搅拌台、临时简易水塔、水池等；施工现场临时设施的搭设、维修和拆除，如临时供水管道、临时供电管线、小型临时设施等；施工现场规定范围内临时简易道路铺设，临时排水沟、排水设施安砌、维修、拆除；其他临时设施搭设、维修、拆除。

（2）工程量清单编制

安全文明施工项目编码为 011707001。

2. 夜间施工项目工程量清单的编制

（1）工程内容及包含范围

①夜间固定照明灯具和临时可移动照明灯具的设置、拆除。

②夜间施工时，施工现场交通标志、安全标牌、警示灯等的设置、移动、拆除。

③包括夜间照明设备及照明用电、施工人员夜班补助、夜间施工劳动效率降低等。

（2）工程量清单编制

夜间施工项目编码为 011707002。

3. 非夜间施工项目工程量清单的编制

（1）工程内容及包含范围

为保证工程施工正常运行，在地下室等特殊施工部位施工时所采用的照明设备的安拆、维护及照明用电等。

（2）工程量清单编制

非夜间施工项目编码为 011707003。

4. 二次搬运项目工程量清单的编制

（1）工程内容及包含范围

由于施工场地条件限制而发生的材料、成品、半成品等一次运输不能到达堆放地点，必须进行二次或多次搬运。

（2）工程量清单编制

二次搬运项目编码为 011707004。

5. 冬雨季施工项目工程量清单的编制

（1）工程内容及包含范围

①冬雨（风）季施工时增加的临时设施（防寒保温、防雨、防风设施）的搭设、拆除。

②冬雨（风）季施工时，对砌体、混凝土等采用的特殊加温、保温和养护措施。

③冬雨（风）季施工时，施工现场的防滑处理、对影响施工的雨雪的清除。

④包括冬雨（风）季施工时增加的临时设施、施工人员的劳动保护用品、冬雨（风）季施工劳动效率降低等。

（2）工程量清单编制

冬雨季施工项目编码为011707005。

6. 地上、地下设施、建筑物的临时保护设施项目工程量清单的编制

（1）工程内容及包含范围

在工程施工过程中，对已建成的地上、地下设施和建筑物进行的遮盖、封闭、隔离等必要保护措施。

（2）工程量清单编制

地上、地下设施、建筑物的临时保护设施项目编码为011707006。

7. 已完工程及设备保护项目工程量清单的编制

（1）工程内容及包含范围

对已完工程及设备采取的覆盖、包裹、封闭、隔离等必要保护措施。

（2）工程量清单编制

已完工程及设备保护项目编码为011707007。

2.16 房屋建筑与装饰工程工程量清单编制实训

×××红十字会×××镇卫生院住院楼工程，图纸见建施图、结施图，该工程建筑与装饰工程工程量清单编制如下：

表 2.53 封 面

_____某卫生院住院楼建筑装饰工程_____工程

工程量清单

投 标 人：_____（单位签字盖章）

法定代表人：_____（签字盖章）

中介机构法定代表人：_____（签字盖章）

造价工程师及注册证号：_____（签字盖执业资格专用章）

编制时间：_____

表 2.54 填 表 须 知

填表须知

1. 工程量清单及其计价格式中所有要求签字、盖章的地方，必须由规定的单位和人员签字、盖章。

2. 工程量清单及其计价格式中的任何内容不得随意删除或涂改。

3. 工程量清单计价格式中列明的所有需要填报的单价和合价，投标人均应填报，未填报的单价和合价，视为此项费用已包含在工程量清单的其他单价和合价中。

4. 金额（价格）均应以人民币表示。

表 2.55 总 说 明

工程名称：某卫生院住院楼建筑与装饰工程　　　　　　　　　　　　　　　　　　　　第 页 共 页

1. 工程概况： 　本工程为某卫生院住院楼装饰工程，结构为框架结构，总建筑面积为669.31 m²，其中主体部分建筑面积651.20 m²，雨棚18.19 m²，共2层，层高均为3.60 m
2. 工程为包工包料
3. 工程量清单以《建设工程工程量清单计价规范》（2013）为依据
4. 工程质量要求为合格

表 2.56　分部分项工程量清单

工程名称：某卫生院住院楼建筑与装饰工程　　　　　　　　　　　　　第 1 页　共 2 页

序号	项目编码	项目名称	项目特征	计量单位	工程数量
			A.1 土方工程		
1	010101002001	挖一般土方	1. 土壤类别：三类土 2. 弃土运距：自行考虑	m³	247.86
			A.3 回填		
2	010103001001	回填方	1. 机械夯填	m³	148.88
			D.1 砖砌体		
3	010401014001	砖地沟	1. 沟截面尺寸：800（宽）＊1 200（深）	m	74.8
			D.2 砌块砌体		
4	010402001001	砌块墙	1. 墙体类型：外墙 2. 墙体厚度：300 mm 3. 空心砖、砌块品种、规格、强度等级：加气砼砌块 4. 砂浆强度等级、配合比：混合 M5.0	m³	98.1
5	010402001002	砌块墙	1. 墙体类型：内墙 2. 墙体厚度：200 mm 3. 空心砖、砌块品种、规格、强度等级：加气砼砌块 4. 砂浆强度等级、配合比：混合 M5.0	m³	126.69
6	010402001003	砌块墙	1. 墙体类型：填充墙 2. 墙体厚度：115 mm 3. 空心砖、砌块品种、规格、强度等级：加气砼砌块 4. 砂浆强度等级、配合比：混合 M5.0	m³	5.48
			E.1 现浇混凝土基础		
7	010501001001	垫层	1. 混凝土强度等级：C15	m³	15.92
8	010501002001	独立基础	1. 混凝土强度等级：C35	m³	54.19
			E.2 现浇混凝土柱		
9	010502001001	矩形柱	1. 混凝土强度等级：C35	m³	26.09
			E.3 现浇混凝土梁		
10	010503001001	基础梁	1. 混凝土强度等级：C35	m³	28.87
11	010503002001	矩形梁	1. 混凝土强度等级：C25	m³	52.21
12	010503005002	过梁	1. 混凝土强度等级：C25	m³	6.99
			E.5 现浇混凝土板		
13	010505001001	有梁板	1. 混凝土强度等级：C35	m³	67.68
14	010505006001	栏板	1. 墙类型：女儿墙 2. 墙厚度：100 mm 内 3. 混凝土强度等级：C25	m³	5.26
15	010505008001	雨篷板	1. 混凝土强度等级：C25	m³	0.65

续表 2.56

序号	项目编码	项目名称	项目特征	计量单位	工程数量
			E.6 现浇混凝土楼梯		
16	010506001001	直形楼梯	1. 混凝土强度等级：C25	m²	91.53
			E.7 现浇混凝土其他构件		
17	0105007001001	散水	1. 垫层材料种类、厚度：150 厚 3∶7 灰土垫层，宽出面层 300 2. 面层厚度、混凝土强度等级：60 厚 C15 混凝土撒 1∶1 水泥沙子，压实赶光	m²	57.25
18	010507001002	坡道	1. 垫层材料种类、厚度：300 厚 3∶7 灰土 2. 面层厚度：水泥砂浆面层	m²	78.63
			E.15 钢筋工程		
19	010515001001	现浇混凝土钢筋	1. 钢筋种类、规格：φ10 以内	t	3.514
20	010515001002	现浇混凝土钢筋	1. 钢筋种类、规格：φ10 以上	t	0.424
21	010515001003	现浇混凝土钢筋	1. 钢筋种类、规格：φ25 以内	t	30.357
22	010515001004	现浇混凝土钢筋	1. 钢筋种类、规格：砌体内钢筋加固	t	0.67
			H.1 木门		
23	010801001001	成品木门	1. 门类型：成品木门 2. 框截面尺寸、单扇面积：1 800 * 2 400	樘	1
24	010801001002	成品木门	1. 门类型：成品木门 2. 框截面尺寸、单扇面积：1 000 * 2 400	樘	22
25	010801001003	成品木门	1. 门类型：成品木门 2. 框截面尺寸、单扇面积：800 * 2 100	樘	4
26	010801001004	成品木门	1. 门类型：成品木门 2. 框截面尺寸、单扇面积：1 500 * 2 400	樘	1
27	010801001005	成品木门	1. 门类型：成品木门 2. 框截面尺寸、单扇面积：900 * 2 100	樘	4
28	010801001006	成品木门	1. 门类型：成品木门 2. 框截面尺寸、单扇面积：800 * 2 100	樘	1
29	010801001007	成品木门	1. 门类型：成品木门 2. 框截面尺寸、单扇面积：3 400 * 2 400	樘	1
			H.2 金属门		
30	010802004001	防盗门	1. 门类型：保温防盗门 2. 框材质、外围尺寸：1 500 * 2 100	樘	2
			H.7 金属窗		
31	010807001001	铝塑平开窗	1. 窗类型：70 铝塑组合单框三双玻中空玻璃内平开窗 2. 框材质、外围尺寸：1 500 * 1 800	樘	4

续表 2.56

序号	项目编码	项目名称	项目特征	计量单位	工程数量
32	010807001002	铝塑平开窗	1. 窗类型：70 铝塑组合单框三双玻中空玻璃内平开窗 2. 框材质、外围尺寸：1 800＊1 800	樘	20
33	010807001003	铝塑平开窗	1. 窗类型：70 铝塑组合单框三双玻中空玻璃内平开窗 2. 框材质、外围尺寸：900＊900	樘	4
34	010807001004	铝塑平开窗	1. 窗类型：70 铝塑组合单框三双玻中空玻璃内平开窗 2. 框材质、外围尺寸：600＊900	樘	2
			J.2 屋面及防水工程		
35	010902001001	屋面卷材防水	1. 卷材品种、规格：3 mm 厚 SBS 防水卷材 2. 找坡层做法：1∶3 水泥砂浆抹面找坡 3. 部位：雨篷处	m²	334.98
36	010902004001	屋面排水管	1. 排水管品种、规格、品牌、颜色：UP-VC 白色；2.4 个水斗	m	28.8
			K.1 保温、隔热		
37	011001001001	保温隔热屋面	1. 保温隔热部位：屋面 2. 保温隔热方式（内保温、外保温、夹心保温）：外保温 3. 保温隔热材料品种、规格及厚度：80 厚挤塑聚苯板 4. 防水材料：4 mm 厚 SBS 聚酯胎	m²	324
			L.2 块料面层		
38	011102003001	块料楼地面	1. 青 02J01－（地 11）－地 32 2. 垫层材料种类、厚度：60 厚 C15 混凝土垫层 3. 找平层厚度、砂浆配合比：1∶3 水泥砂浆找坡层，最薄处 20 厚，坡向地漏，一次抹平 4. 防水层厚度、材料种类：4 厚 SBS 防水卷材 5. 结合层厚度、砂浆配合比：30 厚 1∶3 干硬性水泥砂浆结合层（内掺建筑胶） 6. 面层材料品种、规格、品牌、颜色：磨光大理石	m²	74.77

续表 2.56

序号	项目编码	项目名称	项目特征	计量单位	工程数量
39	011102003002	块料楼地面	1. 找平层厚度、砂浆配合比：1：3 水泥砂浆找坡层，最薄处 20 厚，坡向地漏，一次抹平 2. 防水层厚度、材料种类：3 厚 SBS 防水卷材 3. 结合层厚度、砂浆配合比：30 厚 1：3 干硬性水泥砂浆结合层（内掺建筑胶） 4. 面层材料品种、规格、品牌、颜色：300 ＊ 300 防滑地板砖	m²	292.94
			L.5 踢脚线		
40	011105003001	块料踢脚线	1. 青 02J01－（踢－6）－踢 19	m²	75.98
			L.7 台阶装饰		
41	011107002001	块料台阶面	青 02J01－11－台 3 1. 垫层材料种类、厚度：300 厚 3：7 灰土 2. 找平层厚度、砂浆配合比：60 厚 C15 混凝土 3. 黏接层材料种类：20 厚 1：3 水泥砂浆找平 4. 面层：彩釉砖	m²	46.46
			Q.1 扶手、栏杆、栏板装饰		
42	011503001001	金属扶手带栏杆、栏板	1. 详见：青 02J06－39（φ50 钢管扶手）	m	66.14
			M.1 墙面抹灰		
43	011201001001	墙面一般抹灰	1. 墙体类型：内墙 2. 底层厚度、砂浆配合比：10 厚 1：3：9 水泥石灰膏砂浆打底 3. 面层厚度、砂浆配合比：6 厚 1：3 石灰膏砂浆	m²	670.33
44	011201001002	墙面一般抹灰	1. 墙体类型：内墙 2. 底层厚度、砂浆配合比：10 厚 1：3 水泥砂浆找平层 3. 面层厚度、砂浆配合比：10 厚两道面层粉刷石膏，贴玻纤布 3 厚粉刷石膏或柔性耐水腻子 4. 内贴 30 厚挤塑聚苯板保温	m²	36.44
45	011201001003	外墙抹灰	1. 墙体类型：外墙 2. 底层厚度、砂浆配合比：12 厚 1：3 水泥砂浆打底扫毛或划出纹道 3. 面层厚度、砂浆配合比：6 厚 1：2.5 水泥砂浆扫平 4. 外墙保温：70 厚挤塑聚苯板	m²	580.31

续表 2.56

序号	项目编码	项目名称	项目特征	计量单位	工程数量
46	011201002001	墙面装饰抹灰	1. 青 02J01－（裙 2）－裙 5	m²	333.08
			M.4 墙面块料面层		
47	011204003001	块料墙面	1. 墙体类型：内墙 2. 面层材料品种、规格、品牌、颜色：彩釉砖	m²	641.84
			N.1 天棚抹灰		
48	011301001001	天棚抹灰	1. 基层类型：青 02J01－（棚 1）－棚 4－A	m²	585.71
			N.2 天棚吊顶		
49	011302001001	天棚吊顶	1. 吊顶形式：青 02J01－（棚 11）－棚 28－B	m²	24.27
50	011302001002	天棚吊顶	1. 吊顶形式：青 02J01－（棚 11）－棚 28－B	m²	8.37

表 2.57 措施项目清单

工程名称：某卫生院住院楼建筑与装饰工程 　　　　　　　　　　　　　　　　　第 1 页　共 1 页

序号	项目名称	计量单位	数量
1	大型机械设备进出场及安拆		
2	施工排水、降水		
3	脚手架		
4	砼、钢筋砼模板及支架		
5	垂直运输机械		
6	已完工程及设备保护		
7	室内空气污染测试		

表 2.58 其他项目清单一览表

工程名称：某卫生院住院楼建筑与装饰工程 　　　　　　　　　　　　　　　　　第 1 页　共 1 页

序号	项目名称	计量单位	数量
1	暂列金额	项	
1.1	建筑节能专项检测费		
2	暂估价		
2.1	材料暂估价		
2.2	专业工程暂估价	项	
3	计日工		
4	总承包服务费		

表 2.59 规费和税金项目清单一览表

工程名称：某卫生院住院楼建筑与装饰工程

序号	项 目 名 称
1	工程排污费
2	社会保障费
(1)	养老保险费
(2)	失业保险费
(3)	医疗保险费
3	工伤保险费
4	住房公积金
5	危险作业意外伤害保险
6	税金

【知识链接】

1. 《建设工程工程量清单计价规范》（GB 50500—2013）；

2. 《房屋建筑与装饰工程工程量计算规范》（GB 50854—2013）；

3. 《混凝土结构施工图平面整体表示方法制图规则和构造详图》（11G101）。

拓展与实训

基础训练

一、单项选择题

1. 根据《房屋建筑与装饰工程工程量计算规范》（GB 50854—2013），楼地面踢脚线工程量应（　　）。

A. 按设计图示净长线长度计算

B. 按设计图示中心线长度计算

C. 按设计图示长度乘以高度以面积计算

D. 区分不同材料和规格以长度计算

2. 根据《房屋建筑与装饰工程工程量计算规范》（GB 50854—2013），金属扶手带栏杆、栏板的装饰工程量的计算规则为（　　）。

A. 按扶手、栏杆和栏板的垂直投影面积计算

B. 按设计图示扶手中心线以长度计算（包括弯头长度）

C. 按设计图示尺寸以质量计算（包括弯头质量）

D. 按设计图示扶手水平投影的中心线以长度计算（包括弯头长度）

3. 根据《房屋建筑与装饰工程工程量计算规范》(GB 50854—2013)，计算楼地面工程量时，门洞、空圈、暖气包槽、壁龛开口部分面积不并入相应工程量的项目是（　　）。

A. 竹木地板　　　　　　　　　　B. 花岗岩楼地面

C. 塑料板楼地面　　　　　　　　D. 楼地面化纤地毯

4. 下列选项中，不属于水泥砂浆台阶面项目的工程内容的是（　　）。

A. 基层清理　　　B. 刷防护材料　　　C. 铺设垫层　　　D. 材料运输

5. 计算装饰工程楼地面块料面层工程量时，应扣除（　　）。

A. 凸出地面的设备基础　　　　　B. 间壁墙

C. 0.3 m² 以内附墙烟囱　　　　　D. 0.3 m² 以内柱

6. 零星抹灰和零星镶贴块料面层项目适用于面积为（　　）的少量分散的抹灰和块料面层。

A. 0.5 m² 以内　　　B. 0.6 m² 以内　　　C. 0.8 m² 以内　　　D. 1.5 m² 以内

7. 饰柱（梁）面按设计图示外围饰面尺寸乘以高度（长度）以面积计算。这里外围饰面尺寸是指（　　）。

A. 柱（梁）外围尺寸　　　　　　B. 结构尺寸

C. 装饰面的表面尺寸　　　　　　D. 结构尺寸＋25 mm

8. 下列哪项不属于整体面层？（　　）

A. 水泥砂浆　　　B. 陶瓷地砖　　　C. 细石混凝土　　　D. 现浇水磨石

9. 根据《房屋建筑与装饰工程工程量计算规范》(GB 50854—2013)的有关规定，台阶饰面计算时，台阶与地面分界以最后一个踏步外沿另加（　　）计算。

A. 100 mm　　　B. 不要另加　　　C. 300 mm　　　D. 150 mm

10. 根据《建设工程工程量清单计价规范》的有关规定，下列油漆工程量计算规则中，正确的说法是（　　）。

A. 门、窗油漆按展开面积计算

B. 木扶手油漆按平方米计算

C. 金属面油漆按构件质量计算

D. 抹灰面油漆按图示尺寸以面积和遍数计算

11. 根据《房屋建筑与装饰工程工程量计算规范》(GB 50854—2013)的有关规定，楼梯面层工程量按水平投影面积，但应扣除大于（　　）宽的楼梯井所占的面积。

A. 500 mm　　　B. 100 mm　　　C. 300 mm　　　D. 150 mm

12. 根据《建设工程工程量清单计价规范》的有关规定，工程量清单计算时，附墙柱侧面抹灰（　　）。

A. 不计算工程量，在综合单价中考虑

B. 计算工程量后并入柱面抹灰工程量

C. 计算工程量后并入墙面抹灰工程量

D. 计算工程量后并入零星抹灰工程量

13. 台阶（包括踏步及最上一步踏步口外延 300 mm）整体面层，按（　　）面积以平方米计算。

A. 水平投影面积　　　　B. 垂直面积　　　　C. 展开面积　　　　D. 实铺面积

14. 工程量清单总说明中不包括（　　）。

A. 工程招标和分包范围

B. 工程质量、材料、施工等的特殊要求

C. 招标人自行采购材料的名称、规格和数量等

D. 分部分项工程量清单综合单价分析要求

15. 地板及块料面层按实铺面积计算工程量，不扣除（　　）。

A. 凸出地面的构筑物　　　　　　　　B. 间壁墙

C. 门洞开口部分　　　　　　　　　　D. 地沟

16. 建筑工程的规费计费基础是（　　）。

A. 人工费、机械费之和

B. 分部分项工程费

C. 综合单价

D. 分部分项工程费、措施项目费、其他项目费之和

17. 洗漱台放置面盆的地方必须挖洞，产生挖弯和削角等，为此洗漱台的工程量按（　　）计算。

A. 外接矩形　　　　　　　　　　　　B. 实际面积

C. 内接矩形　　　　　　　　　　　　D. 外接矩形－面盆挖洞

18. 木壁柜工程量计量单位为（　　）。

A. m^2　　　　　　B. 台　　　　　　C. 个　　　　　　D. m^3

19. 对于工程量以面积计算的油漆、涂料项目，以下说法错误的是（　　）。

A. 线角、线条、压条不展开计算

B. 线角、线条、压条展开计算

C. 线角、线条不展开计算而压条展开计算

D. 线角、线条展开计算而压条不展开计算

20. 以下关于装饰装修工程中清单项目列项正确的有（　　）。

A. 天然陶瓷　　　　B. 陶瓷面砖　　　　C. 饰面面层　　　　D. 块料面层

二、多项选择题

1. 水泥砂浆踢脚线需要描述的项目特征包括（　　）。

A. 粘贴层厚度、材料种类　　　　　　B. 踢脚线高度

C. 底层厚度、砂浆配合比　　　　　　D. 面层厚度、砂浆配合比

E. 嵌缝材料种类

2. 下列可以并入外墙普通抹灰面积的项目是（　　）。

A. 附墙垛　　　　B. 梁侧面　　　　C. 洞口侧壁　　　　D. 柱侧面

E. 门窗套

3. 有关块料楼梯面工程量计算，下列说法正确的有（　　）。

    A. 按设计图示尺寸以楼梯水平投影面积计算

    B. 包括踏步、休息平台及 500 mm 以内的楼梯井

    C. 包括踏步、休息平台及 300 mm 以内的楼梯井

    D. 楼梯与楼地面相连时，算至梯口梁内侧边沿

    E. 无梯口梁者，算至最上一层踏步边沿加 300 mm

4. 石材楼地面，块料楼地面工程量的计算，不扣除（　　）等所占面积。

    A. 间壁面　　　　　　　　　　　　B. 0.3 m² 以内的空洞

    C. 0.3 m 以内的柱、垛、附墙烟囱　　D. 凸出底面的设备基础

5. 内墙抹灰工程量的计算，以下说法正确的是（　　）。

    A. 按主墙间的净长乘以高度以面积计算

    B. 无墙裙的，其高度按室内地面或楼面至天棚之间的距离计算

    C. 有墙裙的，其高度按墙裙顶至天棚底面之间的距离计算

    D. 有吊顶天棚的，其高度按室内地面或露面至天棚另加 100 mm 计算

    E. 有吊顶天棚的，其高度按室内地面或露面至天棚另加 200 mm 计算

6. 墙面装饰抹灰，不扣除（　　）等所占面积。

    A. 踢脚线　　　　　　　　　　　　B. 挂镜线

    C. 门窗洞口　　　　　　　　　　　D. 墙与构件交接处

    E. 单个面积 0.3 m² 以外的孔洞

7. 天棚饰面工程量按净面积计算，应扣除（　　）。

    A. 独立柱　　　　　　　　　　　　B. 间壁墙

    C. 与天棚相连接的窗帘盒　　　　　D. 柱垛

8. 装饰装修工程措施项目清单包括下列哪几项内容？（　　）

    A. 临时设施　　　　　　　　　　　B. 室内空气污染测试

    C. 环境保护　　　　　　　　　　　D. 安全施工

9. 可作为装饰装修工程其他项目清单内容的有（　　）。

    A. 预留金　　　　　　　　　　　　B. 铝合金窗购置费

    C. 规费　　　　　　　　　　　　　D. 零星工作项目费

10. 以下关于现浇水磨石楼地面工程量计算规则说法正确的是（　　）。

    A. 按设计图示尺寸以面积计算

    B. 扣除地沟所占面积

    C. 不扣除地沟所占面积

    D. 不扣除间壁墙和 0.3 m² 以内的柱、垛、附墙烟囱及孔洞所占面积

    E. 门洞、空圈、暖气包槽、壁龛的开口部分不增加面积

11. 以下关于门窗工程工程量计算规则说法正确的是（　　）。

    A. 玻璃、百叶面积占其门扇面积一半以内应为半玻门或半百叶门

    B. 玻璃、百叶面积占其门扇面积三分之二以内应为半玻门或半百叶门

    C. 玻璃、百叶面积占其门扇面积超过一半时应为全玻门或全百叶门

    D. 玻璃、百叶面积占其门扇面积超过三分之二时应为全玻门或全百叶门

■ 工程模拟训练

1. 根据本模块施工图（×××红十字会×××镇卫生院住院楼建施图），编制完成如下措施项目清单的编制：

（1）脚手架工程；

（2）混凝土模板及支架（撑）；

（3）垂直运输。

2. 根据下面装饰工程图纸，按照《房屋建筑与装饰工程工程量计算规范》（GB 50854—2013）的规定，编制一份工程量清单。

工程概况：某十层电梯厅的楼面相对标高为 30.2 m，天棚结构底面相对标高为 33.6 m，室内外高度差为 0.45 m。

（1）吊顶采用轻钢龙骨（不上人型）纸面石膏板，吊筋直径为 8 mm，龙骨间距为 400 mm×400 mm。

（2）纸面石膏板面刷清油 1 遍，批腻子 2 遍，立邦乳胶漆 3 遍，板底用自粘胶带粘贴。

（3）所有木材面采用亚光聚酯清漆磨退出亮（润油粉，刮腻子，刷理亚光聚酯清漆磨退出亮）。门套均为在石材面上用云石胶粘贴 150 mm×30 mm 成品花岗岩线条。

（4）门说明：M1 为电梯门，洞口尺寸为 900 mm×2 000 mm（电梯门扇不包括在本预算内）；M2 为双扇不锈钢无框地弹门（12 厚浮法玻璃），其洞口尺寸为 1 500 mm×2 000 mm，其上有地弹簧 2 只/樘，不锈钢管子拉手 2 副/樘，M3 为榉木门，其构造为一层木工板＋双面 9 厘板＋双面红榉板，洞口尺寸为 1 000 mm×2 000 mm；每扇门有球形锁 1 把，铰链 1 副，门吸 1 只。

（5）墙体均为 240 mm。

（6）踢脚线均为 150 mm 高蒙古黑花岗岩（含门洞侧面）。

（7）楼面进行酸洗打蜡。

（8）楼面、墙面花岗岩面层及不锈钢板面均需进行成品保护。

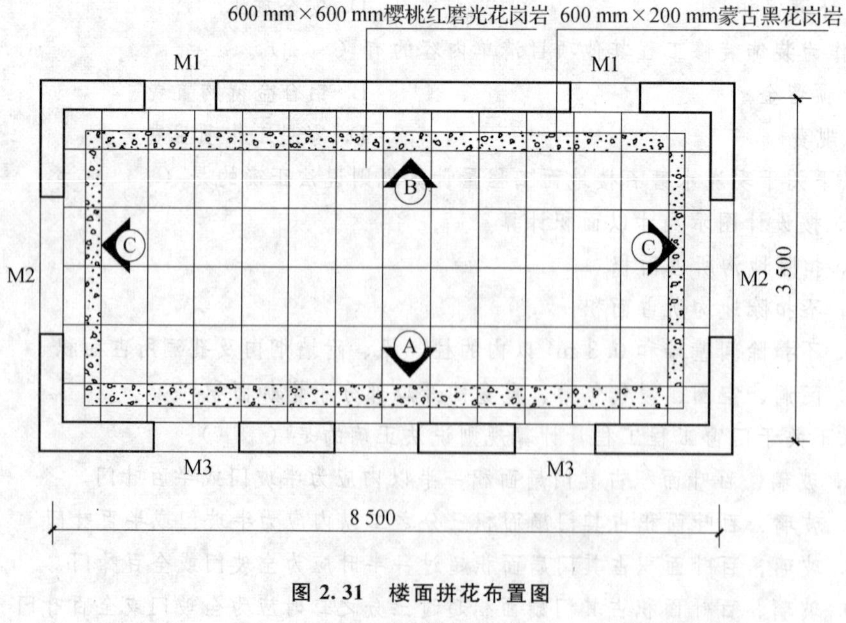

图 2.31　楼面拼花布置图

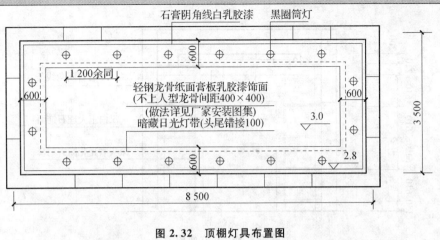

图 2.32　顶棚灯具布置图

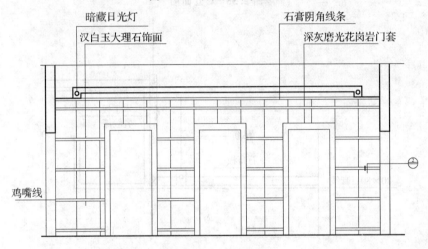

图 2.33　A 立面图

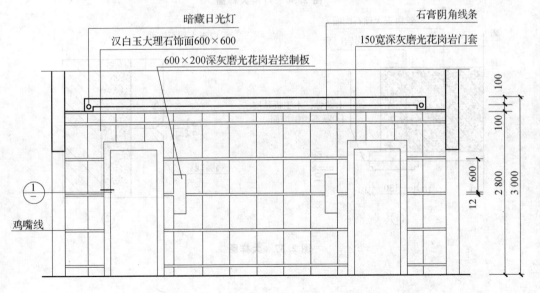

图 2.34　B 立面图

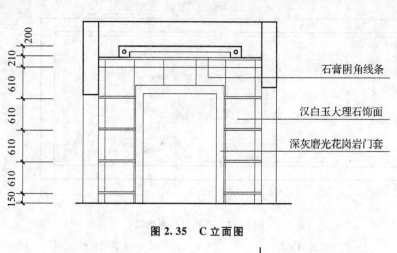

图 2.35　C 立面图

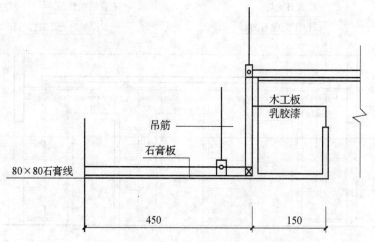

图 2.36　灯带大样图

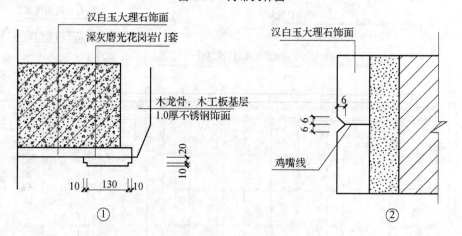

图 2.37　大样图

模块 3

安装工程工程量清单的编制

【模块概述】

安装工程工程量清单是建设工程工程量清单的重要组成部分，是安装工程计量、计价的依据。其主要包括电气设备安装工程、建筑智能化工程、消防工程、给排水、采暖、燃气工程和安装工程工程量清单编制及实训，安装工程工程量清单的准确与否将直接影响工程计价及投资效果。

【知识目标】

1. 熟悉安装工程工程量清单项目划分；
2. 熟悉安装工程各分部分项工程量清单项目的工程内容；
3. 掌握安装工程工程量计算规则和各分部分项工程量清单的编制方法。

【技能目标】

能编制单位安装工程工程量清单。

【课时建议】

10 课时

工程导入

    ×××红十字会×××镇卫生院住院楼工程安装工程包括电气工程、给排水工程和采暖工程，具体描述详见施工图（电施、水施、暖施图），那么该如何编制安装工程工程量清单呢？

    本模块重点介绍电气设备安装工程、给排水工程、采暖工程和建筑智能化系统设备安装工程的内容。

3.1 电气设备安装工程

3.1.1 变压器安装

变压器安装编码为 030401。

1. 油浸电力变压器（030401001）

（1）工程内容：本体安装、调试，基础型钢制作、安装，油过滤，干燥，接地，网门、保护门制作、安装，补刷（喷）油漆。

（2）工程量计算规则：按设计图示数量计算。

（3）计算方法：油浸电力变压器安装应根据项目特征（名称、型号，容量（kV·A），电压（kV），油过滤要求，干燥要求，基础型钢形式、规格，网门、保护门材质、规格，温控箱型号、规格），以"台"为计量单位，按设计图示数量计算。

2. 干式变压器（030401002）

（1）工程内容：本体安装、调试，基础型钢制作、安装，温控箱安装，接地，网门、保护门制作、安装，补刷（喷）油漆。

（2）工程量计算规则：按设计图示数量计算。

（3）计算方法：干式变压器安装应根据项目特征（名称、型号，容量（kV·A），电压（kV），油过滤要求，干燥要求，基础型钢形式、规格，网门、保护门材质、规格，温控箱型号、规格），以"台"为计量单位，按设计图示数量计算。

3. 整流变压器（030401003）

（1）工程内容：本体安装、调试，基础型钢制作、安装，油过滤，干燥，网门、保护门制作、安装，补刷（喷）油漆。

（2）工程量计算规则：按设计图示数量计算。

（3）计算方法：整流变压器安装应根据项目特征（名称，型号，容量（kV·A），电压（kV），油过滤要求，干燥要求，基础型钢形式、规格，网门、保护门材质、规格），以"台"为计量单位，按设计图示数量计算。

4. 自耦式变压器（030401004）

（1）工程内容：本体安装、调试，基础型钢制作、安装，油过滤，干燥，网门、保护门制作、安装，补刷（喷）油漆。

（2）工程量计算规则：按设计图示数量计算。

（3）计算方法：自耦式变压器安装应根据项目特征（名称，型号，容量（kV·A），电压（kV），油过滤要求，干燥要求，基础型钢形式、规格，网门、保护门材质、规格），以"台"为计量单位，按设计图示数量计算。

5. 有载调压变压器（030401005）

（1）工程内容：本体安装、调试，基础型钢制作、安装，油过滤，干燥，网门、保护门制作、安装，补刷（喷）油漆。

（2）工程量计算规则：按设计图示数量计算。

（3）计算方法：有载调压变压器安装应根据项目特征（名称，型号，容量（kV·A），电压（kV），油过滤要求，干燥要求，基础型钢形式、规格，网门、保护门材质、规格），以"台"为计量单位，按设计图示数量计算。

6. 电炉变压器（030401006）

（1）工程内容：本体安装、调试，基础型钢制作、安装，网门、保护门制作、安装，补刷（喷）油漆。

（2）工程量计算规则：按设计图示数量计算。

（3）计算方法：电炉变压器安装应根据项目特征（名称，型号，容量（kV·A），电压（kV），基础型钢形式、规格，网门、保护门材质、规格），以"台"为计量单位，按设计图示数量计算。

7. 消弧线圈（030401007）

（1）工程内容：本体安装、调试，基础型钢制作、安装，油过滤，干燥，补刷（喷）油漆。

（2）工程量计算规则：按设计图示数量计算。

（3）计算方法：消弧线圈安装应根据项目特征（名称，型号，容量（kV·A），电压（kV），油过滤要求，干燥要求，基础型钢形式、规格），以"台"为计量单位，按设计图示数量计算。

【例 3.1】　某工程有一变电所，室外设有油浸电力变压器一台，型号为 SL1－1 000 kV·A/10 kV，变压器在仓库存放时间较长受潮，变压器外设有护栏，图纸设计用 φ10 圆钢和∠40 角钢制安。室内有干式电力变压器两台，型号为 SG－500 kV·A/10－0.4，每台变压器用 [10 槽钢作为基础。变压器建设单位提供，请编制分部分项工程量清单。

解　依据清单项目设置规则，本题中油浸电力变压器安装有 5 项内容，项目编码为 030401001001，型号规格容量为 SL1－1 000kV·A/10 kV，计量单位为"台"，其工作内容和工程量有：本体安装 1 台、变压器干燥 1 台、变压器干燥需搭拆干燥棚 1 座、绝缘油过滤根据制造厂规定的充油量计算为 0.7 t、铁构件制安按图纸计算净质量圆钢 φ10：300 kg、角钢∠40：550 kg。干式变压器安装项目编码为 030401002001，型号规格容量为 SG－500 kV·A/10－0.4，计量单位为"台"，其工作内容和工程量有：本体安装 1 台、基础槽钢制作安装按图纸计算净长度 [10：4 m。分部分项工程量清单编制见表 3.1。

表 3.1　分部分项工程量清单

工程名称：电气设备安装工程　　　　　　　　　　　　　　　　　　　　第 1 页　共 1 页

序号	项目编码	项 目 名 称	计量单位	工程数量
1	030401001001	室外油浸电力变压器安装 1. SL1－1 000 kV·A/10 kV 2. 杆架式安装 3. 变压器干燥：1 台 4. 变压器干燥棚搭拆：1 座 5. 绝缘油过滤：0.70 t 6. 铁构件制作安装： 圆钢 φ10：300 kg，角钢∠40：50 kg 7. 刷（喷）油漆 8. 变压器设备甲供，不计设备费	台	1
2	030401002001	室内带保护罩干式电力变压器安装 1. SG－500 kV·A/10－0.4 2. 落地式安装 3. 基础槽钢制作安装 [10：4 m 4. 刷（喷）油漆 5. 变压器设备甲供，不计设备费	台	2

3.1.2 配电装置安装

配电装置安装编码为 030402。

1. 油断路器（030402001）

（1）工程内容：本体安装、调试，基础型钢制作、安装，接线，油过滤，补刷（喷）油漆，接地。

（2）工程量计算规则：按设计图示数量计算。

（3）计算方法：油断路器安装应根据项目特征（名称，型号，容量（A），电压等级（kV），安装条件，操作机构名称及型号，基础型钢规格，接线材质、规格，安装部位，油过滤要求），以"台"为计量单位，按设计图示数量计算。

2. 真空断路器（030402002）

（1）工程内容：本体安装、调试，基础型钢制作、安装，接线，补刷（喷）油漆，接地。

（2）工程量计算规则：按设计图示数量计算。

（3）计算方法：真空断路器安装应根据项目特征（名称，型号，容量（A），电压等级（kV），安装条件，操作机构名称及型号，基础型钢规格，接线材质、规格，安装部位，油过滤要求），以"台"为计量单位，按设计图示数量计算。

3. SF6 断路器（030402003）

（1）工程内容：本体安装、调试，基础型钢制作、安装，接线，补刷（喷）油漆，接地。

（2）工程量计算规则：按设计图示数量计算。

（3）计算方法：SF6 断路器安装应根据项目特征（名称，型号，容量（A），电压等级（kV），安装条件，操作机构名称及型号，基础型钢规格，接线材质、规格，安装部位，油过滤要求），以"台"为计量单位，按设计图示数量计算。

4. 空气断路器（030402004）

（1）工程内容：本体安装、调试，基础型钢制作、安装，接线，补刷（喷）油漆，接地。

（2）工程量计算规则：按设计图示数量计算。

（3）计算方法：空气断路器安装应根据项目特征（名称，型号，容量（A），电压等级（kV），安装条件，操作机构名称及型号，接线材质、规格，安装部位），以"台"为计量单位，按设计图示数量计算。

5. 真空接触器（030402005）

（1）工程内容：本体安装、调试，补刷（喷）油漆，接地。

（2）工程量计算规则：按设计图示数量计算。

（3）计算方法：真空接触器安装应根据项目特征（名称，型号，容量（A），电压等级（kV），安装条件，操作机构名称及型号，接线材质、规格，安装部位），以"台"为计量单位，按设计图示数量计算。

6. 隔离开关（030402006）

（1）工程内容：本体安装、调试，补刷（喷）油漆，接地。

（2）工程量计算规则：按设计图示数量计算。

（3）计算方法：隔离开关安装应根据项目特征（名称，型号，容量（A），电压等级（kV），安装条件，操作机构名称及型号，接线材质、规格，安装部位），以"组"为计量单位，按设计图示数量计算。

7. 负荷开关 (030402007)

(1) 工程内容：本体安装、调试，补刷（喷）油漆，接地。

(2) 工程量计算规则：按设计图示数量计算。

(3) 计算方法：负荷开关安装应根据项目特征（名称，型号，容量（A），电压等级（kV），安装条件，操作机构名称及型号，接线材质、规格，安装部位），以"组"为计量单位，按设计图示数量计算。

8. 互感器 (030402008)

(1) 工程内容：本体安装、调试，干燥，油过滤，接地。

(2) 工程量计算规则：按设计图示数量计算。

(3) 计算方法：互感器安装应根据项目特征（名称，型号，规格，类型，油过滤要求），以"台"为计量单位，按设计图示数量计算。

9. 高压熔断器 (030402009)

(1) 工程内容：本体安装、调试，接地。

(2) 工程量计算规则：按设计图示数量计算。

(3) 计算方法：高压熔断器安装应根据项目特征（名称，型号，规格，安装部位），以"组"为计量单位，按设计图示数量计算。

10. 避雷器 (030402010)

(1) 工程内容：本体安装、调试，接地。

(2) 工程量计算规则：按设计图示数量计算。

(3) 计算方法：避雷器安装应根据项目特征（名称，型号，规格，电压等级，安装部位），以"组"为计量单位，按设计图示数量计算。

11. 干式电抗器 (030402011)

(1) 工程内容：本体安装、调试，干燥。

(2) 工程量计算规则：按设计图示数量计算。

(3) 计算方法：干式电抗器安装应根据项目特征（名称，型号，规格，质量，安装部位，干燥要求），以"组"为计量单位，按设计图示数量计算。

12. 油浸电抗器 (030402012)

(1) 工程内容：本体安装、调试，油过滤，干燥。

(2) 工程量计算规则：按设计图示数量计算。

(3) 计算方法：油浸电抗器安装应根据项目特征（名称，型号，规格，容量（kV·A），油过滤要求，干燥要求），以"台"为计量单位，按设计图示数量计算。

13. 移相及串联电容器 (030402013)

(1) 工程内容：本体安装、调试，接地。

(2) 工程量计算规则：按设计图示数量计算。

(3) 计算方法：移相及串联电容器安装应根据项目特征（名称，型号，规格，质量，安装部位），以"个"为计量单位，按设计图示数量计算。

14. 集合式并联电容器 (030402014)

(1) 工程内容：本体安装、调试，接地。

(2) 工程量计算规则：按设计图示数量计算。

(3) 计算方法：集合式并联电容器安装应根据项目特征（名称，型号，规格，质量，安装部位），以"个"为计量单位，按设计图示数量计算。

15. 并联补偿电容器组架（030402015）

（1）工程内容：本体安装、调试，接地。

（2）工程量计算规则：按设计图示数量计算。

（3）计算方法：并联补偿电容器组架安装应根据项目特征（名称，型号，规格，结构形式），以"台"为计量单位，按设计图示数量计算。

16. 交流滤波装置组架（030402016）

（1）工程内容：本体安装、调试，接地。

（2）工程量计算规则：按设计图示数量计算。

（3）计算方法：交流滤波装置组架安装应根据项目特征（名称，型号，规格），以"台"为计量单位，按设计图示数量计算。

17. 高压成套配电柜（030402017）

（1）工程内容：本体安装、调试，基础型钢制作、安装，补刷（喷）油漆，接地。

（2）工程量计算规则：按设计图示数量计算。

（3）计算方法：高压成套配电柜安装应根据项目特征（名称，型号，规格，母线配置方式，种类，基础型钢形式、规格），以"台"为计量单位，按设计图示数量计算。

18. 组合型成套箱式变电站（030402018）

（1）工程内容：本体安装、调试，基础浇筑，进箱母线安装，补刷（喷）油漆，接地。

（2）工程量计算规则：按设计图示数量计算。

（3）计算方法：组合型成套箱式变电站安装应根据项目特征（名称，型号，容量（kV·A），电压（kV），组合形式，基础规格、浇筑材质），以"台"为计量单位，按设计图示数量计算。

【例 3.2】 上例某变电所中，设计图示安装 1 台多油断路器，型号为 DN1—10—800 A，油断路器需进行绝缘油过滤，油断路器支架图纸设计用∠50×50×4 角钢制安。高压配电室设计图示安装高压进线柜 2 台，型号为 KYN28A—121，图纸设计每台用 [10 槽钢作为基础，高压进线柜电源连接为交联电缆 YJV—10KV—3×185。低压开关柜 8 台，型号为 GCS 型，用 [10 槽钢作为基础，设计要求只需做基础槽钢和进出的接线。高、低压柜由建设单位提供。

问：如何按《建设工程工程量清单计价规范》规定对多油断路器和高压进线柜、低压开关柜进行项目编码设定、项目名称设置和项目特征描述。有哪些可组合工程内容？为什么？

解 （1）首先设定项目编码和项目名称命名，依据清单项目设置规则，多油断路器安装项目编码为 030402001001，项目名称设置为"油断路器安装"；高压进线柜安装项目编码为 030402017001，项目名称设置为"高压成套配电柜安装"。低压开关柜安装项目编码为 030404004001，项目名称设置为"低压开关柜安装"。

（2）项目特征描述。《建设工程工程量清单计价规范》中油断路器项目特征为①名称；②型号；③容量。高压成套配电柜安装项目特征为①名称、型号；②规格；③母线设置方式；④回路。低压开关柜安装项目特征为①名称、型号；②规格。

项目编码、项目名称设置和项目特征描述、组合工程内容，列入表 3.2 中。

表 3.2 分部分项工程量清单

工程名称：电气设备安装工程 第 1 页 共 1 页

序号	项目编码	项目名称	计量单位	工程数量
1	030402001001	多油断路器 1. 本体安装 DN1－10－800 A 2. 绝缘油过滤 3. 铁构件制作、安装：角钢∠50×50×4 4. 除锈、刷油漆	台	1
2	030402017001	高压进线柜安装 1. KYN28A－121，单母线柜 2. 基础型钢制作、安装：[10 槽钢 3. 刷油漆 4. 高压柜设备甲供，不计设备费	台	2
3	030404004001	低压开关柜安装 1. GCS 型 2. 基础型钢制作、安装：[10 槽钢 3. 刷油漆 4. 焊（压）接线端子 5. 高压柜设备甲供，不计设备费	台	8

3.1.3 母线安装

母线安装编码为 030403。主要项目内容有：软母线，组合软母线，带形母线，槽形母线，共箱母线，低压封闭式插接母线槽，始端箱、分线箱，重型母线。

1. 软母线（030403001）

（1）工程内容：母线安装，绝缘子耐压试验，跳线安装，绝缘子安装。

（2）工程量计算规则：按设计图示尺寸以单相长度计算。

（3）计算方法：软母线安装应根据项目特征（名称，材质，型号，规格，绝缘子类型、规格），以"m"为计量单位，按设计图示尺寸以单相长度计算。

2. 组合软母线（030403002）

（1）工程内容：母线安装，绝缘子耐压试验，跳线安装，绝缘子安装。

（2）工程量计算规则：按设计图示尺寸以单相长度计算。

（3）计算方法：组合软母线安装应根据项目特征（名称，材质，型号，规格，绝缘子类型、规格），以"m"为计量单位，按设计图示尺寸以单相长度计算。

3. 带形母线（030403003）

（1）工程内容：母线安装，穿通板制作、安装，支持绝缘子、穿墙套管的耐压试验、安装，引下线安装，伸缩节安装，过渡板安装，刷分相漆。

（2）工程量计算规则：按设计图示尺寸以单相长度计算。

（3）计算方法：带形母线安装应根据项目特征（名称，型号，规格，材质，绝缘子类型、规格，穿墙套管材质、规格，穿通板材质、规格，母线桥材质、规格，引下线材质、规格，伸缩节、过渡板材质、规格，分相漆品种），以"m"为计量单位，按设计图示尺寸以单相长度计算。

4. 槽形母线（030403004）

（1）工程内容：母线制作、安装，与发电机、变压器连接，与断路器、隔离开关连接，刷分相漆。

（2）工程量计算规则：按设计图示尺寸以单相长度计算。

（3）计算方法：槽形母线安装应根据项目特征（名称，型号，规格，材质，连接设备名称、规格，分相漆品种），以"m"为计量单位，按设计图示尺寸以单相长度计算。

5. 共箱母线（030403005）

（1）工程内容：母线安装，补刷（喷）油漆。

（2）工程量计算规则：按设计图示尺寸以中心线长度计算。

（3）计算方法：共箱母线安装应根据项目特征（名称，型号，规格，材质），以"m"为计量单位，按设计图示尺寸以中心线长度计算。

6. 低压封闭式插接母线槽（030403006）

（1）工程内容：母线安装，补刷（喷）油漆。

（2）工程量计算规则：按设计图示尺寸以中心线长度计算。

（3）计算方法：低压封闭式插接母线槽安装应根据项目特征（名称，型号，规格，容量（A），线制，安装部位），以"m"为计量单位，按设计图示尺寸以中心线长度计算。

7. 始端箱、分线箱（030403007）

（1）工程内容：本体安装，补刷（喷）油漆。

（2）工程量计算规则：按设计图示数量计算。

（3）计算方法：始端箱、分线箱安装应根据项目特征（名称，型号，规格，容量（A）），以"台"为计量单位，按设计图示数量计算。

8. 重型母线（030403008）

（1）工程内容：母线制作、安装，伸缩器及导板制作、安装，支持绝缘子安装，补刷（喷）油漆。

（2）工程量计算规则：按设计图示尺寸以质量计算。

（3）计算方法：重型母线安装应根据项目特征（名称，型号，规格，容量（A），材质，绝缘子类型、规格，伸缩器及导板规格），以"t"为计量单位，按设计图示尺寸以质量计算。

3.1.4 控制设备及低压电器安装

控制设备及低压电器安装编码为030404。

1. 控制屏（030404001）

（1）工程内容：本体安装，基础型钢制作、安装，端子板安装，焊、压接线端子，盘柜配线、端子接线，小母线安装，屏边安装，补刷（喷）油漆，接地。

（2）工程量计算规则：按设计图示数量计算。

（3）计算方法：控制屏安装应根据项目特征（名称，型号，规格，种类，基础型钢形式、规格，接线端子材质、规格，端子板外部接线材质、规格，小母线材质、规格，屏边规格），以"台"为计量单位，按设计图示数量计算。

2. 继电、信号屏（030404002）

（1）工程内容：本体安装，基础型钢制作、安装，端子板安装，焊、压接线端子，盘柜配线、端子接线，小母线安装，屏边安装，补刷（喷）油漆，接地。

（2）工程量计算规则：按设计图示数量计算。

（3）计算方法：继电、信号屏安装应根据项目特征（名称，型号，规格，种类，基础型钢形式、规格，接线端子材质、规格，端子板外部接线材质、规格，小母线材质、规格，屏边规格），以"台"为计量单位，按设计图示数量计算。

3. 模拟屏（030404003）

（1）工程内容：本体安装，基础型钢制作、安装，端子板安装，焊、压接线端子，盘柜配线、端子接线，小母线安装，屏边安装，补刷（喷）油漆，接地。

（2）工程量计算规则：按设计图示数量计算。

（3）计算方法：模拟屏安装应根据项目特征（名称，型号，规格，种类，基础型钢形式、规格，接线端子材质、规格，端子板外部接线材质、规格，小母线材质、规格，屏边规格），以"台"为计量单位，按设计图示数量计算。

4. 低压开关柜（屏）（030404004）

（1）工程内容：本体安装，基础型钢制作、安装，端子板安装，焊、压接线端子，盘柜配线、端子接线，屏边安装，补刷（喷）油漆，接地。

（2）工程量计算规则：按设计图示数量计算。

（3）计算方法：低压开关柜（屏）安装应根据项目特征（名称，型号，规格，种类，基础型钢形式、规格，接线端子材质、规格，端子板外部接线材质、规格，小母线材质、规格，屏边规格），以"台"为计量单位，按设计图示数量计算。

5. 弱电控制返回屏（030404005）

（1）工程内容：本体安装，基础型钢制作、安装，端子板安装，焊、压接线端子，盘柜配线、端子接线，小母线安装，屏边安装，补刷（喷）油漆，接地。

（2）工程量计算规则：按设计图示数量计算。

（3）计算方法：弱电控制返回屏安装应根据项目特征（名称，型号，规格，种类，基础型钢形式、规格，接线端子材质、规格，端子板外部接线材质、规格，小母线材质、规格，屏边规格），以"台"为计量单位，按设计图示数量计算。

6. 箱式配电室（030404006）

（1）工程内容：本体安装，基础型钢制作、安装，基础浇筑，补刷（喷）油漆，接地。

（2）工程量计算规则：按设计图示数量计算。

（3）计算方法：箱式配电室安装应根据项目特征（名称，型号，规格，质量，基础规格、浇筑材质，基础型钢形式、规格），以"套"为计量单位，按设计图示数量计算。

7. 硅整流柜（030404007）

（1）工程内容：本体安装，基础型钢制作、安装，补刷（喷）油漆，接地。

（2）工程量计算规则：按设计图示数量计算。

（3）计算方法：硅整流柜安装应根据项目特征（名称，型号，容量（A），基础型钢形式、规格），以"台"为计量单位，按设计图示数量计算。

8. 可控硅柜（030404008）

（1）工程内容：本体安装，基础型钢制作、安装，补刷（喷）油漆，接地。

（2）工程量计算规则：按设计图示数量计算。

（3）计算方法：可控硅柜安装应根据项目特征（名称，型号，容量（kW），基础型钢形式、规格），以"台"为计量单位，按设计图示数量计算。

9. 低压电容器柜（030404009）

（1）工程内容：本体安装，基础型钢制作、安装，端子板安装，焊、压接线端子，盘柜配线、端子接线，小母线安装，屏边安装，补刷（喷）油漆，接地。

（2）工程量计算规则：按设计图示数量计算。

（3）计算方法：低压电容器柜安装应根据项目特征（名称，型号，规格，基础型钢形式、规格，接线端子材质、规格，端子板外部接线材质、规格，小母线材质、规格，屏边规格），以"台"为计量单位，按设计图示数量计算。

10. 自动调节励磁屏（030404010）

（1）工程内容：本体安装，基础型钢制作、安装，端子板安装，焊、压接线端子，盘柜配线、端子接线，小母线安装，屏边安装，补刷（喷）油漆，接地。

（2）工程量计算规则：按设计图示数量计算。

（3）计算方法：自动调节励磁屏安装应根据项目特征（名称，型号，规格，基础型钢形式、规格，接线端子材质、规格，端子板外部接线材质、规格，小母线材质、规格，屏边规格），以"台"为计量单位，按设计图示数量计算。

11. 励磁灭磁屏（030404011）

（1）工程内容：本体安装，基础型钢制作、安装，端子板安装，焊、压接线端子，盘柜配线、端子接线，小母线安装，屏边安装，补刷（喷）油漆，接地。

（2）工程量计算规则：按设计图示数量计算。

（3）计算方法：励磁灭磁屏安装应根据项目特征（名称，型号，规格，基础型钢形式、规格，接线端子材质、规格，端子板外部接线材质、规格，小母线材质、规格，屏边规格），以"台"为计量单位，按设计图示数量计算。

12. 蓄电池屏（柜）（030404012）

（1）工程内容：本体安装，基础型钢制作、安装，端子板安装，焊、压接线端子，盘柜配线、端子接线，小母线安装，屏边安装，补刷（喷）油漆，接地。

（2）工程量计算规则：按设计图示数量计算。

（3）计算方法：蓄电池屏（柜）安装应根据项目特征（名称，型号，规格，基础型钢形式、规格，接线端子材质、规格，端子板外部接线材质、规格，小母线材质、规格，屏边规格），以"台"为计量单位，按设计图示数量计算。

13. 直流馈电屏（030404013）

（1）工程内容：本体安装，基础型钢制作、安装，端子板安装，焊、压接线端子，盘柜配线、端子接线，小母线安装，屏边安装，补刷（喷）油漆，接地。

（2）工程量计算规则：按设计图示数量计算。

（3）计算方法：直流馈电屏安装应根据项目特征（名称，型号，规格，基础型钢形式、规格，接线端子材质、规格，端子板外部接线材质、规格，小母线材质、规格，屏边规格），以"台"为计量单位，按设计图示数量计算。

14. 事故照明切换屏（030404014）

（1）工程内容：本体安装，基础型钢制作、安装，端子板安装，焊、压接线端子，盘柜配线、端子接线，小母线安装，屏边安装，补刷（喷）油漆，接地。

（2）工程量计算规则：按设计图示数量计算。

（3）计算方法：事故照明切换屏安装应根据项目特征（名称，型号，规格，基础型钢形式、规格，接线端子材质、规格，端子板外部接线材质、规格，小母线材质、规格，屏边规格），以"台"为计量单位，按设计图示数量计算。

15. 控制台 (030404015)

(1) 工程内容：本体安装，基础型钢制作、安装，端子板安装，焊、压接线端子，盘柜配线、端子接线，小母线安装，补刷（喷）油漆，接地。

(2) 工程量计算规则：按设计图示数量计算。

(3) 计算方法：控制台安装应根据项目特征（名称，型号，规格，基础型钢形式、规格，接线端子材质、规格，端子板外部接线材质、规格，小母线材质、规格），以"台"为计量单位，按设计图示数量计算。

16. 控制箱 (030404016)

(1) 工程内容：本体安装，基础型钢制作、安装，焊、压接线端子，端子接线，补刷（喷）油漆，接地。

(2) 工程量计算规则：按设计图示数量计算。

(3) 计算方法：控制箱安装应根据项目特征（名称，型号，规格，基础型钢形式、材质、规格，接线端子材质、规格，端子板外部接线材质、规格，安装方式），以"台"为计量单位，按设计图示数量计算。

17. 配电箱 (030404017)

(1) 工程内容：本体安装，基础型钢制作、安装，焊、压接线端子，端子接线，补刷（喷）油漆，接地。

(2) 工程量计算规则：按设计图示数量计算。

(3) 计算方法：配电箱安装应根据项目特征（名称，型号，规格，基础型钢形式、材质、规格，接线端子材质、规格，端子板外部接线材质、规格，安装方式），以"台"为计量单位，按设计图示数量计算。

18. 插座箱 (030404018)

(1) 工程内容：本体安装。

(2) 工程量计算规则：按设计图示数量计算。

(3) 计算方法：插座箱安装应根据项目特征（名称，型号，规格，安装方式），以"个"为计量单位，按设计图示数量计算。

19. 控制开关 (030404019)

(1) 工程内容：本体安装，焊、压接线端子，接线。

(2) 工程量计算规则：按设计图示数量计算。

(3) 计算方法：控制开关安装应根据项目特征（名称，型号，规格，接线端子材质、规格，额定电流 (A)），以"个"为计量单位，按设计图示数量计算。

20. 低压熔断器 (030404020)

(1) 工程内容：本体安装，焊、压接线端子，接线。

(2) 工程量计算规则：按设计图示数量计算。

(3) 计算方法：低压熔断器安装应根据项目特征（名称，型号，规格，接线端子材质、规格），以"个"为计量单位，按设计图示数量计算。

21. 限位开关 (030404021)

(1) 工程内容：本体安装，焊、压接线端子，接线。

(2) 工程量计算规则：按设计图示数量计算。

(3) 计算方法：限位开关安装应根据项目特征（名称，型号，规格，接线端子材质、规格），以"个"为计量单位，按设计图示数量计算。

22. 控制器（030404022）

（1）工程内容：本体安装，焊、压接线端子，接线。

（2）工程量计算规则：按设计图示数量计算。

（3）计算方法：控制器安装应根据项目特征（名称，型号，规格，接线端子材质、规格），以"台"为计量单位，按设计图示数量计算。

23. 接触器（030404023）

（1）工程内容：本体安装，焊、压接线端子，接线。

（2）工程量计算规则：按设计图示数量计算。

（3）计算方法：接触器安装应根据项目特征（名称，型号，规格，接线端子材质、规格），以"台"为计量单位，按设计图示数量计算。

24. 磁力启动器（030404024）

（1）工程内容：本体安装，焊、压接线端子，接线。

（2）工程量计算规则：按设计图示数量计算。

（3）计算方法：磁力启动器安装应根据项目特征（名称，型号，规格，接线端子材质、规格），以"台"为计量单位，按设计图示数量计算。

25. Y—△自耦减压启动器（030404025）

（1）工程内容：本体安装，焊、压接线端子，接线。

（2）工程量计算规则：按设计图示数量计算。

（3）计算方法：Y—△自耦减压启动器安装应根据项目特征（名称，型号，规格，接线端子材质、规格），以"台"为计量单位，按设计图示数量计算。

26. 电磁铁（电磁制动器）（030404026）

（1）工程内容：本体安装，焊、压接线端子，接线。

（2）工程量计算规则：按设计图示数量计算。

（3）计算方法：电磁铁（电磁制动器）安装应根据项目特征（名称，型号，规格，接线端子材质、规格），以"台"为计量单位，按设计图示数量计算。

27. 快速自动开关（030404027）

（1）工程内容：本体安装，焊、压接线端子，接线。

（2）工程量计算规则：按设计图示数量计算。

（3）计算方法：快速自动开关安装应根据项目特征（名称，型号，规格，接线端子材质、规格），以"台"为计量单位，按设计图示数量计算。

28. 电阻器（030404028）

（1）工程内容：本体安装，焊、压接线端子，接线。

（2）工程量计算规则：按设计图示数量计算。

（3）计算方法：电阻器安装应根据项目特征（名称，型号，规格，接线端子材质、规格），以"箱"为计量单位，按设计图示数量计算。

29. 油浸频敏变阻器（030404029）

（1）工程内容：本体安装，焊、压接线端子，接线。

（2）工程量计算规则：按设计图示数量计算。

（3）计算方法：油浸频敏变阻器安装应根据项目特征（名称，型号，规格，接线端子材质、规格），以"台"为计量单位，按设计图示数量计算。

30. 分流器（030404030）

（1）工程内容：本体安装，焊、压接线端子，接线。

（2）工程量计算规则：按设计图示数量计算。

（3）计算方法：分流器安装应根据项目特征（名称，型号，规格，容量（A），接线端子材质、规格），以"个"为计量单位，按设计图示数量计算。

31. 小电器（030404031）

（1）工程内容：本体安装，焊、压接线端子，接线。

（2）工程量计算规则：按设计图示数量计算。

（3）计算方法：小电器安装应根据项目特征（名称，型号，规格，接线端子材质、规格），以"个（套、台）"为计量单位，按设计图示数量计算。

32. 端子箱（030404032）

（1）工程内容：本体安装，接线。

（2）工程量计算规则：按设计图示数量计算。

（3）计算方法：端子箱安装应根据项目特征（名称，型号，规格，安装部位），以"台"为计量单位，按设计图示数量计算。

33. 风扇（030404033）

（1）工程内容：本体安装，调速开关安装。

（2）工程量计算规则：按设计图示数量计算。

（3）计算方法：风扇安装应根据项目特征（名称，型号，规格，安装方式），以"台"为计量单位，按设计图示数量计算。

34. 照明开关（030404034）

（1）工程内容：开关安装，接线。

（2）工程量计算规则：按设计图示数量计算。

（3）计算方法：照明开关安装应根据项目特征（名称，材质，规格，安装方式），以"个"为计量单位，按设计图示数量计算。

35. 插座（030404035）

（1）工程内容：插座安装，接线。

（2）工程量计算规则：按设计图示数量计算。

（3）计算方法：插座安装应根据项目特征（名称，材质，规格，安装方式），以"个"为计量单位，按设计图示数量计算。

36. 其他电器（030404036）

（1）工程内容：本体安装，接线。

（2）工程量计算规则：按设计图示数量计算。

（3）计算方法：其他电器安装应根据项目特征（名称，规格，安装方式），以"个（套、台）"为计量单位，按设计图示数量计算。

【例 3.3】　×××红十字会×××镇卫生院住院楼。本设计采用三相四线制中性点接地系统照明，电源引自室外至 1♯配电箱，手术室备用电源由 EPS 实现。照明配电箱、插座、开关均为墙上暗装，配电箱底、开关距地 1.4 m，插座及插座箱距地 0.3 m，电话箱及电话插座距地 0.3 m。配电箱规格：1♯：5i0×710×180，2♯ 4♯ 5♯：360×470×150，3♯：285×185×150，插座箱

（5 kW）：285×185×150。请按《建设工程工程量清单计价规范》要求编制本题意中控制设备及低压电器安装的分部分项工程量清单。

解 （1）首先设定项目编码和项目名称命名，依据清单项目设置规则：

①配电箱安装项目编码为 030404017001，项目名称设置为"配电箱"，计量单位为"台"；

②手术室备用电源箱（EPS）安装项目编码为 030404017002，项目名称设置为"配电箱"，计量单位为"台"；

③插座箱安装项目编码为 030404018001，项目名称设置为"插座箱"，计量单位为"台"；

④电话箱安装项目编码为 030404018004，项目名称设置为"配电箱"，计量单位为"台"；

⑤插座安装项目编码为 030404035001，项目名称设置为"插座"，计量单位为"个"；

⑥电话插座安装项目编码为 030404035002，项目名称设置为"插座"，计量单位为"个"；

⑦单联单控开关安装项目编码为 030404034001，项目名称设置为"照明开关"，计量单位为"个"；

⑧单联双控开关安装项目编码为 030404034002，项目名称设置为"照明开关"，计量单位为"个"。

（2）项目特征描述，《建设工程工程量清单计价规范》

①配电箱项目特征为设备名称，型号，规格，基础形式、材质、规格，接线端子材质、规格，端子板外部接线材质、规格，安装方式名称、型号；规格；

②小电器安装项目特征为名称、型号；规格。

综合上述：项目编码、项目名称设置和项目特征描述、计量单位，列入表 3.3 中。

表 3.3　分部分项工程量清单

工程名称：×××红十字会×××镇卫生院住院楼　　　　　　　　　　　第 1 页共 1 页

序号	项目编码	项目名称	计量单位	工程数量
1	030404017001	配电箱 1. 名称、型号：总配电箱 2. 规格：470×700×160	台	
2	030404017002	配电箱 1. 名称、型号：电表箱 1 AW 2. 规格：950×1 040×150	台	
3	030404018003	配电箱 1. 名称、型号：电表箱 2 AW 2. 规格：950×1 040×150	台	
4	030404018004	配电箱 1. 名称、型号：电表箱 3 AW 2. 规格：950×1 040×150	台	
5	030404018005	配电箱 1. 名称、型号：户内照明配电箱 2. 规格：329×296×100	台	
6	030404035001	插座 1. 名称：安全型两、三孔组合插座 2. 型号：250 V/10 A	个	

续表 3.3

序号	项目编码	项 目 名 称	计量单位	工程数量
7	030404035002	插座 1. 名称：电话插座	个	
8	030404034001	照明开关 1. 名称：单联单控开关 2. 型号：250 V/10 A	个	
9	030404034002	照明开关 1. 名称：双联单控开关 2. 型号：250 V/10 A	个	

3.1.5 蓄电池安装

蓄电池安装编码为 030405。

1. 蓄电池（030405001）

（1）工程内容：本体安装，防震支架安装，充放电。

（2）工程量计算规则：按设计图示数量计算。

（3）计算方法：蓄电池安装应根据项目特征（名称，型号，容量（A·h），防震支架形式、材质，充放电要求），以"个"为计量单位，按设计图示数量计算。

2. 太阳能电池（030405002）

（1）工程内容：本体安装，电池防震铁架安装，联调。

（2）工程量计算规则：按设计图示数量计算。

（3）计算方法：太阳能电池安装应根据项目特征（名称，型号，规格，容量，安装方式），以"个"为计量单位，按设计图示数量计算。

3.1.6 电缆安装

电缆安装编码为 030408。

1. 电力电缆（030408001）

（1）工程内容：电缆敷设，揭（盖）盖板。

（2）工程量计算规则：按设计图示尺寸以长度计算。

（3）计算方法：电力电缆安装应根据项目特征（名称，型号，规格，材质，敷设方式、部位，地形），以"m"为计量单位，按设计图示尺寸以长度计算。

2. 控制电缆（030408002）

（1）工程内容：电缆敷设，揭（盖）盖板。

（2）工程量计算规则：按设计图示尺寸以长度计算。

（3）计算方法：控制电缆安装应根据项目特征（名称，型号，规格，材质，敷设方式、部位，地形），以"m"为计量单位，按设计图示尺寸以长度计算。

3. 电缆保护管（030408003）

（1）工程内容：保护管敷设。

（2）工程量计算规则：按设计图示尺寸以长度计算。

（3）计算方法：电缆保护管安装应根据项目特征（名称，材质，规格，敷设方式），以"m"为计量单位，按设计图示尺寸以长度计算。

4. 电缆槽盒（030408004）

（1）工程内容：槽盒安装。

（2）工程量计算规则：按设计图示尺寸以长度计算。

（3）计算方法：电缆槽盒安装应根据项目特征（名称，材质，规格，型号，接地），以"m"为计量单位，按设计图示尺寸以长度计算。

5. 铺砂、盖保护板（砖）（030408005）

（1）工程内容：铺砂，盖板（砖）。

（2）工程量计算规则：按设计图示尺寸以长度计算。

（3）计算方法：铺砂、盖保护板（砖）安装应根据项目特征（种类，规格），以"m"为计量单位，按设计图示尺寸以长度计算。

6. 电缆终端头（030408006）

（1）工程内容：电缆终端头制作，电缆终端头安装，接地。

（2）工程量计算规则：按设计图示数量计算。

（3）计算方法：电缆终端头安装应根据项目特征（名称，型号，规格，材质、类型，安装部位，电压等级（kV）），以"个"为计量单位，按设计图示数量计算。

7. 电缆中间头（030408007）

（1）工程内容：电缆中间头制作，电缆中间头安装，接地。

（2）工程量计算规则：按设计图示数量计算。

（3）计算方法：电缆中间头安装应根据项目特征（名称，型号，规格，材质、类型，安装方式，电压等级（kV）），以"个"为计量单位，按设计图示数量计算。

8. 防火堵洞（030408008）

（1）工程内容：安装。

（2）工程量计算规则：按设计图示数量计算。

（3）计算方法：防火堵洞安装应根据项目特征（名称，材质，方式，部位），以"处"为计量单位，按设计图示数量计算。

9. 防火隔板（030408009）

（1）工程内容：安装。

（2）工程量计算规则：按设计图示尺寸以面积计算。

（3）计算方法：防火隔板安装应根据项目特征（名称，材质，方式，部位），以"m²"为计量单位，按设计图示尺寸以面积计算。

10. 防火涂料（030408010）

（1）工程内容：安装。

（2）工程量计算规则：按设计图示尺寸以质量计算。

（3）计算方法：防火涂料安装应根据项目特征（名称，材质，方式，部位），以"kg"为计量单位，按设计图示尺寸以质量计算。

11. 电缆分支箱（030408011）

（1）工程内容：本体安装，基础制作、安装。

（2）工程量计算规则：按设计图示数量计算。

（3）计算方法：电缆分支箱安装应根据项目特征（名称，型号，规格，基础形式、材质、规格），以"台"为计量单位，按设计图示数量计算。

【例 3.4】 上例中两台消防泵电源为 VV−3×70+1×35 电缆，电缆从消防泵控制柜上出线沿桥架敷设，再穿 SC100 镀锌钢管至消防泵电动机，如图 3.1 所示。消防泵控制柜柜高 2.2 m，水泵房层高为 4.5 m，电缆桥架为 XQJ−300×150，桥架安装底标高为 3.6 m，桥架长为 14 m；电缆支吊架为∠70×6 角钢成品，支吊架间距按规范要求 2 m 一副，每副支吊架重 8 kg；1♯泵保护管长 2.8 m，2♯泵保护管长 4.0 m。问：

（1）请按《建设工程工程量清单计价规范》工程量计算规则计算消防泵电源电缆、电缆桥架、电缆支架、电缆保护管等长度。

（2）编制该题意中应该计价的分部分项工程量清单，并对不该描述的工程内容和不能计算的工程量进行说明。

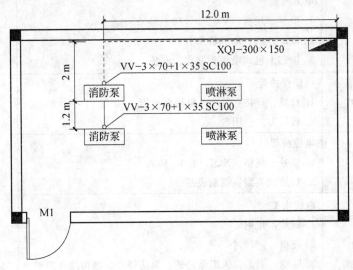

图 3.1 某水泵房线路平面布置图

解 （1）根据工程量计算规则，电缆保护管、电缆桥架、电缆支架、电缆工程量计算分别见表 3.4。

表 3.4 工程量计算书

序号	项目名称	单位	数量	工程量计算式
1	电缆保护管敷设	m	6.8	SC100 电缆保护管明敷： $L=2.8$ m（1♯泵保护管）$+4.0$ m（1♯泵保护管）$=6.8$ m
2	电缆桥架	m	15.4	电缆桥架 XQJ−300×150： $L=$ ｛3.6 m（桥架底标高）-2.2 m（柜高）$=1.4$ m（垂直桥架长度）｝$+14$ m（水平桥架长度）$=15.4$ m
3	电缆支架	kg	56	电缆支架∠70×6： $T=14$ m（水平桥架长度）$\div2$（支架间距）$=7$ 副×8 kg/每副$=56$ kg

续表 3.4

序号	项目名称	单位	数量	工程量计算式
4	电缆敷设	m	42	VV-3×70+1×35 电缆敷设： 1#泵 L=2.8 m（1#泵保护管）+15.4 m（桥架长度）+2.2 m（柜高）=20.4 m 2#泵 L=4.0 m（1#泵保护管）+15.4 m（桥架长度）+2.2 m（柜高）=21.6 m
5	铜芯干包式电缆头制作、安装	个	4	铜芯干包式电缆头制作、安装 1 kV 70 mm² 2（2 根电缆）×2（每根 2 个电缆头）=4 个

（2）根据上述分析结果，汇总编制工程量清单列表，见表 3.5。

表 3.5　分部分项工程量清单

工程名称：电气设备安装工程　　　　　　　　　　　　　　　　　　　　　　　　第 1 页　共 1 页

序号	项目编码	项目名称	计量单位	工程数量
1	030408001001	电力电缆 1. 型号、规格：VV-3×70+1×35 2. 敷设方式：电缆桥架 3. 铜芯干包式电缆头制作、安装	m	42.00
2	030408003001	电缆保护管 1. 材质、规格：SC100 电缆保护管 2. 敷设方式：明敷	m	6.80
3	030408004001	电缆桥架 1. 型号、规格：XQJ-300×150 2. 材质、类型：钢制成品	m	15.40
4	030408005001	电缆支架 1. 材质：角钢 2. 规格：∠70×6 3. 除锈、刷油：人工除轻锈，刷防锈漆、银粉漆各两遍	t	0.056

3.1.7　防雷及接地装置

防雷及接地装置编码为 030409。

1. 接地极（030409001）

（1）工程内容：接地极（板、桩）制作、安装，基础接地网安装，补刷（喷）油漆。

（2）工程量计算规则：按设计图示尺寸计算。

（3）计算方法：接地极应根据项目特征（名称，材质，规格，土质，基础接地形式），以"根（块）"为计量单位，按设计图示数量计算。

2. 接地母线（030409002）

（1）工程内容：接地母线制作、安装，补刷（喷）油漆。

（2）工程量计算规则：按设计图示尺寸以长度计算。

（3）计算方法：接地母线应根据项目特征（名称，材质，规格，安装部位，安装形式），以"m"为计量单位，按设计图示尺寸以长度计算。

3. 避雷引下线（030409003）

（1）工程内容：避雷引下线制作、安装，断接卡子、箱制作、安装，利用主钢筋焊接，补刷

（喷）油漆。

（2）工程量计算规则：按设计图示尺寸以长度计算。

（3）计算方法：避雷引下线应根据项目特征（名称，材质，规格，安装部位，安装形式，断接卡子、箱材质、规格），以"m"为计量单位，按设计图示尺寸以长度计算。

4. 均压环（030409004）

（1）工程内容：均压环敷设，钢铝窗接地，柱主筋与圈梁焊接，利用圈梁钢筋焊接，补刷（喷）油漆。

（2）工程量计算规则：按设计图示尺寸以长度计算。

（3）计算方法：均压环应根据项目特征（名称，材质，规格，安装形式），以"m"为计量单位，按设计图示尺寸以长度计算。

5. 避雷网（030409005）

（1）工程内容：避雷网制作、安装跨接，混凝土块制作，补刷（喷）油漆。

（2）工程量计算规则：按设计图示尺寸以长度计算。

（3）计算方法：避雷网应根据项目特征（名称，材质，规格，安装形式，混凝土块标号），以"m"为计量单位，按设计图示尺寸以长度计算。

6. 避雷针（030409006）

（1）工程内容：避雷针制作、安装，跨接，补刷（喷）油漆。

（2）工程量计算规则：按按设计图示数量计算。

（3）计算方法：避雷针应根据项目特征（名称，材质，规格，安装形式、高度），以"根"为计量单位，按设计图示数量计算。

7. 半导体少长针消雷装置（030409007）

（1）工程内容：本体安装。

（2）工程量计算规则：按设计图示数量计算。

（3）计算方法：半导体少长针消雷装置应根据项目特征（型号，高度），以"套"为计量单位，按设计图示数量计算。

8. 等电位端子箱、测试板（030409008）

（1）工程内容：本体安装。

（2）工程量计算规则：按设计图示数量计算。

（3）计算方法：等电位端子箱、测试板应根据项目特征（名称，材质，规格），以"台（块）"为计量单位，按设计图示数量计算。

9. 绝缘垫（030409009）

（1）工程内容：本体安装。

（2）工程量计算规则：按设计图示尺寸以展开面积计算。

（3）计算方法：绝缘垫应根据项目特征（名称，材质，规格），以"m^2"为计量单位，按设计图示尺寸以展开面积计算。

10. 浪涌保护器（030409010）

（1）工程内容：本体安装，接线，接地。

（2）工程量计算规则：按设计图示数量计算。

（3）计算方法：浪涌保护器应根据项目特征（名称，规格，安装形式，防雷等级），以"个"为计量单位，按设计图示数量计算。

11. 降阻剂（0304090011）

（1）工程内容：挖土，施放降阻剂，回填土，运输。

（2）工程量计算规则：按设计图示尺寸以质量计算。

（3）计算方法：降阻剂应根据项目特征（名称），以"kg"为计量单位，按设计图示尺寸以质量计算。

> **技术提示**
>
> ①利用桩基础作为接地极，应描述桩台下桩的根数，每桩几根柱筋需焊接。其工程量计入柱引下线的工程量。
>
> ②利用柱筋作为引下线的，需描述是几根柱筋焊接作为引下线。

【例 3.5】 ×××红十字会×××镇卫生院住院楼。所有电气设备在正常状态下不带电的金属部分均应接地，本设计采用保安接零系统，N 为工作零线，PE 为保护零线，零线在进线处应做重复接地。利用建筑物基础内（2.5 m 以下）钢筋作接地。用—40×4 扁钢沿建筑物外墙将构造柱连接一周作为接地系统，接地电阻不大于 10 Ω，产房、抢救室、放射科机房、B 超室及整个建筑物做等电位连接，具体做法见做等电位连接，图集 02D501－2 第 6～8 页。请按《建设工程工程量清单计价规范》编制该题意中应该计价的分部分项工程量清单。

解 根据《建设工程工程量清单计价规范》编制该题意中应该计价的分部分项工程量清单，见表 3.6。

表 3.6 分部分项工程量清单

工程名称：电气设备安装工程 　　　　　　　　　　　　　　　　　　　　第 1 页 共 1 页

序号	项目编码	项目名称	计量单位	工程数量
1	030411002001	接地母线 1. 名称：户内接地母线 2. 材质、规格：镀锌扁钢 —40×4 3. 安装形式：暗设。利用建筑物基础内（2.5 m 以下）钢筋作接地，用—40×4 扁钢沿建筑物外墙将构造柱连接一周	m	133.20
2	030409003001	避雷引下线 1. 名称：引下线 2. 材质、规格、技术要求（引下形式）：利用 2 根 φ16 镀锌圆钢沿建筑物外墙暗敷做引下线 62.4 m；利用柱内 2 根 φ16 主筋做引下线 78 m 3. 断接卡子材质、规格、技术要求：5 处	m	140.40
3	030409005001	避雷网 1. 受雷体名称：避雷网 2. 材质、规格、技术要求（安装部位）：φ12 镀锌圆钢 镀锌扁钢 40×4 mm	m	123.5
4	030409008001	等电位端子箱、测试板 1. 名称：MEB 总等电位端子箱 2. 材质、规格：0.8 mm 厚铁皮，300×200×120	台	1
5	030409008002	等电位端子箱、测试板 1. 名称：LEB 局部等电位端子箱 2. 材质、规格：0.8 mm 厚铁皮，190×100×70	台	45

3.1.8 10 kV 以下架空配电线路

10 kV 以下架空配电线路编码为 030410。

1. 电杆组立 (030410001)

(1) 工程内容：施工定位，电杆组立，土（石）方挖填，底盘、拉盘、卡盘安装，电杆防腐，拉线制作、安装，现浇基础、基础垫层，工地运输。

(2) 工程量计算规则：按设计图示数量计算。

(3) 计算方法：电杆组立安装应根据项目特征（名称，材质，规格，类型，地形，土质，底盘、拉盘、卡盘规格，拉线材质、规格、类型，现浇基础类型、钢筋类型、规格，基础垫层要求，电杆防腐要求），以"根（基）"为计量单位，按设计图示数量计算。

2. 横担组装 (030410002)

(1) 工程内容：横担安装，瓷瓶、金具组装。

(2) 工程量计算规则：按设计图示数量计算。

(3) 计算方法：横担组装应根据项目特征（名称，材质，规格，类型，电压等级（kV），瓷瓶型号、规格，金具品种规格），以"组"为计量单位，按设计图示数量计算。

3. 导线架设 (030410003)

(1) 工程内容：导线架设，导线跨越及进户线架设，进户横担安装，工地运输。

(2) 工程量计算规则：按设计图示尺寸以单线长度计算。

(3) 计算方法：导线架设安装应根据项目特征（名称，型号、规格，地形，进户横担材质、规格，跨越类型），以"km"为计量单位，按设计图示尺寸以单线长度计算。

4. 杆上设备 (030410004)

(1) 工程内容：支撑架安装，本体安装，焊压接线端子、接线，补刷（喷）油漆，接地。

(2) 工程量计算规则：按设计图示数量计算。

(3) 计算方法：杆上设备安装应根据项目特征（名称，型号、规格，电压等级（kV），支撑架种类、规格，接线端子材质、规格，接地要求），以"台（组）"为计量单位，按设计图示数量计算。

3.1.9 配管、配线

配管、配线编码为 030412。

1. 配管 (030412001)

(1) 工程内容：电线管路敷设，钢索架设（拉紧装置安装），预留沟槽，接地。

(2) 工程量计算规则：按设计图示尺寸以长度计算。

(3) 计算方法：电气配管安装应根据项目特征（名称，材质，规格，配置形式，接地要求，钢索材质、规格），以"m"为计量单位，按设计图示尺寸以长度计算。

2. 线槽 (030412002)

(1) 工程内容：本体安装，补刷（喷）油漆。

(2) 工程量计算规则：按设计图示尺寸以长度计算。

(3) 计算方法：线槽安装应根据项目特征（名称，材质，规格），以"m"为计量单位，按设计图示尺寸以长度计算。

3. 桥架 (030412003)

(1) 工程内容：本体安装，接地。

（2）工程量计算规则：按设计图示尺寸以长度计算。

（3）计算方法：桥架安装应根据项目特征（名称，型号，规格，材质，类型，接地），以"m"为计量单位，按设计图示尺寸以长度计算。

4．配线（030412004）

（1）工程内容：支持体（夹板、绝缘子、槽板等）安装，支架制作、安装，钢索架设（拉紧装置安装），配线，管内穿线。

（2）工程量计算规则：按设计图示尺寸以长度计算。

（3）计算方法：管内穿线工程量计算应区分线路性质（照明线路和动力线路）、导线材质（铝芯线、铜芯线和多芯软线）、导线截面，以"m"为计量单位，按单线"延长米"为计量单位计算。

5．接线箱（030412005）

（1）工程内容：本体安装。

（2）工程量计算规则：按设计图示数量计算。

（3）计算方法：接线箱工程量计算应区分名称、材质、规格、安装形式，以"个"为计量单位，按设计图示数量计算。

6．接线盒（030412006）

（1）工程内容：本体安装。

（2）工程量计算规则：按设计图示数量计算。

（3）计算方法：接线盒工程量计算应区分名称、材质、规格、安装形式，以"个"为计量单位，按设计图示数量计算。

【例3.6】 ×××红十字会×××镇卫生院住院楼。室内走线采用暗管配线，应配合土建施工进行预埋，室内分支线照明采用 BV－500，2×2.5 导线（高度低于 2.4 m 的灯具采用 BV－500，3×2.5导线），插座回路采用 BV－500，3×4 导线，2－3 根穿穿线管径为 PVC20，4－5 根穿PVC25。电话线采用 RVB－2×0.5 型，穿线管径为 1－5 对穿 PVC20，6－10 对穿 PVC25。请按《建设工程工程量清单计价规范》编制该题意中应该计价的分部分项工程量清单。

解 根据《建设工程工程量清单计价规范》编制该题意中应该计价的分部分项工程量清单，见表 3.7。

表 3.7 分部分项工程量清单

工程名称：电气设备安装工程   第 1 页　共 1 页

序号	项目编码	项目名称	计量单位	工程数量
1	030412001001	电气配管 1. 名称：电气配管；2. 材质：钢管；3. 规格：G70； 4. 配置形式及部位：暗配	m	
2	030412001002	电气配管 1. 名称：电气配管；2. 材质：钢管；3. 规格：DN70； 4. 配置形式及部位：暗配	m	
3	030412001003	电气配管 1. 名称：电气配管；2. 材质：PVC；3. 规格：DN40； 4. 配置形式及部位：暗配	m	

续表 3.7

序号	项目编码	项目名称	计量单位	工程数量
4	030412001004	电气配管 1. 名称：电气配管；2. 材质：PVC；3. 规格：DN32； 4. 配置形式及部位：暗配	m	
5	030412001005	电气配管 1. 名称：电气配管；2. 材质：PVC；3. 规格：DN25； 4. 配置形式及部位：暗配	m	
6	030412001006	电气配管 1. 名称：电气配管；2. 材质：PVC；3. 规格：DN20； 4. 配置形式及部位：暗配	m	
7	030412003001	电气配线 1. 配线形式：管内穿线；2. 导线型号、材质、规格：RVB−2×0.5；3. 敷设部位或线制：砖混凝土结构	m	
8	030412003002	电气配线 1. 配线形式：管内穿线；2. 导线型号、材质、规格：铜芯绝缘导线 BV−2×2.5；3. 敷设部位或线制：砖混凝土结构	m	
9	030412003003	电气配线 1. 配线形式：管内穿线；2. 导线型号、材质、规格：铜芯绝缘导线 BV−3×2.5；3. 敷设部位或线制：砖混凝土结构	m	
10	030412003004	电气配线 1. 配线形式：管内穿线；2. 导线型号、材质、规格：铜芯绝缘导线 BV−3×4；3. 敷设部位或线制：砖混凝土结构	m	

3.1.10 照明器具安装

照明灯具安装编码为 030413。

1. 普通吸顶灯 (030413001)

(1) 工程内容：本体安装。

(2) 工程量计算规则：按设计图示数量计算。

(3) 计算方法：普通吸顶灯安装应根据项目特征（名称，型号，规格，类型），以"套"为计量单位，按设计图示数量计算。

2. 工厂灯 (030413002)

(1) 工程内容：本体安装。

(2) 工程量计算规则：按设计图示数量计算。

(3) 计算方法：工厂灯安装应根据项目特征（名称，型号，规格，安装形式），以"套"为计量单位，按设计图示数量计算。

3. 高度标志（障碍）灯（030413003）

（1）工程内容：本体安装。

（2）工程量计算规则：按设计图示数量计算。

（3）计算方法：高度标志（障碍）灯安装应根据项目特征（名称，型号，规格，安装部位，安装高度），以"套"为计量单位，按设计图示数量计算。

4. 装饰灯（030413004）

（1）工程内容：本体安装。

（2）工程量计算规则：按设计图示数量计算。

（3）计算方法：装饰灯安装应根据项目特征（名称，型号，规格，安装形式），以"套"为计量单位，按设计图示数量计算。

5. 荧光灯（030413005）

（1）工程内容：本体安装。

（2）工程量计算规则：按设计图示数量计算。

（3）计算方法：荧光灯安装应根据项目特征（名称，型号，规格，安装形式），以"套"为计量单位，按设计图示数量计算。

6. 医疗专用灯（030413006）

（1）工程内容：本体安装。

（2）工程量计算规则：按设计图示数量计算。

（3）计算方法：医疗专用灯安装应根据项目特征（名称，型号，规格），以"套"为计量单位，按设计图示数量计算。

7. 一般路灯（030413007）

（1）工程内容：基础制作、安装，立灯杆，杆座安装，灯架及灯具附件安装，焊、压接线端子，补刷（喷）油漆，灯杆编号，接地。

（2）工程量计算规则：按设计图示数量计算。

（3）计算方法：一般路灯安装应根据项目特征（名称，型号，规格，灯杆材质、规格，灯架形式及臂长，附件配置要求，灯杆形式（单、双），基础形式、砂浆配合比，杆座材质、规格，接线端子材质、规格，编号、接地要求），以"套"为计量单位，按设计图示数量计算。

【例3.7】 ×××红十字会×××镇卫生院住院楼，一栋二层砖混结构的电气照明工程。电气照明系统图，一、二层电气照明平面图，详见电施图。

经计算得：医疗专用灯2套（五孔无影灯T8，300 W）、40 W单管荧光灯23套、40 W双管荧光灯42套、32 W普通吸顶灯17套、疏散指示灯3套、安全出口标志灯5套、应急灯4套。

请按《建设工程工程量清单计价规范》编制该题意中应该计价的分部分项工程量清单。

解 电气照明器具包括如下项目：

（1）医疗专用灯：工程清单编码为030413006。其项目特征描述为①灯具名称：五孔无影灯，②型号、规格：T8，300 W。

（2）单管吸顶式荧光灯：工程清单编码为030413005。其项目特征描述为①灯具名称：荧光灯，②型号、规格：T8，1×40 W。

（3）双管吸顶式荧光灯：工程清单编码为030413005。其项目特征描述为①灯具名称：荧光灯，②型号、规格：T8，2×40 W。

（4）普通吸顶式荧光灯：工程清单编码为030413001。其项目特征描述为①灯具名称：荧光灯，②型号、规格：MX314 32 W。

（5）疏散指示灯：工程清单编码为 030413004。其项目特征描述为①灯具名称：装饰灯，②型号、规格：1×8 W，③安装高度：0.8 m。

（6）安全出口标志指示灯 030413004。其项目特征描述为①灯具名称：装饰灯，②型号、规格：1×8 W，③安装高度：底边距地 2.5 m。

（7）普通吸顶灯及其他灯具：工程清单编码为 030413001。其项目特征描述为①灯具名称：应急灯，②型号、规格：T5/1×32 W。

根据上述分析，依据清单项目设置规则，题意中分部分项工程量清单编制见表 3.8。

表 3.8 分部分项工程量清单

工程名称：电气设备安装工程　　　　　　　　　　　　　　　　　　　　　　　第　页　共　页

序号	项目编码	项目名称	计量单位	工程数量
1	030413006001	医疗专用灯 1. 名称：五孔无影灯	套	2
2	030413004001	荧光灯 1. 名称：吸顶式荧光灯；2. 规格：T8 1×40 W	套	23
3	030413004002	荧光灯 1. 名称：吸顶式荧光灯；2. 规格：T8 2×40 W	套	42
4	030413001001	普通吸顶灯及其他灯具 1. 名称：普通吸顶灯；2. 规格：MX314 32 W	套	17
5	030413004001	装饰灯 1. 名称：疏散指示灯；2. 规格：1×8 W；3. 安装高度：0.8 m	套	3
6	030413004002	装饰灯 1. 名称：安全出口标志灯；2. 规格：1×8 W 3. 安装高度：底边距地 2.5 m	套	5
7	030413001002	普通吸顶灯及其他灯具 1. 名称、型号：应急灯；2. 规格：T5/1×32 W	套	4

3.2 建筑智能化工程

建筑智能化系统，过去通常称弱电系统，是指以建筑为平台、兼备建筑设备、办公自动化及通信网络三大系统，集结构、系统、服务、管理及它们之间最优化组合，向人们提供一个安全、高效、舒适、便利的综合服务环境。建筑智能化系统，利用现代通信技术、信息技术、计算机网络技术、监控技术等，通过对建筑和建筑设备的自动检测与优化控制、信息资源的优化管理，实现对建筑物的智能控制与管理，以满足用户对建筑物的监控、管理和信息共享的需求，从而使智能建筑具有安全、舒适、高效和环保的特点，达到投资合理、适应信息社会需要的目标。

建筑智能化工程量清单项目包括计算机应用、网络系统工程，综合布线系统工程，建筑设备自动化系统工程，建筑信息综合管理系统工程，有线电视、卫星接收系统工程，音频、视频系统工程，安全防范系统工程。建筑智能化工程量应根据输入设备安装项目特征（名称，类别，规格，安装方式），以"台""个""套"为单位，按设计图示数量计算；管线类工程量以"条""m"为单位，按设计数量（或长度）计算。其各清单项目名称顺序码，根据设备名称、类别、规格、安装方式要求分别编制。

3.3 消防工程

3.3.1 水灭火系统

水灭火系统工程编码为030901。

1. 水喷淋钢管（030901001）

（1）工程内容：管道及管件安装，钢管镀锌及二次安装，压力试验，冲洗，管道标识。

（2）工程量计算规则：按设计图示管道中心线长度以延长米计算。

（3）计算方法：水喷淋钢管安装应根据项目特征（安装部位，材质、规格，连接形式，钢管镀锌设计要求，压力试验及冲洗设计要求，管道标识设计要求），以"m"为计量单位，按设计图示管道中心线长度以延长米计算。

2. 消火栓钢管（030901002）

（1）工程内容：管道及管件安装，钢管镀锌及二次安装，压力试验，冲洗，管道标识。

（2）工程量计算规则：按设计图示管道中心线长度以延长米计算。

（3）计算方法：消火栓钢管安装应根据项目特征（安装部位，材质、规格，连接形式，钢管镀锌设计要求，压力试验及冲洗设计要求，管道标识设计要求），以"m"为计量单位，按设计图示管道中心线长度以延长米计算。

3. 水喷淋（雾）喷头（030901003）

（1）工程内容：安装，装饰盘安装，严密性试验。

（2）工程量计算规则：按设计图示数量计算。

（3）计算方法：水喷淋（雾）喷头安装应根据项目特征（安装部位，材质、型号、规格，连接形式，装饰盘材质、型号），以"个"为计量单位，按设计图示数量计算。

4. 报警装置（030901004）

（1）工程内容：安装。

（2）工程量计算规则：按设计图示数量计算。

（3）计算方法：报警装置安装应根据项目特征（名称，型号、规格），以"组"为计量单位，按设计图示数量计算。

5. 温感式水幕装置（030901005）

（1）工程内容：安装。

（2）工程量计算规则：按设计图示数量计算。

（3）计算方法：温感式水幕装置安装应根据项目特征（型号、规格，连接形式），以"组"为计量单位，按设计图示数量计算。

6. 水流指示器（030901006）

（1）工程内容：安装。

（2）工程量计算规则：按设计图示数量计算。

（3）计算方法：水流指示器安装应根据项目特征（规格、型号，连接形式），以"个"为计量单位，按设计图示数量计算。

7. 减压孔板 （030901007）

（1）工程内容：安装。

（2）工程量计算规则：按设计图示数量计算。

（3）计算方法：减压孔板安装应根据项目特征（材质、规格，连接形式），以"个"为计量单位，按设计图示数量计算。

8. 末端试水装置 （030901008）

（1）工程内容：安装。

（2）工程量计算规则：按设计图示数量计算。

（3）计算方法：末端试水装置安装应根据项目特征（规格，组装形式），以"组"为计量单位，按设计图示数量计算。

9. 集热板制作安装 （030901009）

（1）工程内容：制作、安装，支架制作、安装。

（2）工程量计算规则：按设计图示数量计算。

（3）计算方法：集热板制作安装应根据项目特征（材质，支架形式），以"个"为计量单位，按设计图示数量计算。

10. 室内消火栓 （030901010）

（1）工程内容：箱体及消火栓安装，配件安装。

（2）工程量计算规则：按设计图示数量计算。

（3）计算方法：室内消火栓安装应根据项目特征（安装方式，型号、规格，附件材质、规格），以"套"为计量单位，按设计图示数量计算。

11. 室外消火栓 （030901011）

（1）工程内容：安装，配件安装。

（2）工程量计算规则：按设计图示数量计算。

（3）计算方法：室外消火栓安装应根据项目特征（安装方式，型号、规格，附件材质、规格），以"套"为计量单位，按设计图示数量计算。

12. 消防水泵接合器 （030901012）

（1）工程内容：安装，附件安装。

（2）工程量计算规则：按设计图示数量计算。

（3）计算方法：消防水泵接合器安装应根据项目特征（安装部位，型号、规格，附件材质、规格），以"套"为计量单位，按设计图示数量计算。

13. 灭火器 （030901013）

（1）工程内容：设置。

（2）工程量计算规则：按工程量计算规则。

（3）计算方法：灭火器安装应根据项目特征（形式，规格、型号），以"具（组）"为计量单位，按工程量计算规则。

14. 消防水炮 （030901014）

（1）工程内容：本体安装，调试。

（2）工程量计算规则：按设计图示数量计算。

（3）计算方法：消防水炮安装应根据项目特征（水炮类型，压力等级，保护半径），以"台"为计量单位，按设计图示数量计算。

3.3.2 气体灭火系统

气体灭火系统工程编码为040902。

1. 无缝钢管（030902001）

（1）工程内容：管道安装，管件安装，钢管镀锌及二次安装，压力试验，吹扫，管道标识。

（2）工程量计算规则：按设计图示管道中心线以长度计算。

（3）计算方法：无缝钢管安装应根据项目特征（介质，材质、压力等级，规格，焊接方法，钢管镀锌设计要求，压力试验及吹扫设计要求，管道标识设计要求），以"m"为计量单位，按设计图示管道中心线以长度计算。

2. 不锈钢管（030902002）

（1）工程内容：管道安装，压力试验，吹扫，管道标识。

（2）工程量计算规则：按设计图示管道中心线以长度计算。

（3）计算方法：不锈钢管安装应根据项目特征（材质、压力等级，规格，焊接方法，压力试验及吹扫设计要求，管道标识设计要求），以"m"为计量单位，按设计图示管道中心线以长度计算。

3. 不锈钢管管件（030902003）

（1）工程内容：管件安装。

（2）工程量计算规则：按设计图示数量计算。

（3）计算方法：不锈钢管管件安装应根据项目特征（材质、压力等级，规格，焊接方法），以"个"为计量单位，按设计图示数量计算。

4. 气体驱动装置管道（030902004）

（1）工程内容：管道安装，压力试验，吹扫，管道标识。

（2）工程量计算规则：按设计图示管道中心线以长度计算。

（3）计算方法：气体驱动装置管道安装应根据项目特征（材质、压力等级，规格，焊接方法，压力试验及吹扫设计要求，管道标识设计要求），以"m"为计量单位，按设计图示管道中心线以长度计算。

5. 选择阀（030902005）

（1）工程内容：安装，压力试验。

（2）工程量计算规则：按设计图示数量计算。

（3）计算方法：选择阀安装应根据项目特征（材质，型号、规格，连接形式），以"个"为计量单位，按设计图示数量计算。

6. 气体喷头（030902006）

（1）工程内容：喷头安装。

（2）工程量计算规则：按设计图示数量计算。

（3）计算方法：气体喷头安装应根据项目特征（材质，型号、规格，连接形式），以"个"为计量单位，按设计图示数量计算。

7. 储存装置（030902007）

（1）工程内容：储存装置安装，系统组件安装，气体增压。

（2）工程量计算规则：按设计图示数量计算。

（3）计算方法：储存装置安装应根据项目特征（介质、类型，型号、规格，气体增压设计要求），以"套"为计量单位，按设计图示数量计算。

8. 称重检漏装置 （030902008）

（1）工程内容：安装，调试。

（2）工程量计算规则：按设计图示数量计算。

（3）计算方法：称重检漏装置安装应根据项目特征（型号，规格），以"套"为计量单位，按设计图示数量计算。

9. 无管网气体灭火装置 （030903009）

（1）工程内容：安装，调试。

（2）工程量计算规则：按设计图示数量计算。

（3）计算方法：无管网气体灭火装置安装应根据项目特征（类型，型号、规格，安装部位，调试要求），以"套"为计量单位，按设计图示数量计算。

3.3.3 泡沫灭火系统

泡沫灭火系统工程编码为 030903。

1. 碳钢管 （030903001）

（1）工程内容：管道安装，管件安装，无缝钢管镀锌及二次安装，压力试验，吹扫，管道标识。

（2）工程量计算规则：按设计图示管道中心线以长度计算。

（3）计算方法：碳钢管安装应根据项目特征（材质、压力等级，规格，焊接方法，无缝钢管镀锌及二次安装设计要求，压力试验、吹扫设计要求，管道标识设计要求），以"m"为计量单位，按设计图示管道中心线以长度计算。

2. 不锈钢管 （030903002）

（1）工程内容：管道安装，压力试验，吹扫，管道标识。

（2）工程量计算规则：按设计图示管道中心线以长度计算。

（3）计算方法：不锈钢管安装应根据项目特征（材质、压力等级，规格，焊接方法，压力试验、吹扫设计要求，管道标识设计要求），以"m"为计量单位，按设计图示管道中心线以长度计算。

3. 铜管 （030903003）

（1）工程内容：管道安装，压力试验，吹扫，管道标识。

（2）工程量计算规则：按设计图示管道中心线以长度计算。

（3）计算方法：铜管安装应根据项目特征（材质、压力等级，规格，焊接方法，压力试验、吹扫设计要求，管道标识设计要求），以"m"为计量单位，按设计图示管道中心线以长度计算。

4. 不锈钢管、铜管管件 （030903004）

（1）工程内容：管件安装。

（2）工程量计算规则：按设计图示管道中心线以长度计算。

（3）计算方法：不锈钢管、铜管管件安装应根据项目特征（材质、压力等级，规格，焊接方法），以"个"为计量单位，按设计图示管道中心线以长度计算。

5. 泡沫发生器 （030903005）

（1）工程内容：安装，调试，二次灌浆。

（2）工程量计算规则：按设计图示数量计算。

（3）计算方法：泡沫发生器安装应根据项目特征（类型，型号、规格，二次灌浆材料），以

"台"为计量单位，按设计图示数量计算。

6. 泡沫比例混合器（030903006）

（1）工程内容：安装，调试，二次灌浆。

（2）工程量计算规则：按设计图示数量计算。

（3）计算方法：泡沫比例混合器安装应根据项目特征（类型，型号、规格，二次灌浆材料），以"台"为计量单位，按设计图示数量计算。

7. 泡沫液贮罐（030903007）

（1）工程内容：安装，调试，二次灌浆。

（2）工程量计算规则：按设计图示数量计算。

（3）计算方法：泡沫液贮罐安装应根据项目特征（质量/容量，型号、规格，二次灌浆材料），以"台"为计量单位，按设计图示数量计算。

3.3.4 火灾自动报警系统

火灾自动报警系统工程编码为 030904。

1. 点型探测器（030904001）

（1）工程内容：探头安装，底座安装，校接线，编码，探测器调试。

（2）工程量计算规则：按设计图示数量计算。

（3）计算方法：点型探测器安装应根据项目特征（名称，规格，线制，类型），以"个"为计量单位，按设计图示数量计算。

2. 线型探测器（030904002）

（1）工程内容：探测器安装，接口模块安装，报警终端安装，校接线，调试。

（2）工程量计算规则：按设计图示数量计算。

（3）计算方法：线型探测器安装应根据项目特征（名称，规格，安装方式），以"个"为计量单位，按设计图示数量计算。

3. 按钮（030904003）

（1）工程内容：安装，校接线，编码，调试。

（2）工程量计算规则：按设计图示数量计算。

（3）计算方法：按钮安装应根据项目特征（名称，规格），以"个"为计量单位，按设计图示数量计算。

4. 消防警铃（030904004）

（1）工程内容：安装，校接线，编码，调试。

（2）工程量计算规则：按设计图示数量计算。

（3）计算方法：消防警铃安装应根据项目特征（名称，规格），以"个"为计量单位，按设计图示数量计算。

5. 声光报警器（030904005）

（1）工程内容：安装，校接线，编码，调试。

（2）工程量计算规则：按设计图示数量计算。

（3）计算方法：声光报警器安装应根据项目特征（名称，规格），以"个"为计量单位，按设计图示数量计算。

6. 消防报警电话插孔（电话）（030904006）

（1）工程内容：安装，校接线，编码，调试。

（2）工程量计算规则：按设计图示数量计算。

（3）计算方法：消防报警电话插孔（电话）安装应根据项目特征（名称，规格，安装方式），以"个（部）"为计量单位，按设计图示数量计算。

7. 消防广播（扬声器）（030904007）

（1）工程内容：安装，校接线，编码，调试。

（2）工程量计算规则：按设计图示数量计算。

（3）计算方法：消防广播（扬声器）安装应根据项目特征（名称，功率，安装方式），以"个"为计量单位，按设计图示数量计算。

8. 模块（模块箱）（030904008）

（1）工程内容：安装，校接线，编码，调试。

（2）工程量计算规则：按设计图示数量计算。

（3）计算方法：模块（模块箱）安装应根据项目特征（名称，规格，类型，输出形式），以"个（台）"为计量单位，按设计图示数量计算。

9. 区域报警控制箱（030904009）

（1）工程内容：本体安装，校接线、摇测绝缘电阻，排线、绑扎、导线标识，显示器安装，调试。

（2）工程量计算规则：按设计图示数量计算。

（3）计算方法：区域报警控制箱安装应根据项目特征（多线制，总线制，安装方式，控制点数量，显示器类型），以"台"为计量单位，按设计图示数量计算。

10. 联动控制箱（030904010）

（1）工程内容：本体安装，校接线、摇测绝缘电阻，排线、绑扎、导线标识，显示器安装，调试。

（2）工程量计算规则：按设计图示数量计算。

（3）计算方法：联动控制箱安装应根据项目特征（多线制，总线制，安装方式，控制点数量，显示器类型），以"台"为计量单位，按设计图示数量计算。

11. 远程控制箱（柜）（030904011）

（1）工程内容：本体安装，校接线、摇测绝缘电阻，排线、绑扎、导线标识，显示器安装，调试。

（2）工程量计算规则：按设计图示数量计算。

（3）计算方法：远程控制箱（柜）安装应根据项目特征（规格，控制回路），以"台"为计量单位，按设计图示数量计算。

12. 火灾报警系统控制主机（030904012）

（1）工程内容：安装，校接线，调试。

（2）工程量计算规则：按设计图示数量计算。

（3）计算方法：火灾报警系统控制主机安装应根据项目特征（规格、线制，控制回路，安装方式），以"台"为计量单位，按设计图示数量计算。

13. 联动控制主机（030904013）

（1）工程内容：安装，校接线，调试。

（2）工程量计算规则：按设计图示数量计算。

（3）计算方法：联动控制主机安装应根据项目特征（规格、线制，控制回路，安装方式），以"台"为计量单位，按设计图示数量计算。

14. 消防广播及对讲电话主机（柜）（030904014）

（1）工程内容：安装，校接线，调试。

（2）工程量计算规则：按设计图示数量计算。

（3）计算方法：消防广播及对讲电话主机（柜）安装应根据项目特征（规格、线制，控制回路，安装方式），以"台"为计量单位，按设计图示数量计算。

15. 火灾报警控制微机（CRT）（030904015）

（1）工程内容：安装，调试。

（2）工程量计算规则：按设计图示数量计算。

（3）计算方法：火灾报警控制微机（CRT）安装应根据项目特征（规格，安装方式），以"台"为计量单位，按设计图示数量计算。

16. 备用电源及电池主机（柜）（030904016）

（1）工程内容：安装，调试。

（2）工程量计算规则：按设计图示数量计算。

（3）计算方法：备用电源及电池主机（柜）安装应根据项目特征（名称，容量，安装方式），以"套"为计量单位，按设计图示数量计算。

3.3.5 消防系统调试

消防系统调试工程编码为 030905。

1. 自动报警系统装置调试（030905001）

（1）工程内容：系统装置调试。

（2）工程量计算规则：按设计图示数量计算。

（3）计算方法：自动报警系统装置调试安装应根据项目特征（点数线制），以"系统"为计量单位，按设计图示数量计算。

2. 水灭火系统控制装置调试

（1）工程内容：系统装置调试。

（2）工程量计算规则：按设计图示数量计算。

（3）计算方法：水灭火系统控制装置调试安装应根据项目特征（点数线制），以"系统"为计量单位，按设计图示数量计算。

（4）工程量清单编制：水灭火系统控制装置调试安装工程量清单编码为 030905002，其各清单项目名称顺序码，根据设备点数线制要求分别编制。

3. 防火控制装置联动调试

（1）工程内容：调试。

（2）工程量计算规则：按设计图示数量计算。

（3）计算方法：防火控制装置联动调试安装应根据项目特征（名称，类型），以"个"为计量单位，按设计图示数量计算。

（4）工程量清单编制：防火控制装置联动调试安装工程量清单编码为 030905003，其各清单项目名称顺序码，根据设备名称、类型要求分别编制。

4. 气体灭火系统装置调试

(1) 工程内容：模拟喷气试验，备用灭火器储存容器切换操作试验，气体试喷，二次充药剂。

(2) 工程量计算规则：按调试、检验和验收所消耗的试验容器总数计算。

(3) 计算方法：气体灭火系统装置调试安装应根据项目特征（试验容器规格，气体试喷、二次充药剂设计要求），以"组"为计量单位，按设计图示数量计算。

(4) 工程量清单编制：气体灭火系统装置调试安装工程量清单编码为030905004，其各清单项目名称顺序码，根据设备试验容器规格，气体试喷、二次充药剂设计要求分别编制。

3.4 给排水、采暖工程

3.4.1 给排水、采暖管道

给排水、采暖管道编码为031001。

1. 镀锌钢管 (031001001)

(1) 工程内容：管道安装，管件制作、安装，压力试验，吹扫、冲洗。

(2) 工程量计算规则：按设计图示管道中心线以长度计算。

(3) 计算方法：镀锌钢管安装应根据项目特征（安装部位，介质，规格、压力等级，连接形式，压力试验及吹、洗设计要求），以"m"为计量单位，按设计图示管道中心线以长度计算。

2. 钢管 (031001002)

(1) 工程内容：管道安装，管件制作、安装，压力试验，吹扫、冲洗。

(2) 工程量计算规则：按设计图示管道中心线以长度计算。

(3) 计算方法：钢管安装应根据项目特征（安装部位，介质，规格、压力等级，连接形式，压力试验及吹、洗设计要求），以"m"为计量单位，按设计图示管道中心线以长度计算。

3. 不锈钢管 (031001003)

(1) 工程内容：管道安装，管件制作、安装，压力试验，吹扫、冲洗。

(2) 工程量计算规则：按设计图示管道中心线以长度计算。

(3) 计算方法：不锈钢管安装应根据项目特征（安装部位，介质，规格、压力等级，连接形式，压力试验及吹、洗设计要求），以"m"为计量单位，按设计图示管道中心线以长度计算。

4. 铜管 (031001004)

(1) 工程内容：管道安装，管件制作、安装，压力试验，吹扫、冲洗。

(2) 工程量计算规则：按设计图示管道中心线以长度计算。

(3) 计算方法：铜管安装应根据项目特征（安装部位，介质，规格、压力等级，连接形式，压力试验及吹、洗设计要求），以"m"为计量单位，按设计图示管道中心线以长度计算。

5. 铸铁管 (031001005)

(1) 工程内容：管道安装，管件安装，压力试验，吹扫、冲洗，警示带铺设。

(2) 工程量计算规则：按设计图示管道中心线以长度计算。

(3) 计算方法：铸铁管安装应根据项目特征（安装部位，介质，材质、规格，连接形式，接口材料，压力试验及吹、洗设计要求，警示带形式），以"m"为计量单位，按设计图示管道中心线以长度计算。

6. 塑料管 (031001006)

(1) 工程内容：管道安装，管件安装，塑料卡固定，压力试验，吹扫、冲洗，警示带铺设。

(2) 工程量计算规则：按设计图示管道中心线以长度计算。

(3) 计算方法：塑料管安装应根据项目特征（安装部位，介质，材质、规格，连接形式，接口材料，压力试验及吹、洗设计要求，警示带形式），以"m"为计量单位，按设计图示管道中心线以长度计算。

7. 复合管 (031001007)

(1) 工程内容：管道安装，管件安装，塑料卡固定，压力试验，吹扫、冲洗，警示带铺设。

(2) 工程量计算规则：按设计图示管道中心线以长度计算。

(3) 计算方法：复合管安装应根据项目特征（安装部位，介质，材质、规格，连接形式，压力试验及吹、洗设计要求，警示带形式），以"m"为计量单位，按设计图示管道中心线以长度计算。

8. 直埋式预制保温管 (031001008)

(1) 工程内容：管道安装，管件安装，接口保温，压力试验，吹扫、冲洗，警示带铺设。

(2) 工程量计算规则：按设计图示管道中心线以长度计算。

(3) 计算方法：直埋式预制保温管安装应根据项目特征（埋设深度，介质，管道材质、规格，连接形式，接口保温材料，压力试验及吹、洗设计要求，警示带形式），以"m"为计量单位，按设计图示管道中心线以长度计算。

9. 承插缸瓦管 (031001009)

(1) 工程内容：管道安装，管件安装，压力试验，吹扫、冲洗，警示带铺设。

(2) 工程量计算规则：按设计图示管道中心线以长度计算。

(3) 计算方法：承插缸瓦管安装应根据项目特征（埋设深度，规格，接口方式及材料，压力试验及吹、洗设计要求，警示带形式），以"m"为计量单位，按设计图示管道中心线以长度计算。

10. 承插水泥管 (031001010)

(1) 工程内容：管道安装，管件安装，压力试验，吹扫、冲洗，警示带铺设。

(2) 工程量计算规则：按设计图示管道中心线以长度计算。

(3) 计算方法：承插水泥管安装应根据项目特征（埋设深度，规格，接口方式及材料，压力试验及吹、洗设计要求，警示带形式），以"m"为计量单位，按设计图示管道中心线以长度计算。

11. 室外管道碰头 (031001011)

(1) 工程内容：挖填工作坑或暖气沟拆除及修复，碰头，接口处防腐，接口处绝热及保护层。

(2) 工程量计算规则：按设计图示以处计算。

(3) 计算方法：室外管道碰头安装应根据项目特征（介质，碰头形式，材质、规格，连接形式，防腐、绝热设计要求），以"处"为计量单位，按设计图示以处计算。

【例3.8】 某单位办公楼给排水工程，给水管采用聚丙烯管（PPR管）φ20，热熔连接；排水管采用UPVC管De50，承插黏接。排水横管埋地部分采用铸铁排水管DN100，刷沥青漆二度防腐。试编制分部分项工程量清单。

解 清单项目特征应明确描述以下各项目特征：

(1) 安装部位：室内、室外，室内给水管道敷设分明装和暗装。

(2) 输送介质：指给水（冷、热水）、排水、采暖（蒸汽、热水）、雨水、燃气。

(3) 材质非金属管、铸铁管等不同特征。

(4) 型号、规格：指管道公称直径，φ20、De50、DN100。

(5) 连接方式：铸铁管常采用承插连接，塑料管分承插、热熔、电熔、黏接等。

(6) 接口材料：指承插连接的管道的接口材料，如青铅、膨胀水泥、石棉水泥、水泥等。

(7) 除锈标准、刷油、防腐、绝热及保护层设计要求：球墨铸铁管无需除锈、绝热，只需刷油、防腐，指明刷油的材料品种及涂刷遍数，一般刷沥青漆二度。

（8）管道安装规范中"工程内容"有：① 管道、管件及弯管的制作、安装，②管件安装（指铜管管件、不锈钢管管件），③套管（包括防水套管）制作、安装，④管道除锈、刷油、防腐，⑤管道绝热及保护层安装、除锈、刷油，⑥给水管道消毒、冲洗，⑦水压及泄漏试验七项。而像塑料管中没有④⑤两项工程内容，投标人应针对①②③⑥⑦项报价，而④⑤项不予考虑。如果发生了附录中工程内容没有列项的，在清单项目描述中应予以补充，不应以附录中没有为理由而不进行描述。描述不清楚容易导致投标报价不一致，给评标及以后合同实施时带来不便并导致纠纷产生。

表 3.9 分部分项工程量清单

工程名称：给排水工程 第 1 页 共 1 页

序号	项目编码	项目名称	计量单位	工程数量
1	031001006001	塑料管（PP－R管） 1. 安装部位（室内） 2. 输送介质（给水） 3. 材质：塑料 PP－R 管 4. 型号、规格：φ20 5. 连接方式：热熔	m	
2	031001006002	塑料管（PVC管） 1. 安装部位（室内） 2. 输送介质（排水） 3. 材质：塑料 PVC 管 4. 型号、规格：De50 5. 连接方式：热熔	m	
3	031001005001	承插铸铁管 1. 安装部位（室内埋地） 2. 输送介质（排水） 3. 材质：球墨铸铁管 4. 型号、规格：DN100 5. 连接方式：承插 6. 接口材料：石棉水泥 7. 刷油、防腐：刷沥青漆二度	m	

3.4.2 支架及其他

支架及其他编码为 031002。

1. 管道支吊架 （031002001）

（1）工程内容：制作，安装。

（2）工程量计算规则：以千克计量，按设计图示质量计算，或以套计量，按设计图示数量计算。

（3）计算方法：管道支吊架安装应根据项目特征（材质，管架形式，支吊架衬垫材质，减震器形式及做法），以"kg，套"为计量单位，以千克计量，按设计图示质量计算，或以套计量，按设计图示数量计算。

2. 设备支吊架 （031002002）

（1）工程内容：制作，安装。

（2）工程量计算规则：以千克计量，按设计图示质量计算，或以套计量，按设计图示数量计算。

(3) 计算方法：设备支吊架安装应根据项目特征（材质，形式），以"kg，套"为计量单位，按设计图示数量计算。

3. 套管 (031002003)

(1) 工程内容：制作，安装，除锈、刷油。

(2) 工程量计算规则：按设计图示数量计算。

(3) 计算方法：套管安装应根据项目特征（类型，材质，规格，填料材质，除锈、刷油材质及做法），以"个"为计量单位，按设计图示数量计算。

4. 减震装置制作、安装 (031002004)

(1) 工程内容：制作，安装。

(2) 工程量计算规则：按设计图示，以需要减震的设备数量计算。

(3) 计算方法：减震装置制作、安装应根据项目特征（型号、规格，材质，安装形式），以"台"为计量单位，按设计图示，以需要减震的设备数量计算。

技术提示

①单件支架质量 100 kg 以上的管道支吊架执行设备支吊架制作安装。

②成品支吊架安装执行相应管道支吊架或设备支吊架项目，不再计取制作费，支吊架本身价值含在综合单价中。

③套管制作安装，适用于穿基础、墙、楼板等部位的防水套管、填料套管、无填料套管及防火套管等，应分别列项。

④减震装置制作、安装，项目特征要描述减震器型号、规格及数量。

3.4.3 管道附件

管道附件编码为 031003。

1. 螺纹阀门 (031003001)

(1) 工程内容：安装。

(2) 工程量计算规则：按设计图示数量计算。

(3) 计算方法：螺纹阀门安装应根据项目特征（类型，材质，规格、压力等级，连接形式，焊接方法），以"个"为计量单位，按设计图示数量计算。

2. 螺纹法兰阀门 (031003002)

(1) 工程内容：安装。

(2) 工程量计算规则：按设计图示数量计算。

(3) 计算方法：螺纹法兰阀门安装应根据项目特征（类型，材质，规格、压力等级，连接形式，焊接方法），以"个"为计量单位，按设计图示数量计算。

3. 焊接法兰阀门 (031003003)

(1) 工程内容：安装。

(2) 工程量计算规则：按设计图示数量计算。

(3) 计算方法：焊接法兰阀门安装应根据项目特征（类型，材质，规格、压力等级，连接形式，焊接方法），以"个"为计量单位，按设计图示数量计算。

4. 带短管甲乙的法兰阀 (031003004)

(1) 工程内容：安装。

(2) 工程量计算规则：按设计图示数量计算。

(3) 计算方法：带短管甲乙的法兰阀安装应根据项目特征（材质，规格、压力等级，连接形式，接口方式及材质），以"个"为计量单位，按设计图示数量计算。

5. 减压器 (031003005)

(1) 工程内容：组对，安装。

(2) 工程量计算规则：按设计图示数量计算。

(3) 计算方法：减压器安装应根据项目特征（材质，规格、压力等级，连接形式，附件名称、规格、数量），以"组"为计量单位，按设计图示数量计算。

6. 疏水器 (031003006)

(1) 工程内容：组对，安装。

(2) 工程量计算规则：按设计图示数量计算。

(3) 计算方法：疏水器安装应根据项目特征（材质，规格、压力等级，连接形式，附件名称、规格、数量），以"组"为计量单位，按设计图示数量计算。

7. 除污器（过滤器）(031003007)

(1) 工程内容：组成，安装。

(2) 工程量计算规则：按设计图示数量计算。

(3) 计算方法：除污器（过滤器）安装应根据项目特征（材质，规格、压力等级，连接形式，附件名称、规格、数量），以"组"为计量单位，按设计图示数量计算。

8. 补偿器 (031003008)

(1) 工程内容：安装。

(2) 工程量计算规则：按设计图示数量计算。

(3) 计算方法：补偿器安装应根据项目特征（类型，材质，规格、压力等级，连接形式），以"个"为计量单位，按设计图示数量计算。

9. 软接头 (031003009)

(1) 工程内容：安装。

(2) 工程量计算规则：按设计图示数量计算。

(3) 计算方法：软接头安装应根据项目特征（材质，规格，连接形式），以"个"为计量单位，按设计图示数量计算。

10. 法兰 (031003010)

(1) 工程内容：安装。

(2) 工程量计算规则：按设计图示数量计算。

(3) 计算方法：法兰安装应根据项目特征（材质，规格、压力等级，连接形式），以"副（片）"为计量单位，按设计图示数量计算。

11. 水表 (031003011)

(1) 工程内容：组成，安装。

(2) 工程量计算规则：按设计图示数量计算。

（3）计算方法：水表安装应根据项目特征（安装部位（室内外），型号、规格，连接形式，附件名称、规格、数量），以"组"为计量单位，按设计图示数量计算。

12. 倒流防止器 （031003012）

（1）工程内容：安装。

（2）工程量计算规则：按设计图示数量计算。

（3）计算方法：倒流防止器安装应根据项目特征（材质，型号、规格，连接形式），以"套"为计量单位，按设计图示数量计算。

13. 热量表 （031003013）

（1）工程内容：安装。

（2）工程量计算规则：按设计图示数量计算。

（3）计算方法：热量表安装应根据项目特征（类型，型号、规格，连接形式），以"块"为计量单位，按设计图示数量计算。

14. 塑料排水管消声器 （031003014）

（1）工程内容：安装。

（2）工程量计算规则：按设计图示数量计算。

（3）计算方法：塑料排水管消声器安装应根据项目特征（规格，连接形式），以"个"为计量单位，按设计图示数量计算。

15. 浮标液面计 （031003015）

（1）工程内容：安装。

（2）工程量计算规则：按设计图示数量计算。

（3）计算方法：浮标液面计安装应根据项目特征（规格，连接形式），以"组"为计量单位，按设计图示数量计算。

16. 浮漂水位标尺 （031003016）

（1）工程内容：安装。

（2）工程量计算规则：按设计图示数量计算。

（3）计算方法：浮漂水位标尺安装应根据项目特征（用途，规格），以"套"为计量单位，按设计图示数量计算。

【例 3.9】 ×××红十字会×××镇卫生院住院楼给排水工程（水施图）。室内给水管道中分别使用 De15 截止阀、De20 截止阀、De25 截止阀和 De25 水表。请编制分部分项工程量清单。

解 依据《建设工程工程量清单计价规范》C.8.3 项目设置规定，螺纹阀门安装项目编码为 031003001，其项目特征为①类型：截止阀，②型号、规格：De15、20 或 25；水表安装工程清单编码为 031003011，其项目特征为①水表型号、规格：De25，②连接方式：螺纹。编制分部分项工程量清单见表 3.10。

表 3.10　分部分项工程量清单

工程名称：×××红十字会×××镇卫生院住院楼　　　　　　　　　第1页　共1页

序 号	项目编码	项 目 名 称	计量单位	工程数量
1	031003001001	螺纹阀门 1. 类型：截止阀 2. 型号、规格：De15	个	
2	031003001002	螺纹阀门 1. 类型：截止阀 2. 型号、规格：De20	个	
3	031003001003	螺纹阀门 1. 类型：截止阀 2. 型号、规格：De25	个	
4	031003011001	水表 1. 型号、规格：De25 2. 连接方式：螺纹连接	组	

3.4.4　卫生器具

卫生设备是指厨房、卫生间内的盥洗设施，包括浴盆、淋浴器、洗面盆、大便器（坐便器、蹲便器）、小便器、洗涤盆和工厂用化验盆以及冲洗水箱、水龙头、排水栓、地漏等项目。

卫生器具编码为031004。

1. 浴缸（031004001）

（1）工程内容：器具安装，附件安装。

（2）工程量计算规则：按设计图示数量计算。

（3）计算方法：浴缸安装应根据项目特征（材质，规格、类型，组装形式，附件名称、数量），以"组"为计量单位，按设计图示数量计算。

2. 净身盆（031004002）

（1）工程内容：器具安装，附件安装。

（2）工程量计算规则：按设计图示数量计算。

（3）计算方法：净身盆安装应根据项目特征（材质，规格、类型，组装形式，附件名称、数量），以"组"为计量单位，按设计图示数量计算。

3. 洗脸盆（031004003）

（1）工程内容：器具安装，附件安装。

（2）工程量计算规则：按设计图示数量计算。

（3）计算方法：洗脸盆安装应根据项目特征（材质，规格、类型，组装形式，附件名称、数量），以"组"为计量单位，按设计图示数量计算。

4. 洗涤盆（031004004）

（1）工程内容：器具安装，附件安装。

（2）工程量计算规则：按设计图示数量计算。

（3）计算方法：洗涤盆安装应根据项目特征（材质，规格、类型，组装形式，附件名称、数量），以"组"为计量单位，按设计图示数量计算。

5. 化验盆（031004005）

（1）工程内容：器具安装，附件安装。

(2) 工程量计算规则：按设计图示数量计算。

(3) 计算方法：化验盆安装应根据项目特征（材质，规格、类型，组装形式，附件名称、数量），以"组"为计量单位，按设计图示数量计算。

6. 大便器（031004006）

(1) 工程内容：器具安装，附件安装。

(2) 工程量计算规则：按设计图示数量计算。

(3) 计算方法：大便器安装应根据项目特征（材质，规格、类型，组装形式，附件名称、数量），以"组"为计量单位，按设计图示数量计算。

7. 小便器（031004007）

(1) 工程内容：器具安装，附件安装。

(2) 工程量计算规则：按设计图示数量计算。

(3) 计算方法：小便器安装应根据项目特征（材质，规格、类型，组装形式，附件名称、数量），以"组"为计量单位，按设计图示数量计算。

8. 其他成品卫生器具（031004008）

(1) 工程内容：器具安装，附件安装。

(2) 工程量计算规则：按设计图示数量计算。

(3) 计算方法：其他成品卫生器具安装应根据项目特征（材质，规格、类型，组装形式，附件名称、数量），以"组"为计量单位，按设计图示数量计算。

9. 烘手器（031004009）

(1) 工程内容：安装。

(2) 工程量计算规则：按设计图示数量计算。

(3) 计算方法：烘手器安装应根据项目特征（材质，型号、规格），以"个"为计量单位，按设计图示数量计算。

10. 淋浴器（031004010）

(1) 工程内容：器具、附件安装。

(2) 工程量计算规则：按设计图示数量计算。

(3) 计算方法：淋浴器安装应根据项目特征（材质、规格，组装形式，附件名称、数量），以"套"为计量单位，按设计图示数量计算。

11. 淋浴间（031004011）

(1) 工程内容：器具、附件安装。

(2) 工程量计算规则：按设计图示数量计算。

(3) 计算方法：淋浴间安装应根据项目特征（材质、规格，组装形式，附件名称、数量），以"套"为计量单位，按设计图示数量计算。

12. 桑拿浴房（031004012）

(1) 工程内容：器具、附件安装。

(2) 工程量计算规则：按设计图示数量计算。

(3) 计算方法：桑拿浴房安装应根据项目特征（材质、规格，组装形式，附件名称、数量），以"套"为计量单位，按设计图示数量计算。

13. 大、小便槽自动冲洗水箱制作安装（031004013）

(1) 工程内容：制作，安装，支架制作、安装，除锈、刷油。

（2）工程量计算规则：按设计图示数量计算。

（3）计算方法：大、小便槽自动冲洗水箱制作安装应根据项目特征（材质、类型，规格，水箱配件，支架形式及做法，器具及支架除锈、刷油设计要求），以"套"为计量单位，按设计图示数量计算。

14. 给、排水附件（031004014）

（1）工程内容：安装。

（2）工程量计算规则：按设计图示数量计算。

（3）计算方法：给、排水附件安装应根据项目特征（材质，型号、规格，安装方式），以"个（组）"为计量单位，按设计图示数量计算。

15. 小便槽冲洗管制作安装（031004015）

（1）工程内容：制作，安装。

（2）工程量计算规则：按设计图示长度计算。

（3）计算方法：小便槽冲洗管制作安装应根据项目特征（材质，规格），以"m"为计量单位，按设计图示长度计算。

16. 蒸汽—水加热器制作安装（031004016）

（1）工程内容：制作，安装。

（2）工程量计算规则：按设计图示数量计算。

（3）计算方法：蒸汽—水加热器制作安装应根据项目特征（类型，型号、规格，安装方式），以"套"为计量单位，按设计图示数量计算。

17. 冷热水混合器制作安装（031004017）

（1）工程内容：制作，安装。

（2）工程量计算规则：按设计图示数量计算。

（3）计算方法：冷热水混合器制作安装应根据项目特征（类型，型号、规格，安装方式），以"套"为计量单位，按设计图示数量计算。

18. 饮水器（031004018）

（1）工程内容：制作，安装。

（2）工程量计算规则：按设计图示数量计算。

（3）计算方法：饮水器安装应根据项目特征（类型，型号、规格，安装方式），以"套"为计量单位，按设计图示数量计算。

19. 隔油器（031004019）

（1）工程内容：制作，安装。

（2）工程量计算规则：按设计图示数量计算。

（3）计算方法：隔油器安装应根据项目特征（类型，型号、规格，安装部位），以"套"为计量单位，按设计图示数量计算。

【例 3.10】　某住宅楼楼顶设置一座 20 m^3 钢板给水箱，规格：3 600 mm×2 600 mm×2 400 mm，使用 6 mm 厚钢板制作，水箱需要保温，保温材料采用岩棉板，厚度 50 mm，铝箔—复合玻璃钢保护层，支架刷防锈漆两遍，水箱内外刷防锈漆两遍，再刷调和漆两遍。试编制该项目工程量清单。

解　按照计价规范，水箱的制作安装项目仅有三个项目特征（材质、类型、型号、规格），但工程内容还应包括除锈、刷漆和保温，这时还应在项目名称和项目特征中补充这些工作内容，这样才便于投标人进行报价。根据项目特征和工作内容，编制工程量清单内容见表 3.11。

表 3.11　分部分项工程量清单

工程名称：某住宅楼给排水工程　　　　　　　　　　　　　　　　　　　　　第1页　共1页

序号	项目编码	项目名称	计量单位	工程数量
1	031004014001	水箱制作安装 1. 材质：碳钢 2. 组装形式：现场制作安装 3. 型号：方形给水箱容积 20 m³，3 600 mm×2 600 mm×2 400 mm，厚 6 mm 4. 除锈、刷油：支架、水箱人工除轻锈，刷防锈漆二度；水箱刷调和漆二度 5. 保温：岩棉板保温，厚度 50 mm，铝箔—复合玻璃钢保护层	套	1

【例 3.11】　×××红十字会×××镇卫生院住院楼给排水工程。洗脸盆采用 99S304/54，污水池采用 99S304/16 甲型。小便器采用 99S304/101，蹲便器采用 99S304/84，坐便器采用 99S304/64。地漏均采用 DN50 的深水封地漏；地漏下设置存水弯，一层蹲便器排水设置存水弯，地面清扫口设置：底层待产科和新农合结算室各设一处 PVC—U De75 清扫口，二层检验室、抢救室、心电图室各设一处 PVC—U De50 清扫口，一、二层卫生间设置 PVC—U De100 清扫口一处。请编制分部分项工程量清单。

解　依分部分项工程量清单编制，见表 3.12。

表 3.12　分部分项工程量清单

工程名称：×××红十字会×××镇卫生院住院楼　　　　　　　　　　　　　　第1页　共1页

序号	项目编码	项目名称	计量单位	工程数量
1	031004003001	洗脸盆 1. 材质：陶瓷；2. 组装形式：偏单眼冷水龙头 3. 图集：99S304/54	组	
2	031004008001	污水池 1. 材质：不锈钢；2. 图集：99S304/16 甲型	组	
3	031004007001	小便器 1. 材质：陶瓷；2. 图集：99S304/101	套	
4	031004006001	大便器 1. 材质：陶瓷；2. 组装方式：连体式 3. 图集：99S304/84	套	
5	031004006002	大便器 1. 材质：陶瓷；2. 组装方式：连体式 3. 图集：99S304/64	套	
6	031004014001	地漏 1. 材质：PVC—U；2. 型号、规格：DN50（防返溢型）	个	
7	031004014001	地面扫除口 1. 材质：PVC—U；2. 型号、规格：De50	个	
8	031004014002	地面扫除口 1. 材质：PVC—U；2. 型号、规格：De75	个	
9	031004014003	地面扫除口 1. 材质：PVC—U；2. 型号、规格：De100	个	

3.4.5 供暖器具

供暖器具编码为 031005。

1. 铸铁散热器（031005001）

(1) 工程内容：组对、安装，水压试验，托架制作、安装，除锈、刷油。

(2) 工程量计算规则：按设计图示数量计算。

(3) 计算方法：铸铁散热器安装应根据项目特征（型号、规格，安装方式，托架形式，器具、托架除锈、刷油设计要求），以"片（组）"为计量单位，按设计图示数量计算。

2. 钢质散热器（031005002）

(1) 工程内容：安装，托架安装，托架刷油。

(2) 工程量计算规则：按设计图示数量计算。

(3) 计算方法：钢质散热器安装应根据项目特征（结构形式，型号、规格，安装方式，托架刷油设计要求），以"组（片）"为计量单位，按设计图示数量计算。

3. 其他成品散热器（031005003）

(1) 工程内容：安装，托架安装，托架刷油。

(2) 工程量计算规则：按设计图示数量计算。

(3) 计算方法：其他成品散热器安装应根据项目特征（材质、类型，型号、规格，托架刷油设计要求），以"组（片）"为计量单位，按设计图示数量计算。

4. 光排管散热器制作安装（031005004）

(1) 工程内容：制作、安装，水压试验，除锈、刷油。

(2) 工程量计算规则：按设计图示排管长度计算。

(3) 计算方法：光排管散热器制作安装应根据项目特征（材质、类型，型号、规格，托架形式及做法，器具、托架除锈、刷油设计要求），以"m"为计量单位，按设计图示排管长度计算。

5. 暖风机（031005005）

(1) 工程内容：安装。

(2) 工程量计算规则：按设计图示数量计算。

(3) 计算方法：暖风机安装应根据项目特征（质量，型号、规格，安装方式），以"台"为计量单位，按设计图示数量计算。

6. 地板辐射采暖（031005006）

(1) 工程内容：保温层及钢丝网铺设，管道排布、绑扎、固定，与分水器连接，水压试验、冲洗，配合地面浇注。

(2) 工程量计算规则：以"m²"计量，按设计图示采暖房间净面积计算，或以"m"计量，按设计图示管道长度计算。

(3) 计算方法：地板辐射采暖安装应根据项目特征（保温层及钢丝网设计要求，管道材质、型号、规格，管道固定方式，压力试验及吹扫设计要求），以"m²，m"为计量单位，以"m²"计量，按设计图示采暖房间净面积计算，或以"m"计量，按设计图示管道长度计算。

7. 热媒集配装置制作、安装（031005007）

(1) 工程内容：制作，安装，附件安装。

(2) 工程量计算规则：按设计图示数量计算。

(3) 计算方法：热媒集配装置制作、安装应根据项目特征（材质，规格，附件名称、规格、数量），以"台"为计量单位，按设计图示数量计算。

8. 集气罐制作安装（031005008）

（1）工程内容：制作，安装。

（2）工程量计算规则：按设计图示数量计算。

（3）计算方法：集气罐制作安装应根据项目特征（材质，规格），以"个"为计量单位，按设计图示数量计算。

技术提示

①铸铁散热器，包括拉条制作安装。

②钢质散热器结构形式，包括钢质闭式、板式、壁板式、扁管式及柱式散热器等，应分别列项计算。

③光排管散热器，包括联管制作安装。

④地板辐射采暖，管道固定方式包括固定卡、绑扎等方式；包括与分集水器连接和配合地面浇注。

【例3.12】 ×××红十字会×××镇卫生院住院楼采暖工程（暖施图）。房间均采用内腔无砂铸铁760型散热器，单片散热量为129 W，散热面积为0.235 m²/片；立管顶部每组散热器上均安装1/8″手动跑风。散热器供水管上安装温控阀，型号：直通75—42—125型，安装详见青02N1—97；散热器选用成品组对散热器（颜色建设单位自定）；散热器片数大于15片时采用异侧连接。卫生间选用BLD—400型低噪声通风机。请编制分部分项工程量清单。

解 （1）铸铁散热器安装工程清单编码为031005001。项目特征描述为：①部位：房间；②型号、规格：国标760内腔无粘砂型铸铁散热器；③除锈、刷油设计要求：刷防锈漆一遍，刷银粉漆一遍。

（2）铸铁散热器安装工程清单编码为031005001。项目特征描述为：①部位：卫生间；②型号、规格：BLD—400型低噪声通风机。

题意中分部分项工程量清单编制见表3.13。

表3.13 分部分项工程量清单

工程名称：×××红十字会×××镇卫生院住院楼 　　　　　　　　　　　　　　　第1页 共1页

序号	项目编码	项目名称	计量单位	工程数量
1	031005001001	铸铁散热器 1. 部位：房间 2. 型号、规格：国标760内腔无粘砂型铸铁散热器 3. 除锈、刷油设计要求：手工除锈，刷防锈漆一遍，刷银粉漆一遍	片	
2	030805007001	暖风机 1. 部位：卫生间 2. 型号、规格：BLD—400型低噪声通风机	台	

3.4.6 采暖、给排水设备

采暖、给排水设备编码为031006。

1. 变频调速给水设备（031006001）

（1）工程内容：设备安装，附件安装，调试。

（2）工程量计算规则：按设计图示数量计算。

（3）计算方法：变频调速给水设备安装应根据项目特征（压力容器名称、型号、规格，水泵主要技术参数，附件名称、规格、数量），以"套"为计量单位，按设计图示数量计算。

2. 稳压给水设备（031006004）

（1）工程内容：设备安装，附件安装，调试。

（2）工程量计算规则：按设计图示数量计算。

（3）计算方法：稳压给水设备安装应根据项目特征（压力容器名称、型号、规格，水泵主要技术参数，附件名称、规格、数量），以"套"为计量单位，按设计图示数量计算。

3. 无负压给水设备（031006005）

（1）工程内容：设备安装，附件安装，调试。

（2）工程量计算规则：按设计图示数量计算。

（3）计算方法：无负压给水设备安装应根据项目特征（压力容器名称、型号、规格，水泵主要技术参数，附件名称、规格、数量），以"套"为计量单位，按设计图示数量计算。

4. 气压罐（031006006）

（1）工程内容：安装，调试。

（2）工程量计算规则：按设计图示数量计算。

（3）计算方法：气压罐安装应根据项目特征（型号、规格，安装方式），以"台"为计量单位，按设计图示数量计算。

5. 太阳能集热装置（031006007）

（1）工程内容：安装，附件安装。

（2）工程量计算规则：按设计图示数量计算。

（3）计算方法：太阳能集热装置安装应根据项目特征（型号、规格，安装方式，附件名称、规格、数量），以"套"为计量单位，按设计图示数量计算。

6. 地源（水源、气源）热泵机组（031006008）

（1）工程内容：安装。

（2）工程量计算规则：按设计图示数量计算。

（3）计算方法：地源（水源、气源）热泵机组安装应根据项目特征（型号、规格，安装方式），以"组"为计量单位，按设计图示数量计算。

7. 除砂器（031006009）

（1）工程内容：安装。

（2）工程量计算规则：按设计图示数量计算。

（3）计算方法：除砂器安装应根据项目特征（型号、规格，安装方式），以"台"为计量单位，按设计图示数量计算。

8. 电子水处理器（031006010）

（1）工程内容：安装。

（2）工程量计算规则：按设计图示数量计算。

（3）计算方法：电子水处理器安装应根据项目特征（类型，型号、规格），以"台"为计量单位，按设计图示数量计算。

9. 超声波灭藻设备（031006011）

（1）工程内容：安装。

（2）工程量计算规则：按设计图示数量计算。

（3）计算方法：超声波灭藻设备安装应根据项目特征（类型，型号、规格），以"台"为计量单位，按设计图示数量计算。

10．水质净化器（031006012）

（1）工程内容：安装。

（2）工程量计算规则：按设计图示数量计算。

（3）计算方法：水质净化器安装应根据项目特征（类型，型号、规格），以"台"为计量单位，按设计图示数量计算。

11．紫外线杀菌设备（031006013）

（1）工程内容：安装。

（2）工程量计算规则：按设计图示数量计算。

（3）计算方法：紫外线杀菌设备安装应根据项目特征（名称，规格），以"台"为计量单位，按设计图示数量计算。

12．电热水器、开水炉（031006014）

（1）工程内容：安装，附件安装。

（2）工程量计算规则：按设计图示数量计算。

（3）计算方法：电热水器、开水炉安装应根据项目特征（能源种类，型号，容积，安装方式），以"台"为计量单位，按设计图示数量计算。

13．电消毒器消毒锅（031006015）

（1）工程内容：安装。

（2）工程量计算规则：按设计图示数量计算。

（3）计算方法：电消毒器消毒锅安装应根据项目特征（类型，型号，规格），以"台"为计量单位，按设计图示数量计算。

14．直饮水设备（031006016）

（1）工程内容：安装。

（2）工程量计算规则：按设计图示数量计算。

（3）计算方法：直饮水设备安装应根据项目特征（名称，规格），以"套"为计量单位，按设计图示数量计算。

15．水箱制作安装（031006017）

（1）工程内容：制作，安装。

（2）工程量计算规则：按设计图示数量计算。

（3）计算方法：水箱制作安装应根据项目特征（材质、类型，型号、规格），以"台"为计量单位，按设计图示数量计算。

【例3.13】　×××红十字会×××镇卫生院住院楼采暖工程（暖施图）。本建筑采暖系统采用双管下供下回同程式，为95～70 ℃热水采暖，热源直接由室外地沟引入，管道入口详青02N1－36施工，系统的膨胀与定压由锅炉房统一考虑。试确定采暖工程系统调整工程量清单。

表3.14　分部分项工程量清单

工程名称：×××红十字会×××镇卫生院住院楼　　　　　　　　　　　　第1页　共1页

序号	项目编码	项目名称	计量单位	工程数量
1	031009001001	采暖工程系统调整	系统	1

3.5 安装工程工程量清单编制实训

3.5.1 电气安装工程

电气照明工程施工图工程量清单编制。

1. 设计图纸

本工程是×××红十字会×××镇卫生院住院楼电气照明工程。施工图纸见附图【设计号：2011-G901】电施01：一、二层电气照明平面图，电施02：一、二层插座与应急回路平面图，电施03：一、二层弱电平面图，电施04：一、二层电气照明平面图，电施05：电气照明系统图，电施06：说明图例。施工图纸见本教材附页。

2. 计算工程量

（1）图纸分析

①电源线采用三相四线制电源供电，由E/④轴埋地引入埋深冻土层（2.5 m）以下，至1♯配电箱，手术室备用电源由EPS实现。室内走线采用暗管配线，应配合土建施工进行预埋，室内分支线照明采用BV-500，2×2.5导线（高度低于2.4 m的灯具采用BV-500，3×2.5导线），插座回路采用BV-500，3×4导线，穿线管径为2-3根穿PVC20，4-5根穿PVC25；电话线采用RVB-2×0.5型，穿线管径为1-5对穿PVC20，6-10对穿PVC25。进户线要求重复接地，接地电阻 $R \leqslant 10 \ \Omega$。

②本工程共有5个配电箱，分别在每单元的每层设置。1♯为总配电箱，规格为：长×高×厚=510 mm×710 mm×180 mm，2♯、4♯、5♯分配电箱规格为：长×高×厚=360 mm×470 mm×150 mm，3♯分配电箱规格为：长×高×厚=250 mm×185 mm×150 mm，插座箱规格为：长×高×厚=285 mm×185 mm×150 mm。

③安装高度：照明配电箱、插座、开关均为墙上暗装，配电箱底距楼地面1.4 m，跷板开关距地1.4 m，距门框0.2 m，插座距地0.3 m、电话箱距地0.3 m、电话插座距地0.3 m、应急照明灯距地2.5 m、疏散指示灯距地0.5 m、应急灯（安全出口）安装在门檐上方。

④配电箱均购成品成套箱。

⑤产房、抢救室、放射科机房、B超室及整个建筑物做等电位连接，具体做法见做等电位连接，图集02D501-2第6~8页。

（2）工程量计算

根据施工图纸，按各相应分部分项工程量计算规则与方法计算。

3. 编制工程量清单

编制分部分项工程的工程量清单，见表3.15。

表3.15 分部分项工程量清单

工程名称：×××红十字会×××镇卫生院住院楼 第1页 共1页

序号	项目编码	项目名称	计量单位	工程数量
		C.2电气设备安装工程		
1	030404018001	配电箱：1. 名称、型号：总配电箱；2. 规格：470×700×160	台	1
2	030404018002	配电箱：1. 名称、型号：电表箱1 AW；2. 规格：950×1 040×150	台	1

续表 3.15

序号	项目编码	项目名称	计量单位	工程数量
3	030404018003	配电箱：1. 名称、型号：电表箱 2 AW；2. 规格：950× 1 040×150	台	1
4	030404018004	配电箱：1. 名称、型号：电表箱 3 AW；2. 规格：950× 1 040×150	台	1
5	030404018005	配电箱：1. 名称、型号：户内照明配电箱；2. 规格：329×296×100	台	45
6	030413001001	普通吸顶灯及其他灯具：1. 名称：普通吸顶灯；2. 规格：1×40 W	套	17
7	030413001002	普通吸顶灯及其他灯具：1. 名称、型号：应急灯；2. 规格：T5/1×32 W	套	4
8	030413004001	荧光灯：1. 名称：吸顶式荧光灯	套	23
9	030413004002	荧光灯：1. 名称：吸顶式荧光灯	套	42
10	030413006001	医疗专用灯：1. 名称：五孔无影灯	套	2
11	030413004001	装饰灯：1. 名称：疏散指示灯；2. 规格：1×8 W；3. 安装高度：0.8 m	套	3
12	030413004002	装饰灯：1. 名称：安全出口标志灯；2. 规格：1×8 W；3. 安装高度：底边距地 2.5 m	套	5
13	030404031001	小电器：1. 名称：安全型两、三孔组合插座；2. 型号：250 V/10 A	个	26
14	030404031002	小电器：1. 名称：电话插座	个	16
15	030404031003	小电器：1. 名称：单联单控开关；2. 型号：250 V/10 A	个	18
16	030404031004	小电器：1. 名称：双联单控开关；2. 型号：250 V/10 A	个	27
17	031103018001	大对数非屏蔽电缆：1. 规格：HYV－30（2×0.5）；2. 敷设环境：穿管	m	5.4
18	030408001001	电力电缆：1. 型号：VV22－4×16；2. 敷设方式：穿管	m	7.4
19	030408001002	电力电缆：1. 型号：BV1×25；2. 敷设方式：穿管	m	5.4
20	030408001003	电力电缆：1. 型号：BV5×10；2. 敷设方式：穿管	m	24.9
21	030408001004	电力电缆：1. 型号：BV5×16；2. 敷设方式：穿管	m	8.3
22	030408001005	电力电缆：1. 型号：BV5×6；2. 敷设方式：穿管	m	8.3
23	030412003001	电气配线：1. 配线形式：管内穿线；2. 导线型号、材质、规格：RVB－2×0.5；3. 敷设部位或线制：砖混凝土结构	m	53
24	030412003002	电气配线：1. 配线形式：管内穿线；2. 导线型号、材质、规格：铜芯绝缘导线 BV－2×2.5；3. 敷设部位或线制：砖混凝土结构	m	334.3

续表 3.15

序号	项目编码	项目名称	计量单位	工程数量
25	030412003003	电气配线：1. 配线形式：管内穿线；2. 导线型号、材质、规格：铜芯绝缘导线 BV−3×2.5；3. 敷设部位或线制：砖混凝土结构	m	247.29
26	030412003004	电气配线：1. 配线形式：管内穿线；2. 导线型号、材质、规格：铜芯绝缘导线 BV−3×4；3. 敷设部位或线制：砖混凝土结构	m	612.27
27	030412001001	电气配管：1. 名称：电气配管；2. 材质：钢管 3. 规格：G70；4. 配置形式及部位：暗配	m	7.4
28	030412001002	电气配管：1. 名称：电气配管；2. 材质：钢管 3. 规格：DN70；4. 配置形式及部位：暗配	m	5.4
29	030412001003	电气配管：1. 名称：电气配管；2. 材质：PVC 3. 规格：DN40；4. 配置形式及部位：暗配	m	8.3
30	030412001004	电气配管：1. 名称：电气配管；2. 材质：PVC 3. 规格：DN32；4. 配置形式及部位：暗配	m	30.3
31	030412001005	电气配管：1. 名称：电气配管；2. 材质：PVC 3. 规格：DN25；4. 配置形式及部位：暗配	m	8.3
32	030412001006	电气配管：1. 名称：电气配管；2. 材质：PVC 3. 规格：DN20；4. 配置形式及部位：暗配	m	506.67
33	030409001001	接地装置：1. 接地母线材质、规格：户内接地母线，镀锌扁钢 40×4 mm；2. 接地极材质、规格：MEB 总等电位端子箱 1 台；LEB 局部等电位端子箱 45 台	项	1
34	030409002001	避雷装置：1. 受雷体名称、材质、规格、技术要求（安装部位）：避雷网，φ12 镀锌圆钢 123.5 m，镀锌扁钢 40×4 mm；2. 引下线材质、规格、技术要求（引下形式）：利用 2 根 φ16 镀锌圆钢沿建筑物外墙暗敷做引下线 62.4 m；利用柱内 2 根 φ16 主筋做引下线 78 m；3. 断接卡子材质、规格、技术要求：5 处	套	1
35	030411008001	接地装置：1. 类别：接地电阻测试	系统	1
36	030411002001	送配电装置系统：1. 型号：综合；2. 电压等级（kV）：1 kV	系统	1

3.5.2 给排水工程

给排水工程工程量清单编制。

1. 设计图纸

本工程为×××红十字会×××镇卫生院住院楼给排水工程。施工图纸见【设计号：2011−G901】水施 01 一层给排水平面图、水施 02 二层给排水平面图、水施 03 给水系统图、水施 04 排水系统图与设计说明。施工图纸见教材附页。

2. 清单工程量计算

在工程量计算时，有关数据的取定：墙厚 240 mm，墙单面抹灰厚 20 mm，给水管道中心距墙皮 60 mm，排水管道中心距墙皮按 150 mm。根据施工图纸，按分项依次计算工程量。

3. 编制工程量清单

根据上述工程量分析计算，整理、汇总。编制分部分项工程的工程量清单，见表 3.16。

表 3.16　分部分项工程量清单

工程名称：×××红十字会×××镇卫生院住院楼　　　　　　　　　　　　第 1 页　共 1 页

序号	项目编码	项目名称	计量单位	工程数量
		C.8 给排水、采暖工程		
1	031001006001	塑料管（UPVC，PVC，PP－C，PP－R，PE 管等）1. 安装部位（室内、外）：室内；2. 输送介质（给水、排水、热煤体、燃气、雨水）：给水；3. 材质：S4 系列无规共聚聚丙烯（PP－R）给水管；4. 型号、规格：De50；5. 连接方式：热熔连接	m	16.27
2	031001006002	塑料管（UPVC，PVC，PP－C，PP－R，PE 管等）1. 安装部位（室内、外）：室内；2. 输送介质（给水、排水、热煤体、燃气、雨水）：给水；3. 材质：S4 系列无规共聚聚丙烯（PP－R）给水管；4. 型号、规格：De40；5. 连接方式：热熔连接	m	19.43
3	031001006003	塑料管（UPVC，PVC，PP－C，PP－R，PE 管等）1. 安装部位（室内、外）：室内；2. 输送介质（给水、排水、热煤体、燃气、雨水）：给水；3. 材质：S4 系列无规共聚聚丙烯（PP－R）给水管；4. 型号、规格：De32；5. 连接方式：热熔连接	m	15.82
4	031001006004	塑料管（UPVC，PVC，PP－C，PP－R，PE 管等）1. 安装部位（室内、外）：室内；2. 输送介质（给水、排水、热煤体、燃气、雨水）：给水；3. 材质：S4 系列无规共聚聚丙烯（PP－R）给水管；4. 型号、规格：De25；5. 连接方式：热熔连接	m	36.66
5	031001006005	塑料管（UPVC，PVC，PP－C，PP－R，PE 管等）1. 安装部位（室内、外）：室内；2. 输送介质（给水、排水、热煤体、燃气、雨水）：给水；3. 材质：S4 系列无规共聚聚丙烯（PP－R）给水管；4. 型号、规格：De20；5. 连接方式：热熔连接	m	22.22
6	03100100606	塑料管（UPVC，PV，PP－C，PP－R，PE 管等）1. 安装部位（室内、外）：室内；2. 输送介质（给水、排水、热煤体、燃气、雨水）：给水；3. 材质：S4 系列无规共聚聚丙烯（PP－R）给水管；4. 型号、规格：De15；5. 连接方式：热熔连接	m	44.07

续表 3.16

序号	项目编码	项目名称	计量单位	工程数量
7	031001006007	塑料管：1. 安装部位（室内、外）：室内；2. 输送介质（给水、排水、热煤体、燃气、雨水）：排水；3. 材质：中空壁消音硬聚氯乙烯管；4. 型号、规格：De160；5. 连接方式：螺母挤压密封圈连接；6. 套管形式、材质、规格：钢套管	m	5.38
8	031001006008	塑料管：1. 安装部位（室内、外）：室内；2. 输送介质（给水、排水、热煤体、燃气、雨水）：排水；3. 材质：中空壁消音硬聚氯乙烯管；4. 型号、规格：De100；5. 连接方式：螺母挤压密封圈连接；6. 套管形式、材质、规格：钢套管	m	42.49
9	031001006009	塑料管（UPVC，PVC，PP－C，PP－R，PE管等）1. 安装部位（室内、外）：室内；2. 输送介质（给水、排水、热煤体、燃气、雨水）：排水；3. 材质：中空壁消音硬聚氯乙烯管；4. 型号、规格：De75；5. 连接方式：螺母挤压密封圈连接	m	41.33
10	031001006010	塑料管（UPVC，PVC，PP－C，PP－R，PE管等）1. 安装部位（室内、外）：室内；2. 输送介质（给水、排水、热煤体、燃气、雨水）：排水；3. 材质：中空壁消音硬聚氯乙烯管；4. 型号、规格：De50；5. 连接方式：螺母挤压密封圈连接	m	68.41
11	031003001001	螺纹阀门：1. 类型：截止阀；2. 型号、规格：De15	个	12
12	031003001002	螺纹阀门：1. 类型：截止阀；2. 型号、规格：De20	个	2
13	031003001003	螺纹阀门：1. 类型：截止阀；2. 型号、规格：De25	个	4
14	031003011001	水表：1. 型号、规格：De25；2. 连接方式：螺纹连接	组	1
15	040502010001	防水套管制作安装：1. 刚性套管：防水钢套管	个	3
16	031004003001	洗脸盆：1. 材质：陶瓷；2. 组装形式：偏单眼冷水龙头；3. 图集：99S304/54	组	14
17	031004008001	水池：1. 材质：不锈钢；2. 图集：99S304/16 甲型	组	2
18	031004007001	小便器：1. 材质：陶瓷；2. 图集：99S304/101	套	4
19	031004006001	大便器：1. 材质：陶瓷；2. 组装方式：连体式；3. 图集：99S304/84	套	4
20	031004006002	大便器：1. 材质：陶瓷；2. 组装方式：连体式；3. 图集：99S304/64	套	4
21	031004014001	地漏：1. 材质：PVC－U；2. 型号、规格：DN50（防返溢型）	个	6
22	031004014001	地面扫除口：1. 材质：PVC－U；2. 型号、规格：De50	个	4
23	031004014002	地面扫除口：1. 材质：PVC－U；2. 型号、规格：De75	个	2
24	031004014003	地面扫除口：1. 材质：PVC－U；2. 型号、规格：De110	个	2
		分部小计		
		本页小计		
		合　计		

3.5.3 建筑智能化系统设备安装工程

楼宇对讲工程施工图工程量清单编制。

1. 设计图纸及说明

某住宅室内楼宇对讲工程施工图如图3.2、3.3所示，该工程为六层框架结构，层高3.0 m，底层为架空层，二至六层为住宅。本工程各梯均设有楼宇可视对讲防护门控制系统，以防不速之客打扰。对讲主机距地1.4 m，对讲分机距地1.3 m。

楼宇系统工程内容：引至小区物业管理中心管线配置为SYV—75—5+RVV—8×1.5—SC32，垂直干管管线配置为SYV—75—5+RVV—8×1.5—PC32，层过线盒（86H50）安装距地0.5 m，过线盒到各户线管均为焊接钢管暗敷设SC20，管内配线SYWV—75—3+RVV—8×1.0。

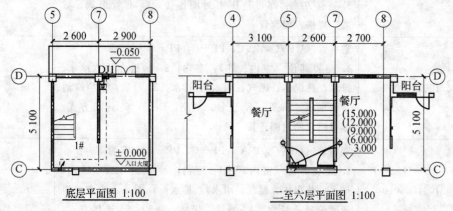

图 3.2 楼宇对讲平面布置图

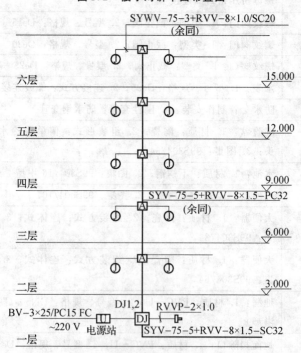

楼宇对讲系统图

1. 本系统管架接至接线盒，整个系统需建设学位教育后做原化设计

图 3.3 楼宇对讲系统图

2. 工程量计算

本例中清单工程量计算包括配管配线，有线对讲主、分机，电控锁工程量。计算规则执行《通用安装工程计量规范》（GB 500854—2013）表 C.2.12、表 C.8.3、表 C.8.6 相关规定。

（1）不间断电源配管配线［BV－3×2.5 / SC15］

钢管（SC15）：2.0＋0.8＋1.8＋0.5 = 5.10（m）

电气配线（BV－3×2.5）：（5.1＋0.3）×3 = 16.2（m）

（2）分户支管配管配线［SYV－75－3＋RVV－8×1.0 / SC20］

钢管（SC20）：{（0.5＋1.5＋1.3）＋（0.5＋2.5＋1.3）}×5［层］= 38.00（m）

电气配线（SYV－75－3）：{（0.5＋1.5＋1.3）＋（0.5＋2.5＋1.3）}×5［层］= 38.00（m）

电气配线（RVV－8×1.0）：{（0.5＋1.5＋1.3）＋（0.5＋2.5＋1.3）}×5［层］= 38.00（m）

（3）垂直干管配管配线［SYV－75－5＋RVV－8×1.5 / PC32］

电气配管（PVC32）：［底层］{1.3＋2.5＋1.2＋3.0＋0.5}＋［二至六层］{3.0×4} = 20.50（m）

电气配线（SYWV－75－5）：［底层］{1.3＋2.5＋1.2＋3.0＋0.5}＋［二至六层］{3.0×4} = 20.50（m）

电气配线（RVVP－2×1.5）：［底层］{1.3＋2.5＋1.2＋3.0＋0.5}＋［二至六层］{3.0×4} = 20.50（m）

（4）有线对讲主机：1 套

（5）有线对讲分机：10 套

（6）过线（路）盒（半周长）：5 个

（7）电控锁：1 台

3. 编制工程量清单

根据上述工程量分析计算，整理汇总，编制分部分项工程的工程量清单，见表 3.17。

表 3.17 分部分项工程量清单

工程名称：某住宅室内楼宇对讲工程　　　　　　　　　　　　　　　　　　第 1 页　共 1 页

序号	项目编码	项目名称	计量单位	工程数量
1	031103001001	钢管：1. 名称、材质：钢管；2. 规格：SC15；3. 配置形式及部位：不间断电源	m	5.10
2	031103001002	钢管：1. 名称、材质：钢管；2. 规格：SC20；3. 配置形式及部位：分户支管	m	38.00
3	031103002001	硬质 PVC 管 1. 名称、材质：塑料管；2. 规格：PVC32；3. 配置形式及部位：干管	m	20.50
4	030412003001	电气配线 1. 名称、材质：铜芯线；2. 规格：BV－3×2.5；3. 配置形式及部位：不间断电源	m	15.30
5	030412003002	电气配线 1. 名称、材质：控制电缆；2. 规格：RVV－8×1.0；3. 配置形式及部位：分户支线	m	38.00

续表 3.17

序号	项目编码	项目名称	计量单位	工程数量
6	030412003003	电气配线：1. 名称、材质：控制电缆；2. 规格：RVVP—8×1.5；3. 配置形式及部位：干线	m	20.50
7	030412003004	电气配线 1. 名称、材质：射频传输电缆；2. 规格：SYWV—75—3；3. 配置形式及部位：分户支线	m	38.00
8	030412003005	电气配线 1. 名称、材质：射频传输电缆；2. 规格：SYV—75—5；3. 配置形式及部位：干线	m	20.50
9	闽031208019001	有线对讲主机：1. 部位：入口大门	套	1
10	闽031208019002	有线对讲分机：1. 部位：分户	套	10
11	031103006001	过线（路）盒（半周长）：1. 规格：86H50	个	5
12	031204003001	控制器：1. 名称：电控锁；2. 部位：入口大门	台	1

【知识链接】

1. 《建设工程工程量清单计价规范》（GB 50500—2013）；
2. 《通用安装工程工程量计算规范》（GB 50856—2013）。

拓展与实训

基础训练

一、单项选择题

1. 项目编码采用十二位阿拉伯数字表示，其中（　　）为分部工程顺序码。

A. 一、二位　　　　　B. 五、六位　　　　　C. 七至八位　　　　　D. 十至十二位

2. 在理解工程量清单的概念时，首先应注意到工程量清单是由（　　）提供的文件。

A. 工程造价中介机构　　　　　　　B. 工程招标代理机构

C. 招标人　　　　　　　　　　　　D. 投标人

3. （　　）是为完成工程项目施工，发生于该工程施工前和施工过程中技术、生活、安全等方面的非工程实体项目。

A. 措施项目　　　　　　　　　　　B. 零星工作项目

C. 分部分项工程项目　　　　　　　D. 其他项目

4. 电气配管清单工程量的计算规则：按设计图示尺寸以延长米计算。（　　）管路中间的接线箱（盒）、灯头盒、开关盒所占长度。

A. 应扣除　　　　　　　B. 不扣除　　　　　　C. 应增加　　　　　　D. 不考虑

5. 发包人要求承包人完成的合同外发生的用工等，需经发包方现场工程师签字认可后实施，费用按照（　　）计价。

A. 分部分项工程项目　　　　　　　B. 措施项目

C. 其他项目　　　　　　　　　　　D. 零星项目

二、多项选择题

1. 《建设工程工程量清单计价规范》的特点主要包括哪几个方面？（   ）

A. 强制性   B. 竞争性   C. 合理性   D. 实用性

E. 通用性

2. 我国工料单价法的建筑安装工程造价由直接工程费、间接费、利润和税金构成。其中直接工程费包括（   ）。

A. 人工费和材料费   B. 施工机械使用费

C. 临时设施费和现场管理费   D. 企业管理费

E. 其他直接费

3. 临时设施费用内容包括（   ）等费用。

A. 临时设施的搭设   B. 照明设施的搭设

C. 临时设施的维修   D. 临时设施的拆除

E. 摊销

4. 工程量清单应采用统一格式。由封面、（   ）、（   ）、分部分项工程量清单、措施项目清单、其他项目清单、零星项目清单、（   ）组成。

A. 填表须知   B. 总说明

C. 分部分项工程量清单综合单价分析表 D. 甲供材料表

E. 综合费用计算表

5. 当分部分项工程量清单项目发生工程量变更时，其措施项目费用中相应的（   ）工程量应调整。

A. 机械   B. 模板   C. 人工   D. 脚手架

E. 材料

工程模拟训练

一、电气照明工程

根据下列所给条件，能够列出哪些清单项目并计算其工程量？并按《建设工程工程量清单计价规范》编制该题意中应该计价的分部分项工程量清单。

1. 图 3.4、3.5 为某工程电气照明施工图。该建筑物层高 3.3 m，成品配电箱规格 500×300，距地高度 1.5 m，线管为 PVC 管 VG15，暗敷设，开关距地 1.5 m。

2. 某工程层高 4 m，XRM 板面 250×120，插座、开关安装高度均为 1.5 m，PVC15 管，BV—1.5 线，全暗敷在吊顶内，吊顶高 3.5 m。

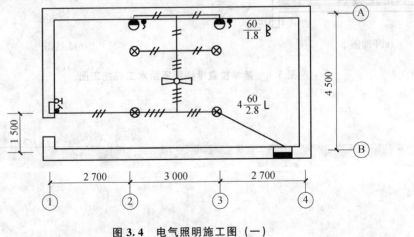

图 3.4　电气照明施工图（一）

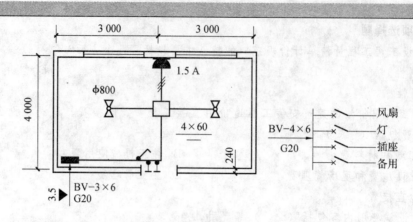

图 3.5 电气照明施工图（二）

二、给排水工程

某学校教学楼厕所给排水工程，本工程主楼地上三层，层高均为 3.2 m，总建筑高度为 9.600 m，结构形式为框架结构，墙厚为 200 厚，轴线居中。图 3.6（a）、3.7（a）为底层给水平面布置图（二、三层平面布置同底层平面），图 3.6（b）、3.7（b）为给水系统图。

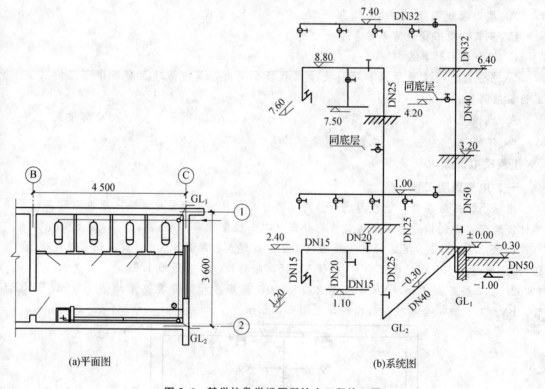

(a)平面图   (b)系统图

图 3.6 某学校教学楼厕所给水工程施工图

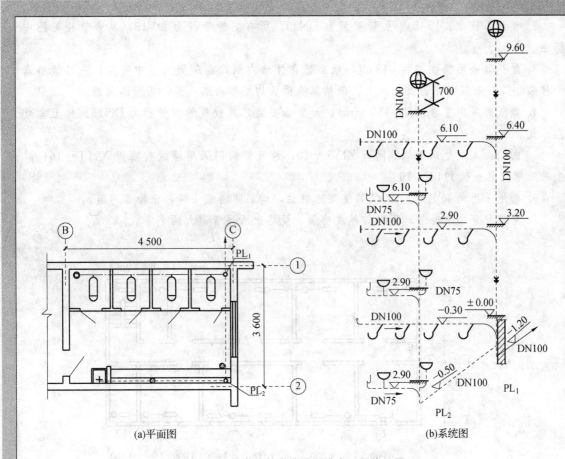

(a)平面图 (b)系统图

图 3.7 某学校教学楼厕所排水工程施工图

三、采暖工程

本工程是一栋三层砖混结构办公楼，层高 3 m，其采暖工程施工图如图 3.8～3.11 所示。设计说明如下：

1. 本工程室内采暖管道均采用普通焊接钢管。管径大于 DN32 时，采用焊接连接（管道与阀门连接采用螺纹连接）；管径小于或等于 DN32 时，采用螺纹连接。室内供热管道均先除锈后刷防锈漆一遍，银粉漆两遍。室内采暖管道均不考虑保温措施。

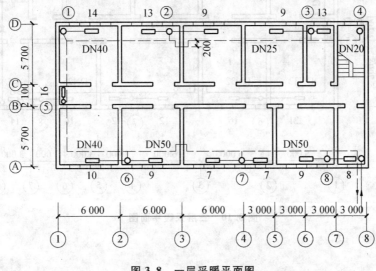

图 3.8 一层采暖平面图

2. 供暖系统中，1~8 号立管管径为 DN20，所有支管管径为 DN15，其余管径见图中标注。

3. 散热器采用铸铁四柱 813 型，散热器在外墙内侧，在房间内居中安装，一层散热器为挂装，二、三层散热器立于地上。散热器除锈后均刷防锈漆一遍，银粉漆两遍。

4. 集气罐采用 2 号（$D=150$ mm），为成品安装，其放气管（管径为 DN15）接至室外散水处。

5. 阀门：入口处采用螺纹闸阀 Z15T-10；放气管阀门采用螺纹旋塞阀 X11T-16；其余采用螺纹截止阀 J11T-16。

6. 管道采用角钢支架∠50×5，支架除锈后，均刷防锈漆一遍，银粉漆两遍。

7. 穿墙及穿楼板套管选用镀锌铁皮套管，规格比所穿管道大两个等级。

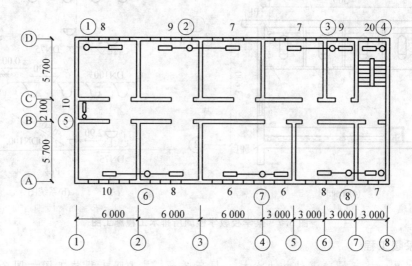

图 3.9　二层采暖平面图

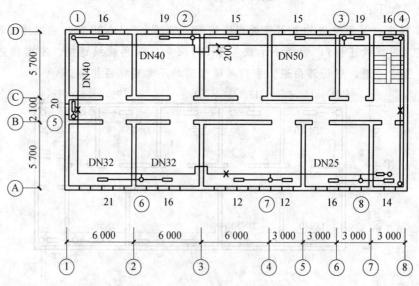

图 3.10　三层采暖平面图

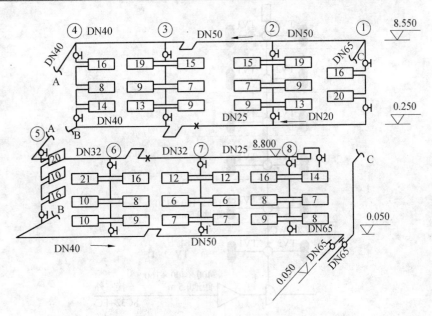

图 3.11 采暖系统图

四、室内电话、电视工程

根据下列所给条件，能够列出哪些清单项目？并计算其工程量，按《建设工程工程量清单计价规范》编制该题意中应该计价的分部分项工程量清单。

某住宅室内电话、电视工程施工图如图 3.12、3.13、3.14 所示，该工程为六层砖混结构，层高 3.2 m，房间均有 0.3 m 高吊顶。

电话系统工程内容：进户前端箱 STO－50－400×650×160 与市话电缆 HYQ－50（2×0.5）－SC50－FC 相接，箱安装距地面 0.5 m。层分配箱（盒）安装距地 0.5 m，干管及到各户线管均为焊接钢管暗敷设。

有线电视系统工程内容：前端箱安装在底层距地 0.5 m 处，用 SYV－75－5－1 同轴射频电缆、穿焊接钢管 SC20 暗敷设。电源接自每层配电箱。

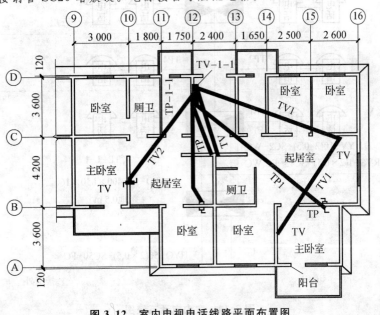

图 3.12 室内电视电话线路平面布置图

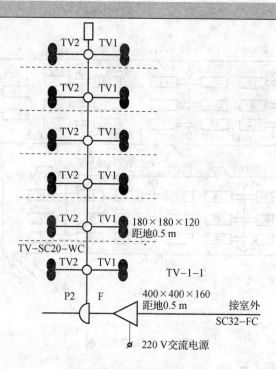

图 3.13 室内电视系统图

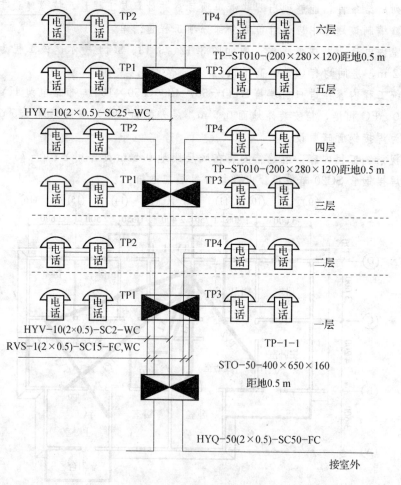

图 3.14 室内电话系统图

模块 4

工程量清单计价的编制

【模块概述】

工程量清单计价是工程计价工作中很重要的一项内容，是工程计价的一种方法，在此模块中，主要介绍房屋建筑与装饰工程、电气工程、给排水工程、采暖工程的工程量清单计价的内容和编制方法，其内容及编制方法是学习人员必须要全面掌握的。

【知识目标】

1. 熟悉工程量清单计价表格；
2. 掌握工程量清单计价的编制。

【技能目标】

能编制单位工程工程量清单计价。

【课时建议】

16 课时

工程导入

　　×××红十字会×××镇卫生院住院楼工程为国家投资建设的项目，该工程要通过招标发包，那么，该如何编制其工程量清单计价，具体要填写哪些表格，如何填写？最终如何形成一份完整的工程量清单计价文件呢？

4.1　工程量清单计价表格

4.1.1　工程量清单计价表格组成

　　《计价规范》中给出的工程量清单计价表格包括招标工程量清单、招标控制价、投标总价、竣工结算等各个阶段计价使用的 5 种封面、5 种扉页和 22 种表样（30 个表格）。

技术提示

　　以下各种表格"（　　）"内的编码均为《建设工程工程量清单计价规范》（GB 50500—2013）中的统一编码。

---

1. 封面

封面包括五种，分别如下：

（1）招标工程量清单封面（封－1），见表 4.1。

（2）招标控制价封面（封－2），见表 4.2。

（3）投标总价封面（封－3），见表 4.3。

（4）竣工结算书封面（封－4），见表 4.4。

（5）工程造价鉴定意见书封面（封－5），见表 4.5。

表 4.1　招标工程量清单封面（封－1）

　　　　　　　工程

招标工程量清单

招　标　人：　　　　　　

（单位盖章）

造价咨询人：　　　　　　

（单位盖章）

年　月　日

表 4.2　招标控制价封面（封—2）

_____工程

招标控制价
招　标　人：_____
（单位盖章）

造价咨询人：_____
（单位盖章）
年　月　日

表 4.3　投标总价封面（封—3）

_____工程

投标总价
招　标　人：_____
（单位盖章）
年　月　日

表 4.4　竣工结算书封面（封—4）

_____工程

竣工结算书
发　包　人：_____
（单位盖章）

承　包　人：_____
（单位盖章）

造价咨询人：_____
（单位盖章）
年　月　日

表 4.5　工程造价鉴定意见书封面（封—5）

_____工程

工程造价鉴定意见书
造价咨询人：_____
（单位盖章）
年　月　日

2. 扉页

扉页包括五种，分别如下：

(1) 招标工程量清单扉页（扉—1），见表4.6。

(2) 招标控制价扉页（扉—2），见表4.7。

(3) 投标总价扉页（扉—3），见表4.8。

(4) 竣工结算书扉页（扉—4），见表4.9。

(5) 工程造价鉴定意见书扉页（扉—5），见表4.10。

表4.6 招标工程量清单扉页（扉—1）

_____工程

招标工程量清单

招 标 人：_____　　　　造价咨询人：_____
　　　　　（单位盖章）　　　　　　　　　　　　（单位资质专用章）

法定代表人或其授权人：_____　　法定代表人或其授权人：_____
　　　　　　（签字或盖章）　　　　　　　　　　　（签字或盖章）

编 制 人：_____　　　　复 核 人：_____
　　　（造价人员签字盖专用章）　　　　　（造价工程师签字盖专用章）

编 制 时 间：　　年 月 日　　　复 核 时 间：　　年 月 日

表4.7 招标控制价扉页（扉—2）

_____工程

招标控制价

招标控制价（小写）：_____
　　　　　（大写）：_____

招 标 人：_____　　　　造价咨询人：_____
　　　　　（单位盖章）　　　　　　　　　　　　（单位资质专用章）

法定代表人或其授权人：_____　　法定代表人或其授权人：_____
　　　　　　（签字或盖章）　　　　　　　　　　　（签字或盖章）

编 制 人：_____　　　　复 核 人：_____
　　　（造价人员签字盖专用章）　　　　　（造价工程师签字盖专用章）

编 制 时 间：　　年 月 日　　　复 核 时 间：　　年 月 日

表 4.8 投标总价扉页 （扉—3）

_____工程

投标总价

招 标 人：_____

工 程 名 称：_____

招标控制价（小写）：_____

（大写）：_____

招 标 人：_____

（单位盖章）

法定代表人或其授权人：_____

（签字或盖章）

编 制 人：_____

（造价人员签字盖专用章）

时 间： 年 月 日

表 4.9 竣工结算书扉页 （扉—4）

_____工程

竣工结算书

签约合同价（小写）：_____ （大写）：_____

竣工结算价（小写）：_____ （大写）：_____

发 包 人：_____ 承 包 人：_____ 造价咨询人：_____

（单位盖章） （单位盖章） （单位资质专用章）

法定代表人 法定代表人 法定代表人

或其授权人：_____ 或其授权人：_____ 或其授权人：_____

（签字或盖章） （签字或盖章） （签字或盖章）

编 制 人：_____ 核 对 人：_____

（造价人员签字盖专用章） （造价工程师签字盖专用章）

编 制 时 间： 年 月 日 核 对 时 间： 年 月 日

表 4.10　工程造价鉴定意见书扉页（扉—5）

_____工程

工程造价鉴定意见书

鉴定结论：

造价咨询人：_____

（盖单位章及资质专用章）

法定代表人：_____

（签字或盖章）

造价工程师：_____

（签字盖专用章）

年　月　日

3. 总说明

《计价规范》虽然只列了一个总说明表（表—01），但在工程计价的不同阶段说明的内容是有差别的，要求也是不同的。在总说明中，应根据《计价规范》对工程计价的各个阶段说明的要求加以说明，见表4.11。

表 4.11　总说明（表—01）

工程名称：　　　　　　　　　　　　　　　　　　　　　　　　　　　第　页　共　页

1. 工程概况
2. 投标报价范围
3. 投标报价编制依据
4. 其他

4. 汇总表

《计价规范》规定了不同计价阶段使用的六个汇总表表样，具体如下：

（1）建设项目招标控制价/投标报价汇总表（表—02），见表4.12。

（2）单项工程招标控制价/投标报价汇总表（表—03），见表4.13。

（3）单位工程招标控制价/投标报价汇总表（表—04），见表4.14。

（4）建设项目竣工结算汇总表（表—05），见表4.15。

（5）单项工程竣工结算汇总表（表—06），见表4.16。

（6）单位工程竣工结算汇总表（表—07），见表4.17。

由于招标控制价和投标报价包含的内容相同，只是对价格的处理不同，因此，对招标控制价和投标报价汇总表的设计使用同一表格。

表 4.12　建设项目招标控制价/投标报价汇总表（表—02）

工程名称：　　　　　　　　　　　　　　　　　　　　　　　　　　　第　页　共　页

序号	单项工程名称	金额（元）	其中：（元）		
			暂估价	安全文明施工费	规费

注：本表适用于建设项目招标控制价或投标报价的汇总

表 4.13 单项工程招标控制价/投标报价汇总表 (表—03)

工程名称：　　　　　　　　　　　　　　　　　　　　　　　　　　　　第 页 共 页

序号	单项工程名称	金额（元）	其中：（元）		
			暂估价	安全文明施工费	规费

注：本表适用于单项工程招标控制价或投标报价的汇总。暂估价包括分部分项工程中的暂估价和专业工程暂估价

表 4.14 单位工程招标控制价/投标报价汇总表 (表—04)

工程名称：　　　　　　　　　　　标段：　　　　　　　　　　　　　第 页 共 页

序号	汇总内容	金额（元）	其中：暂估价
1	分部分项工程		
1.1			
1.2			
1.3			
1.4			
1.5			
2	措施项目		
2.1	其中：安全文明施工费		—
3	其他项目		—
3.1	其中：暂列金额		—
3.2	其中：专业工程暂估价		—
3.3	其中：计日工		—
3.4	其中：总承包服务费		—
4	规费		—
5	税金		—
招标控制价合计＝1＋2＋3＋4＋5			

注：本表适用于单位工程招标控制价或投标报价的汇总，如无单位工程划分，单项工程也使用本表汇总

表 4.15　建设项目竣工结算汇总表（表—05）

工程名称：　　　　　　　　　　　　　　　　　　　　　　　　　　　　　第　页　共　页

序号	单项工程名称	金额（元）	其中：（元）	
			安全文明施工费	规费
	合计			

表 4.16　单项工程竣工结算汇总表（表—06）

工程名称：　　　　　　　　　　　　　　　　　　　　　　　　　　　　　第　页　共　页

序号	单项工程名称	金额（元）	其中：（元）	
			安全文明施工费	规费
	合计			

表 4.17　单位工程竣工结算汇总表（表—07）

工程名称：　　　　　　　　　　标段：　　　　　　　　　　　　　　　第　页　共　页

序号	汇总内容	金额（元）
1	分部分项工程	
1.1		
1.2		
1.3		
1.4		
1.5		
2	措施项目	
2.1	其中：安全文明施工费	
3	其他项目	
3.1	其中：暂列金额	
3.2	其中：专业工程暂估价	
3.3	其中：计日工	
3.4	其中：总承包服务费	
4	规费	
5	税金	
招标控制价合计＝1＋2＋3＋4＋5		

注：如无单位工程划分，单项工程也使用本表汇总

5. 分部分项工程和措施项目计价表

包括分部分项工程和单价措施项目清单与计价表（表－08）、综合单价分析表（表－09）、综合单价调整表（表－10）和总价措施项目清单与计价表（表－11）四种表样，见表4.18～4.21。

表 4.18　分部分项工程和单价措施项目清单与计价表（表－08）

工程名称：　　　　　　　　　　标段：　　　　　　　　　第 页 共 页

序号	项目编码	项目名称	项目特征描述	计量单位	工程量	金额（元）			
						综合单价	合价	其中	
								暂估价	
			本页小计						
			合 计						

注：为计取规费等的使用，可在表中增设其中："定额人工费"

表 4.19　综合单价分析表（表－09）

工程名称：　　　　　　　　　　标段：　　　　　　　　　第 页 共 页

项目编码		项目名称		计量单位		工程量	

定额编号	定额项目名称	定额单位	数量	单价				合价			
				人工费	材料费	机械费	管理费和利润	人工费	材料费	机械费	管理费和利润
人工单价		小计									
元/工日		未计价材料费									
清单项目综合单价											

材料费明细	主要材料名称、规格、型号	单位	数量	单价（元）	合价（元）	暂估单价（元）	暂估合价（元）
	其他材料费			—		—	
	材料费小计			—		—	

注：1. 如不使用省级或行业建设主管部门发布的计价依据，可不填写定额编号、名称等

　　2. 招标文件提供了暂估单价的材料，按暂估的单价填写表内"暂估单价"栏及"暂估合价"栏

表 4.20　综合单价调整表（表—10）

工程名称：　　　　　　　　　标段：　　　　　　　　　　　第　页　共　页

序号	项目编码	项目名称	已标价清单综合单价（元）					调整后综合单价（元）				
			综合单价	其中				综合合价	其中			
				人工费	材料费	机械费	管理费和利润		人工费	材料费	机械费	管理费和利润

造价工程师（签章）：　　发包人代表（签章）：　　　造价人员（签章）：　　　承包人代表（签章）：

日期：　　　　　　　　　　　　　　　　日期：

注：综合单价调整应附调整依据

表 4.21　总价措施项目清单与计价表（表—11）

工程名称：　　　　　　　　　标段：　　　　　　　　　　　第　页　共　页

序号	项目编码	项目名称	计算基础	费率（%）	金额（元）	调整费率（%）	调整后金额（元）	备注
		安全文明施工费						
		夜间施工增加费						
		二次搬运费						
		冬雨季施工增加费						
		已完工程及设备保护费						
		合计						

编制人（造价人员）：　　　　　　　　　　　　复核人（造价工程师）：

注：1.“计价基础”中安全文明施工费可为“定额计价”“定额人工费”或“定额人工费＋定额机械费”，其他项目可为“定额人工费”或“定额人工费＋定额机械费”

2. 按施工方案计算的措施费，若无“计价基础”和“费率”的数值，也可只填“金额”数值，但应在备注栏说明施工方案出处或计算方法

6. 其他项目计价表

其他项目计价表包含九种表格：

（1）其他项目清单与计价汇总表（表—12），见表 4.22。

（2）暂列金额明细表（表—12—1），见表 4.23。

（3）材料（工程设备）暂估单价及调整表（表—12—2），见表 4.24。

（4）专业工程暂估价及结算价表（表—12—3），见表 4.25。

（5）计日工表（表—12—4），见表 4.26。

（6）总承包服务费计价表（表—12—5），见表 4.27。

（7）索赔与现场签证计价汇总表（表—12—6），见表 4.28。

（8）费用索赔申请（核准）表（表—12—7），见表 4.29。

（9）现场签证表（表—12—8），见表 4.30。

表 4.22 其他项目清单与计价汇总表 (表－12)

工程名称：　　　　　　　　　　　　　标段：　　　　　　　　　　　　第 页 共 页

序号	项目名称	金额（元）	结算金额（元）	备注
1	暂列金额			明细详见表－12－1
2	暂估价			
2.1	材料（工程设备）暂估价/结算价	—		明细详见表－12－2
2.2	专业工程暂估价/结算价			明细详见表－12－3
3	计日工			明细详见表－12－4
4	总承包服务费			明细详见表－12－5
5	索赔与现场签证	—		明细详见表－12－6
	合计			

注：材料（工程设备）暂估价进入清单项目综合单价，此处不汇总

表 4.23 暂列金额明细表 (表－12－1)

工程名称：　　　　　　　　　　　　　标段：　　　　　　　　　　　　第 页 共 页

序号	项目名称	计量单位	暂定金额（元）	备注
1				
2				
3				
……				
	合计			—

注：此表由招标人填写，如不能详列，也可只列暂定金额总额，投标人应将上述暂列金额计入投标总价中

表 4.24 材料（工程设备）暂估单价及调整表 (表－12－2)

工程名称：　　　　　　　　　　　　　标段：　　　　　　　　　　　　第 页 共 页

序号	材料（工程设备）名称、规格、型号	计量单位	数量		暂估		确认（元）		差额±（元）		备注
			暂估	确认	单价	合价	单价	合价	单价	合价	
	合计										

注：此表由招标人填写"暂估金额"，并在备注栏说明暂估价的材料、工程设备拟用在哪些清单上，投标人应将上述材料、工程设备暂估单价计入工程量综合单价报价表中

表 4.25　专业工程暂估价及结算价表（表－12－3）

工程名称：　　　　　　　　　　标段：　　　　　　　　　　　　　　第　页　共　页

序号	工程名称	工程内容	暂估金额（元）	结算金额（元）	差额±（元）	备注
合计						

注：此表"暂估金额"由招标人填写，投标人应将"暂估金额"计入投标总价中。结算时按合同约定结算金额填写

表 4.26　计日工表（表－12－4）

工程名称：　　　　　　　　　　标段：　　　　　　　　　　　　　　第　页　共　页

编号	项目名称	单位	暂定数量	实际数量	综合单价（元）	合价（元）	
						暂定	实际
一	人工						
1							
2							
3							
人工小计							
二	材料						
1							
2							
3							
材料小计							
三	施工机械						
1							
2							
3							
施工机械小计							
四	企业管理费和利润						
总计							

注：此表项目名称、暂定数量由招标人填写，编制招标控制价时，单价由招标人按有关计价规定确定；投标时，单价由投标人自主报价，按暂定数量计算合价计入投标总价中。结算时，按发承包双方确认的技术数量计算合价

表 4.27 总承包服务费计价表 (表—12—5)

工程名称：　　　　　　　　　标段：　　　　　　　　　　　第 页 共 页

序号	项目名称	项目价值（元）	服务内容	计算基础	费率（%）	金额（元）
1	发包人发包专业工程					
2	发包人提供材料					
	合计	—	—	—		

注：此表项目名称、服务内容由招标人填写，编制招标控制价时，费率及金额由招标人按有关计价规定确定；投标时，费率及金额由投标人自主报价，计入投标总价中

表 4.28 索赔与现场签证计价汇总表 (表—12—6)

工程名称：　　　　　　　　　标段：　　　　　　　　　　　第 页 共 页

序号	签证及索赔项目名称	计量单位	数量	单价（元）	合价（元）	索赔及签证依据
—	本页小计	—	—	—		—
	合计	—	—	—		

注：签证及索赔的依据是指经双方认可的签证单和索赔依据的编号

表 4.29 费用索赔申请（核准）表 (表—12—7)

工程名称：　　　　　　　　　标段：　　　　　　　　　　　编号：

致：　　　　　　　　　　　　　　　　　　　　　　　　　　　　　（发包人全称）

根据施工合同条款 _____ 条的约定，由于 _____ 原因，我方要求索赔金额（大写）_____

____（小写 _____），请予核准。

　　附：1. 费用索赔的详细理由和依据：

　　　　2. 费用索赔金额的计算：

　　　　3. 证明材料：

造价人员 _____　　承包人代表 _____　　日期 _____

复核意见： 　　根据施工合同条款 _____ 条的约定，你方提出的费用索赔申请经复核： 　　□ 不同意此项索赔，具体意见见附件； 　　□ 同意此项索赔，索赔金额的计算由造价工程师复核。 　　　　　　监理工程师 _____ 　　　　　　日　　期 _____	复核意见： 　　根据施工合同条款 _____ 条的约定，你方提出的费用索赔申请经复核，索赔金额为（大写）_____（小写 _____）。 　　　　　　造价工程师 _____ 　　　　　　日　　期 _____

审核意见：

　　□ 不同意此项索赔。

　　□ 同意此项索赔，与本期进度款同期支付。

发包人（章）

发包人代表 _____

日　　期 _____

注：1. 在选择栏中的"□"内做标识"√"

　　2. 本表一式四份，由承包人填报，发包人、监理人、造价咨询人、承包人各存一份

表 4.30　现场签证表（表—12—8）

工程名称：　　　　　　　　　标段：　　　　　　　　　　　　　编号：

施工部门		日期	

致：　　　　　　　　　　　　　　　　　　　　　　　　　　　　　　（发包人全称）

　　根据　　　　　　（指令人姓名）　　年　　月　　日的口头指令或你方　　　　　　（或监理人）
　　　　年　　月　　　日的书面通知，我方要求完成此项工作应支付价款金额为（大写）　　　　　　
（小写　　　　　　），请予核准。

附：1. 签证事由及原因：

　　2. 附图及计算式：

　　造价人员　　　　　　　　　　承包人代表　　　　　　　　　　日期　　　　　　　　

复核意见： 　　你方提出的此项签证申请经复核： 　□　不同意此项签证，具体意见见附件； 　□　同意此项签证，签证金额的计算由造价工程师复核。 　　　　　　　监理工程师　　　　　 　　　　　　　日　　　期	复核意见： 　□此项签证按承包人中标的计日工单价计算，金额为（大写）　　　　　　元（小写　　　　）。 　□此项签证因无计日工单价，金额为（大写）　　　　　　元（小写　　　　　　）。 　　　　　　造价工程师　　　　　 　　　　　　日　　　期

审核意见：

　□　不同意此项签证。

　□　同意此项签证，价款与本期进度款同期支付。

　　　　　　　　　　　　　　　　　　　　　发包人（章）

　　　　　　　　　　　　　　　　　　　　　发包人代表　　　　　　

　　　　　　　　　　　　　　　　　　　　　日　　　期　　　　　　

注：1. 在选择栏中的"□"内做标识"√"

　　2. 本表一式四份，由承包人在收到发包人（监理人）的口头或书面通知后填写，发包人、监理人、造价咨询人、承包人各存一份

7. 规费、税金项目计价表

规费、税金项目计价表（表—13），见表 4.31。

表 4.31　规费、税金项目计价表（表—13）

工程名称：　　　　　　　　　　标段：　　　　　　　　　　　第　页　共　页

序号	项目名称	计算基础	计算基数	计算费率（%）	金额（元）
1	规费	定额人工费			
1.1	社会保险费	定额人工费			
(1)	养老保险金	定额人工费			
(2)	失业保险费	定额人工费			

续表 4.31

序号	项目名称	计算基础	计算基数	计算费率（%）	金额（元）
(3)	医疗保险费	定额人工费			
(4)	工伤保险费	定额人工费			
(5)	生育保险费	定额人工费			
1.2	住房公积金	定额人工费			
1.3	工程排污费	按工程所在地环保部门收取标准，按实计入			
2	税金	分部分项工程费＋措施项目费＋其他项目费＋规费－按规定不计税的工程设备金额			
合计					

8. 工程计量申请（核准）表

工程计量申请（核准）表（表－14），见表 4.32。

表 4.32 工程计量申请（核准）表（表－14）

工程名称：　　　　　　　　　标段：　　　　　　　　　　　　　　第 页 共 页

序号	项目编码	项目名称	计量单位	承包人申报数量	发包人核实数量	发承包人确认数量	备注

承包人代表：	监理工程师：	造价工程师：	发包人代表：
日期：	日期：	日期：	日期：

9. 合同价款支付申请（核准）表

合同价款支付申请（核准）表包含五种表格：

(1) 预付款支付申请（核准）表（表－15），见表 4.33。

(2) 总价项目进度款支付分解表（表－16），见表 4.34。

(3) 进度款支付申请（核准）表（表－17），见表 4.35。

(4) 竣工结算款支付申请（核准）表（表－18），见表 4.36。

(5) 最终结清支付申请（核准）表（表－19），见表 4.37。

表 4.33　预付款支付申请（核准）表（表一15）

工程名称：　　　　　　　　　标段：　　　　　　　　　编号：

致：　　　　　　　　　　　　　　　　　　　　　　　　　　　（发包人全称）

我方根据施工合同的约定，现申请支付工程预付款金额为（大写）_____（小写_____），请予核准。

序号	名称	申请金额（元）	复核金额（元）	备注
1	已签约合同价款金额			
2	其中：安全文明施工费			
3	应支付的预付款			
4	应支付的安全文明施工费			
5	应支付的预付款			

承包人（章）

造价人员 _____　　　承包人代表 _____　　　日期 _____

复核意见： □ 与合同约定不相符，修改意见见附件； □ 与合同约定相符，具体金额由造价工程师复核。 　　　　　监理工程师 _____ 　　　　　日　　期 _____	复核意见： 　　你方提出的支付申请经复核，应支付预付款金额为（大写）_____（小写_____）。 　　　　　造价工程师 _____ 　　　　　日　　期 _____

审核意见：
□ 不同意。
□ 同意，支付时间为本表签发后的 15 天内。

发包人（章）
发包人代表 _____
日　　期 _____

注：1. 在选择栏中的"□"内做标识"√"
　　2. 本表一式四份，由承包人填报，发包人、监理人、造价咨询人、承包人各存一份

表 4.34　总价项目进度款支付分解表（表一16）

工程名称：　　　　　　　　　标段：　　　　　　　　　单位：元

序号	项目名称	总价金额	首次支付	二次支付	三次支付	四次支付	五次支付
	安全文明施工						
	夜间施工增加费						
	二次搬运费						
	社会保险费						
	住房公积金						
	合计						

编制人（造价人员）：　　　　　　　　　复核人（造价工程师）：

注：1. 本表应由承包人在投标报价时根据发包人在招标文件明确的进度款支付周期与报价填写，签订合同时，发承包双方可就支付分解协商调整后作为合同附件

　　2. 单价合同适用本表，"支付"栏时间应与单价项目进度款支付周期相同

　　3. 总价合同适用本表，"支付"栏时间应与约定的工程计量周期相同

表 4.35　进度款支付申请（核准）表（表—17）

工程名称：　　　　　　　　　标段：　　　　　　　　　编号：

致：＿＿＿＿＿＿＿＿＿＿＿＿＿＿＿＿＿＿＿＿＿＿＿＿＿＿＿＿＿＿＿＿（发包人全称）

我方于＿＿＿＿＿＿至＿＿＿＿＿期间已经完成了＿＿＿＿＿工作，根据施工合同的约定，现申请支付本周期的合同款金额为（大写）＿＿＿＿＿＿＿＿＿（小写＿＿＿＿＿＿＿＿），请予核准。

序号	名称	实际金额（元）	申请金额（元）	复核金额（元）	备注
1	累计已完成的合同价款				
2	累计已实际支付的合同价款				
3	本周期合计完成的合同价款				
3.1	本周期已经完成单价项目的金额				
3.2	本周期应支付的总价项目的金额				
3.3	本周期已经完成的合同价款				
3.4	本周期应支付的安全文明施工费				
3.5	本周期应增加的合同价款				
4	本周期合计应扣减的金额				
4.1	本周期应扣减的预付款				
4.2	本周期应扣减的金额				
5	本周期应支付的合同价款				

附：上述 3、4 详见附件清单。

承包人（章）

造价人员＿＿＿＿＿＿＿　　　承包人代表＿＿＿＿＿＿＿　　日期＿＿＿＿＿＿＿

复核意见： □　与实际施工情况不相符，修改意见见附件； □　与实际施工情况相符，具体金额由造价工程师复核。 监理工程师＿＿＿＿＿＿ 日　　　期＿＿＿＿＿＿	复核意见： 　你方提出的支付申请经复核，本周期已完成合同款额为（大写）＿＿＿＿＿＿（小写＿＿＿＿＿）。 本周期应支付金额为（大写）＿＿＿＿＿（小写＿＿＿＿＿）。 造价工程师＿＿＿＿＿＿ 日　　　期＿＿＿＿＿＿

审核意见：

□　不同意。

□　同意，支付时间为本表签发后的 15 天内。

发包人（章）

发包人代表＿＿＿＿＿＿

日　　　期＿＿＿＿＿＿

注：1. 在选择栏中的"□"内做标识"√"

　　2. 本表一式四份；由承包人填报，发包人、监理人、造价咨询人、承包人各存一份

表 4.36　竣工结算款支付申请（核准）表（表－18）

工程名称：　　　　　　　　　　标段：　　　　　　　　　　　　　　编号：

致：＿＿＿＿＿＿＿＿＿＿＿＿＿＿＿＿＿＿＿＿＿＿＿＿＿＿＿＿＿＿＿＿＿＿（发包人全称）

　　我方于＿＿＿＿＿至＿＿＿＿＿期间已经完成合同约定的工作，工程已经完工，根据施工合同的约定，现申请支付竣工结算合同款额为（大写）＿＿＿＿＿＿＿＿＿＿（小写＿＿＿＿＿＿），请予核准。

序号	名称	申请金额（元）	复核金额（元）	备注
1	竣工结算合同价款总额			
2	累计已实际支付的合同价款			
3	应预留的质量保证金			
4	应支付的工程竣工结算款金额			

承包人（章）

造价人员＿＿＿＿＿＿　　　　　　承包人代表＿＿＿＿＿＿　　　　　日期＿＿＿＿＿＿

复核意见： 　□ 与实际施工情况不相符，修改意见见附件； 　□ 与实际施工情况相符，具体金额由造价工程师复核。 　　　　　　监理工程师＿＿＿＿＿＿ 　　　　　　日　　期＿＿＿＿＿＿	复核意见： 　　你方提出的竣工结算款支付申请经复核，竣工结算款总额为（大写）＿＿＿＿＿＿（小写＿＿＿＿），扣除前期支付以及质量保证金后应支付金额为（大写）＿＿＿＿＿＿（小写＿＿＿＿）。 　　　　　　造价工程师＿＿＿＿＿＿ 　　　　　　日　　期＿＿＿＿＿＿

审核意见：

　□ 不同意。

　□ 同意，支付时间为本表签发后的 15 天内。

发包人（章）

发包人代表＿＿＿＿＿＿

日　　期＿＿＿＿＿＿

　　注：1. 在选择栏中的"□"内做标识"√"

　　　　2. 本表一式四份，由承包人填报，发包人、监理人、造价咨询人、承包人各存一份

表 4.37　最终结清支付申请（核准）表（表－19）

工程名称：　　　　　　　　　　标段：　　　　　　　　　　　　　　编号：

致：＿＿＿＿＿＿＿＿＿＿＿＿＿＿＿＿＿＿＿＿＿＿＿＿＿＿＿＿＿＿＿＿＿＿（发包人全称）

　　我方于＿＿＿＿＿至＿＿＿＿＿＿期间已完成了缺陷修复工作，根据施工合同的约定，现申请支付最终结清款合同款额为（大写）＿＿＿＿＿＿＿＿＿＿（小写＿＿＿＿＿＿），请予核准。

序号	名称	申请金额（元）	复核金额（元）	备注
1	已预留的质量保证金			
2	应增加因发包人原因造成缺陷的修复金额			
3	应扣减承包人不修复缺陷、发包人组织修复的金额			
4	最终应支付的合同价款			

承包人（章）

续表 4.37

造价人员 _____　　　承包人代表 _____　　　　　　日期 _____

| 复核意见：
□　与实际施工情况不相符，修改意见见附件；
□　与实际施工情况相符，具体金额由造价工程师复核。

　　　　　监理工程师 _____
　　　　　日　　　期 _____ | 复核意见：
你方提出的支付申请经复核，最终应支付金额为
（大写）_____（小写 _____）。

　　　　　造价工程师 _____
　　　　　日　　　期 _____ |

审核意见：
　　□　不同意。
　　□　同意，支付时间为本表签发后的 15 天内。

　　　　　　　　　　　　　　　　　　　　　　发包人（章）
　　　　　　　　　　　　　　　　　　　　　　发包人代表 _____
　　　　　　　　　　　　　　　　　　　　　　日　　　期 _____

注：1. 在选择栏中的"□"内做标识"√"
　　2. 本表一式四份，由承包人填报，发包人、监理人、造价咨询人、承包人各存一份

10. 主要材料、工程设备一览表

主要材料、工程设备一览表包含三种表格：
（1）发包人提供材料和工程设备一览表（表-20），见表 4.38。
（2）承包人提供材料和工程设备一览表（适用于造价信息差额调整法）（表-21），见表 4.39。
（3）承包人提供材料和工程设备一览表（适用于价格指数差额调整法）（表-22），见表 4.40。

表 4.38　发包人提供材料和工程设备一览表（表-20）

工程名称：　　　　　　　　　　标段：　　　　　　　　　　　　第　页　共　页

序号	材料（工程设备）名称、规格、型号	单位	数量	单价（元）	交货方式	送达地点	备注

注：此表由招标人填写，供投标人在投标报价、确定总承包服务费时参考

表 4.39　承包人提供材料和工程设备一览表（表-21）

（适用于造价信息差额调整法）

工程名称：　　　　　　　　　　标段：　　　　　　　　　　　　第　页　共　页

序号	名称、规格、型号	单位	数量	风险系数（%）	基准单价（元）	投标单价（元）	发承包人确认单价（元）	备注

注：1. 此表由招标人填写除"投标单价"栏的内容，投标人在投标时自主确定投标单价
　　2. 招标人应优先采用工程造价管理机构发布的单价作为基准单价，未发布的，通过市场调查确定其基准单价

表 4.40 承包人提供材料和工程设备一览表 (表—22)

(适用于价格指数差额调整法)

工程名称：　　　　　　　　　　标段：　　　　　　　　　　　　　第　页　共　页

序号	名称、规格、型号	变值权重 B	基本价格指数 F_0	现行价格指数 F_t	备注
	定值权重 A		—	—	
	合计	1	—	—	

注：1. "名称、规格、型号""基本价格指数"由招标人填写，基本价格指数应首先采用工程造价管理机构发布的价格指数，没有时，可采用发布的价格代替。如人工、机械费也采用本法调整，由招标人在"名称"栏填写

2. "变值权重"栏由招标人根据该项人工、机械费和材料、工程设备价值在投标总报价中所占的比例填写，1 减去其比例为定额权重。

3. "现行价格指数"按约定的付款证书相关周期最后一天的前 42 天的各项价格指数填写，该指数应首先采用工程造价管理机构发布的价格指数，没有时，可采用发布的价格代替

4.1.2　计价表格的使用规定

(1) 工程计价表格宜采用统一格式。

各省、自治区、直辖市建设行政主管部门和行业建设主管部门可根据本地区、本行业的实际情况，在《计价规范》计价表格的基础上补充完善。

(2) 工程计价表格的设置应满足工程计价的需要，方便使用。

(3) 工程量清单的编制应符合下列规定：

①工程量清单使用表格包括：封—1、扉—1、表—01、表—08、表—11、表—12 (不含表—12—6～表—12—8)、表—13、表—20、表—21 或表—22。

②扉页应按规定的内容填写、签字、盖章，由造价员编制的工程量清单应有负责审核的造价工程师签字、盖章。受委托编制的工程量清单，应由造价工程师签字、盖章以及造价咨询人盖章。

③总说明应按下列内容填写：

a. 工程概况：建设规模、工程特征、计划工期、施工现场实际情况、自然地理条件、环境保护要求等。

b. 工程招标和专业招标发包范围。

c. 工程量清单编制依据。

d. 工程质量、材料、施工等的特殊要求。

e. 其他需要说明的问题。

(4) 招标控制价、投标报价、竣工结算的编制应符合下列规定：

①使用表格。

a. 招标控制价使用表格包括：封—2、扉—2、表—01、表—02、表—03、表—04、表—08、表—09、表—11、表—12 (不含表—12—6～—12—8)、表—13、表—20、表—21、表—22。

b. 投标报价使用的表格包括：封—3、扉—3、表—01、表—02、表—03、表—04、表—08、表—09、表—11、表—12 (不含表—12—6～—12—8)、表—13、表—16、招标文件提供的表—20、表—21、表—22。

c. 竣工结算使用的表格包括：封—4、扉—4、表—01、表—05、表—06、表—07、表—08、表—09、表—10、表—11、表—12、表—13、表—14、表—15、表—16、表—17、表—18、表—19、

表-20、表-21、表-22。

②扉页应按规定的内容填写、签字、盖章，除投标人自行编制的投标报价和竣工结算外，受委托编制的招标控制价、投标报价、竣工结算，由造价员编制的应有负责审核的造价工程师签字、盖章以及工程造价咨询人盖章。

③总说明应按下列内容填写：

a. 工程概况：建设规模、工程特征、计划工期、合同工期、实际工期、施工现场及变化情况、施工组织设计的特点、自然地理条件、环境保护要求等。

b. 编制依据等。

（5）工程造价鉴定应符合下列要求：

①工程造价鉴定使用表格包括：封-5、扉-5、表-01、表-05～表-20、表-21、表-22。

②扉页应按规定内容填写、签字、盖章，应有负责审核的造价工程师签字、盖执业专用章。

③说明应按下列内容填写：

a. 鉴定项目委托人名称、委托鉴定的内容。

b. 委托鉴定的证据材料。

c. 坚定的依据及使用的专业技术手段。

d. 对鉴定过程的说明。

e. 明确的鉴定结论。

f. 其他需说明的事宜。

g. 工程造价咨询人盖章及注册造价工程师签名盖执业专用章。

（6）投标人应按招标文件的要求，附工程量清单综合单价分析表。

4.2 工程量清单计价编制

4.2.1 工程量清单计价编制原理

工程量清单计价，是我国改革现行的工程造价计价方法和招标投标中报价方法与国际通行惯例接轨所采取的一种方式。以招标人提供的工程量清单为平台，投标人根据工程项目特点，自身的技术水平，施工方案，管理水平高低以及中标后面临的各种风险等进行综合报价。招标人根据具体的评标细则进行优选。这种计价方式是完全市场定价体系的反映，在国际承包市场非常流行。

工程量清单计价是指建筑安装工程在施工招标活动中，招标人按规定的格式提供招标工程的分部分项工程量清单，投标人按工程价格的组成、计价规定，自主报价。投标报价应根据下列依据编制：

①《建设工程工程量清单计价规范》（GB 50500—2013）。

② 国家或省级、行业建设主管部门颁发的计价办法。

③ 企业定额，国家或省级、行业建设主管部门颁发的计价定额。

④ 招标文件、工程量清单及其补充通知、答疑纪要。

⑤ 建设工程设计文件及相关资料。

⑥ 施工现场情况、工程特点及拟定的投标施工组织设计或施工方案。

⑦ 与建设项目相关的标准、规范等技术资料。

⑧ 市场价格信息或工程造价管理机构发布的工程造价信息。

⑨ 其他的相关资料。

清单计价的编制由封面、总说明、投标总价、工程项目投标总价表、单项工程造价汇总表、单位工程造价汇总表、分部分项工程计价表、措施项目清单计价表、分部分项工程量清单综合分析表等组成。具体编制步骤如下：

工程量清单计价编制有五个步骤（图 4.1），编制的顺序和要求如下。

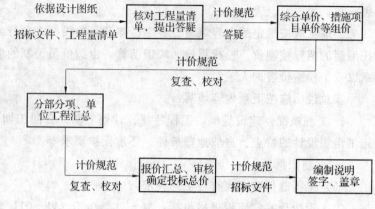

图 4.1　清单计价的编制流程图

（1）校对工程量清单和提出答疑

招标人所提供的工程量清单，其最基本的功能是作为信息的载体，以便使投标人能对工程有全面而充分的了解，因此其内容必须保证全面、准确、无误。投标人应认真对照施工图纸等文件核对招标人提供的工程量，发现项目特征描述不准确，工程量存在项目划分、计量单位、数量等误差或遗漏项目的，必须在招标文件规定的时间内向招标人提出书面异议或修正要求。

（2）清单工程组价

分部分项工程和措施项目清单应采用综合单价计价。综合单价是指完成一个计量单位的分部分项工程量清单项目或措施清单项目所需要的人工费、材料费、施工机械使用费和企业管理费与利润，以及一定范围内的风险费用。

①计算分部分项工程清单费用。

分部分项工程费是安装工程造价的重要组成部分，其计算公式为

$$分部分项工程费 = \sum（分部分项工程量 \times 综合单价）$$

a. 综合单价的组成。

综合单价由完成规定计算单位工程量清单项目所需的人工费、材料费、机械使用费、管理费、利润、风险因素、工程量增减因素、工程中材料的合理损耗八方面组成的。风险因素，按一定的原理，采取风险系数来反映。所以，考虑风险因素后的清单报价计算公式如下：

$$清单项目综合单价 = （人工费 + 材料费 + 机械费 + 管理费 + 利润）\times（1 + 风险系数）$$

b. 清单组价（综合单价的确定）。

工程量清单计价的关键工作是正确确定清单项目的综合单价。在确定了综合单价后，用招标文件中的清单工程量与相应综合单价相乘，再将各清单项目汇总，即得到工程费用。综合单价的编制，目前普遍采用的是用建设行政管理部门颁布的预算定额来确定。

一个清单项目由一个或多个工程内容构成，清单项目的综合单价应包括其内部各工程内容的单价。一个工程内容即是一项分项工程，一般情况下，对清单项目工程内容分项的目的是将每个工程内容与预算定额或企业的定额子目对应起来，以便后续的工程价款的计算。可根据招标文件工程量清单项目特征、工程内容和电气施工及验收规范要求，进行分析判断综合单价组价内容。

c. 人工费、材料费、机械费计算。

综合单价中的人工费、材料费、机械台班使用费计算办法如下式：

人工费（材料费/机械费）=清单项目组价内容工程量×企业定额人工（材料费/机械费）消耗量指标×人工工日（材料费/机械台班）单价/清单项目工程数量

d. 计算企业管理费。

综合单价中的企业管理费的计算办法按下式确定：

$$企业管理费 = 人工费 \times 企业管理费费率$$

施工企业管理费费率根据《福建省建筑安装工程费用定额》（2003版）取费标准，施工企业管理费的费率根据单位工程的类别确定，详见表4.41安装工程企业管理费取费标准。

表 4.41 安装工程企业管理费取费标准

分部分项工程名称	取费基数	一类	二类	三类
人工挖填土、开挖路面、凿槽、打透眼工程	人工费	5%		
其他安装工程		46%	33%	20%

e. 计算利润。

综合单价中的利润的计算办法按下式确定：

利润＝（人工费＋材料费＋施工机械使用费＋企业管理费）×利润率

建筑、安装、市政、仿古建筑及园林绿化和房屋修缮等工程的利润，根据单位工程的类别按表4.42计算。单位工程不分类别的，利润率按三类计算。建筑工程中的土石方、桩基础、室外道路、挡土墙工程及其他市政工程按三类计算。

表 4.42 安装工程利润取费标准

取费基数	利润率（%）		
	一类	二类	三类
人工费、材料费、施工机械使用费、企业管理费之和	4.6%	3.3%	2.0%

f. 风险因素的确定。

由于建筑工程施工周期长、工程投资大，施工中的一些不可预测因素会带来工程成本的提高。这些因素应根据具体工程实际在综合单价的管理费和利润的计算中得以体现。对于投标报价的计算，风险因素考虑得过高，会降低工程报价的竞争力；考虑得过低，又会使施工单位面临很高的风险成本。因此，在实际确定风险因素时，要仔细分析可能带来成本提高的各种因素，使报价既具备较强的竞争力，又能反映工程的实际消耗。

g. 综合单价确定。

投标企业通过以上计算得到招标文件的分部分项工程清单项目的综合单价，并结合投标报价策略获得一个满意的投标报价方案。综合单价计算程序，可用表4.43表示。

表 4.43 综合单价计算程序表

序号	项 目 名 称	计 算 办 法
1	人工费	$\sum$（人工消耗量×人工单价）
2	材料费	$\sum$（材料消耗量×材料单价）
3	施工机械使用费	$\sum$（施工机械台班消耗量×台班单价）
4	企业管理费	规定的取费基数×企业管理费费率
5	利润	（1＋2＋3＋4）×利润率
6	综合单价	1＋2＋3＋4＋5

②综合单价编制时应注意的问题。

a. 必须非常熟悉企业定额的编制原理，为准确计算人工、材料、机械消耗量奠定基础。

b. 必须熟悉施工工艺，准确确定工程量清单表中的工程内容，以便准确报价。

c. 经常进行市场询价和商情调查，以便合理确定人工、材料、机械的市场单价。

d. 广泛积累各类基础性资料及其以往的报价经验，为准确而迅速地做好报价提供依据。

e. 经常与企业及项目决策领导者进行沟通明确投标策略，以便合理报出管理费率及利润率。

f. 增强风险意识，熟悉风险管理有关内容，将风险因素合理地考虑在报价中。

g. 必须结合施工组织设计和施工方案将工程量增减的因素及施工过程中的各类合理损耗都考虑在综合单价中。

h. 清单综合单价计价的工程量与工程量清单项目中工程量不一定是一致的，工程量清单中工程量是净数量，而所有按设计要求和施工及验收规范规定的预留长度、材料损耗均需在综合单价中考虑。清单计价格式应按计价规范规定的统一格式。如电线、电缆的预留线、损耗量，管道的损耗量、管道和阀门及法兰的绝热和保护层的施工误差量（绝热的增加量是 3.3%）是不能列入清单的，清单工程量是净尺寸，投标人在清单组价计算综合单价时，管道的损耗量、绝热和保护层的误差量可根据实际企业施工水平和技术条件进行计算，该量是有竞争性的，其损耗量可在综合单价中体现。

i. 其他费用计算。以下费用投标人可根据需要和实际情况计入综合单价：

高层建筑施工增加费；安装与生产同时进行增加费；在有害身体健康环境中施工增加费；安装物高度超高施工增加费；设置在管道间、管廊内管道施工增加费；现场浇注的主体结构配合施工增加费。

③工程量清单计价表。

在编制完成清单项目的综合单价后，根据《计价规范》的规定，要将其结果填制成表格样式。

工程量清单计价表是投标报价文件中必须填制的文件之一，其格式在《计价规范》中做出了明确的规定，见表 4.18。

④综合单价分析表。

工程量清单综合单价分析表是评标委员会评审和判断综合单价组成及价格完整性、合理性的主要基础，对因工程变更调整综合单价也是必不可少的基础价格数据来源。采用经评审的最低投标价法评标时，该分析表的重要性更为突出。

⑤综合单价的计算顺序。

分部分项工程量清单计价，其核心是综合单价的确定。综合单价的计算一般应按下列顺序进行。

a. 确定工程内容。根据工程量清单项目名称和拟建工程实际，或参照"分部分项工程量清单项目设置及其消耗量定额"表中的"工程内容"，确定该清单项目主体及其相关工程内容。

b. 计算工程数量。根据现行《福建省建筑工程工程量计算规则》的规定，分别计算工程量清单项目所包含的每项工程内容的工程数量。

c. 计算单位含量。分别计算工程量清单项目每计量单位应包含的各项工程内容的工程数量，即

$$计算单位含量 = 第 b 步计算的工程数量 \div 相应清单项目的工程数量$$

d. 选择定额。根据第 a 步确定的工程内容，参照"分部分项工程量清单项目设置及其消耗量定额"表中的定额名称和编号，选择定额，确定人工、材料和机械台班的消耗量。

e. 选择单价。应根据建筑工程工程量清单计价办法规定的费用组成，参照其计算方法，或参照工程造价主管部门发布的人工、材料和机械台班的信息价格，确定其相应单价。

f. 计算清单项目每计量单位所含某项工程内容的人工、材料、机械台班价款，即

"工程内容"的人、材、机价款 = $\sum$（第 d 步确定的人、材、机消耗量×第 e 步选择的人、材、机单价）×第 c 步计算含量

g. 计算工程量清单项目每计量单位人工、材料、机械台班价款，即

工程量清单项目人、材、机价款 = 第 f 步计算的各项工程内容的人、材、机价款之和

h. 选定费率。应根据建筑工程工程量清单计价办法规定的费用组成，参照其计算方法，或参照工程造价主管部门发布的相关费率，并结合本企业和市场的实际情况，确定管理费率和利润率。

i. 计算综合单价，即

安装工程综合单价＝第 g 步计算的人、材、机价款＋g 中人工费（管理费率＋利润率）

j. 计算合价，即

合价＝综合单价×相应清单项目工程数量

技术提示

综合单价的计算例题见模块一【例 1.1】，此处不再重复。

---

⑥计算措施性项目清单费用。

措施项目费，是指为完成工程项目施工，发生于该工程施工前和施工过程中非工程实体项目的费用。费用由施工技术措施费（措施一）和施工组织措施费（措施二）两部分组成。

措施一（施工技术措施费）如脚手架费。施工技术措施费的计算方法同分部分项工程费的计算方法。

措施二（施工组织措施费）包括环境保护、安全文明施工、临时设施、夜间施工、工期缩短、二次搬运、已完工程材料设备保护费、冬雨季施工增加费、工程定位复测、工程交点、场地清理费、生产工具使用费等。其中：环境保护、安全文明施工、临时设施三项（前两项为计价规范规定，后一项为地方政府规定）列为不可竞争费用。

文明施工、安全施工、临时施工、夜间施工已完工程及设备保护、缩短工期措施费、风雨季施工增加费、生产工具用具使用费、工程点交及场地清理费等以分部分项工程费为基数按表 4.44 的取费标准计算。

表 4.44　施工组织措施费的取费标准

序号	项目名称		取费基准	一类	二类	三类
1	文明施工			0.3％	0.4％	0.5％
2	安全施工			0.2％	0.2％	0.2％
3	临时施工			0.5％	0.6％	0.7％
4	夜间施工			0.2％	0.2％	0.2％
5	已完工程及设备保护		分部分项工程费	0.15％	0.15％	0.15％
6	缩短工期措施费	缩短工期 10％～20％		1％		
		缩短工期 20％～30％		1.75％		
		缩短工期 30％以上		2.5％		
7	风雨季施工增加费			0.15％	0.15％	0.15％
8	生产工具用具使用费			0.25％	0.25％	0.25％
9	工程点交、场地清理费			0.05％	0.05％	0.05％

【例 4.1】　已知某单位工程的建筑类别为：三类，招标文件规定：施工工期按定额工期、施工质量达到国家质量验收评定标准（规范）合格，该工程分部分项工程数为 69 254 元。计算该单位工程的施工组织措施项目费。

解　依题意，根据单位工程建筑类别，查表 4.44 得：安全施工 0.2％、文明施工 0.5％、临时施工 0.7％、夜间施工 0.2％、已完工程及设备保护 0.15％、缩短工期措施费（不计）、风雨季施工增加费 0.15％、生产工具用具使用费 0.25％、工程点交及场地清理费 0.05％。

安全施工增加费＝分部分项工程费×相应的费率＝69 254×0.5％＝346（元）

文明施工增加费＝分部分项工程费×相应的费率＝69 254×0.2‰＝139（元）

临时设施增加费＝分部分项工程费×相应的费率＝69 254×0.7‰＝485（元）

夜间施工增加费＝分部分项工程费×相应的费率＝69 254×0.2‰＝139（元）

已完工程材料设备保护费＝分部分项工程费×相应的费率＝69 254×0.15‰＝104（元）

冬雨季施工增加费＝分部分项工程费×相应的费率＝69 254×0.15‰＝104（元）

生产工具使用费＝分部分项工程费×相应的费率＝69 254×0.25‰＝173（元）

工程交点及场地清理费＝分部分项工程费×相应的费率＝69 254×0.05‰＝35（元）

按照《计价规范》中规定的措施项目清单与计价表的格式进行填报，现将以上计算结果整理汇总成《计价规范》的格式用表，见表4.45。

表 4.45 措施项目清单与计价表

工程名称：××卫生院住院楼—电气　　　　　　　　　标段：住院楼　　　　　　第1页 共1页

序号	项 目 名 称	计 算 基 础	费 率（%）	金 额（元）
1	文明施工费	69 254	0.50	346
2	安全施工费	69 254	0.20	139
3	临时设施费	69 254	0.70	485
4	夜间施工费	69 254	0.20	139
5	已完工程及设备保护费	69 254	0.15	104
6	风雨季施工增加费	69 254	0.15	104
7	生产工具用具使用费	69 254	0.25	173
8	工程点交、场地清理费	69 254	0.05	35
9	缩短工期措施费			
10	优良工程增加费			
	合　　　计			1 524

其中：安全文明（临时设施）施工费＝346＋139＋485＝970（元）

⑦计算其他项目清单费用。

其他项目清单费用根据费用性质不同可分为招标人和投标人两部分内容，按相关文件及投标人的实际情况进行计算汇总。

a. 招标人部分：预留金、招标人材料购置费等。

b. 投标人部分：总包服务费、零星工作项目费、工程保险费等。

其他的措施项目费计算方法按工程量乘以相应的综合单价计算。其综合单价的计算方法同分部分项工程。

投标报价中的其他项目费计价的相关规定：

a. 暂列金额应按招标人在其他项目清单中列出的金额填写，不得变动。

b. 材料暂估价应按招标人在其他项目清单中列出的单价计入综合单价；专业工程暂估价应按招标人在其他项目清单中列出的金额填写。

c. 计日工按招标人在其他项目清单中列出的项目和数量，自主确定综合单价并计算计日工费用。

d. 总承包服务费应依据招标人在招标文件中列出的分包专业工程内容和供应材料、设备情况，按照招标人提出的协调、配合与服务要求和施工现场管理需要自主报价。

【例4.2】　根据下列已知内容，按照《计价规范》的相关规定，编制其他项目清单与计价汇总表。已知：电气设备工程费69 254元，脚手架费用3 500元，总包管理费18 000元，工程排污费3 000元，暂列金20 000元，零星工作项目费10 000元，其他本题目未提供的内容均不计。

解　依题意，投标报价中的其他项目清单与计价表，计算结果见表4.46。

表 4.46 其他项目清单与计价表

工程名称：××卫生院住院楼－电气 标段：住院楼 第 1 页 共 1 页

序号	项目名称	计量单位	金额（元）	备注
1	暂列金额	项	20 000	
2	暂估价		—	
2.1	材料（工程设备）暂估价		—	
2.2	专业工程暂估价		—	
3	计日工		10 000	
4	总承包服务费		18 000	
	合 计		48 000	

⑧计算规费和税金。

规费和税金属于不可竞争费用。

根据《福建省建筑安装工程费用定额》（2003 版）规定：规费，包括工程排污费、工程定额测定费、社会保障费、住房公积金、危险作业意外伤害保险等。规费按照省建设厅颁发的费用定额的有关规定计算。

a. 工程排污费。包括污水、废气排污费，固定废物及危险废物排污费，噪声超标排污费等。按有关规定计算。

b. 劳保费用。包括社会保障费和住房公积金。建筑、安装、市政、仿古建筑及园林绿化和房屋修缮等工程的劳务费用按表 4.47 计算。

表 4.47 劳保费用取费标准

取费基数	取费标准（%）			
	甲类	乙类	丙类	丁类
分部分项工程费、措施项目费、其他项目费之和	4.86	3.65	2.92	2.19

c. 危险作业意外伤害保险费用。建筑、安装、市政、仿古建筑及园林绿化和房屋修缮等工程的危险作业意外伤害保险费用以分部分项工程费、措施项目费、其他项目费之和为基数，取费标准为 0.19%。

d. 工程定额测定费。建筑、安装、市政、仿古建筑及园林绿化和房屋修缮等工程的工程定额测定费按表 4.48 计算。

表 4.48 工程定额测定费取费标准

工程所在地	取费基数	取费标准（%）
福州、厦门、漳州、泉州、莆田	分部分项工程费、措施项目费、其他项目费、规费（除工程定额测定费外）之和	0.114
三明、南平、龙岩、宁德		0.135

税金包括按规定必须计入工程造价的营业税、城市维护建设税和教育费附加。必须按省计价规范规定计取，并不得让利优惠。税金按不含工程造价乘以工程所在地的税率计算。

根据《福建省建筑安装工程费用定额》（2003 版）规定，建筑、安装、市政、仿古建筑及园林绿化和房屋修缮等工程的税金按表 4.49 计算。

表 4.49 税率标准

工程所在地	计税基数	税率（%）	调后税率（%）
市区（含县级市）	分部分项工程费、措施项目费、其他项目费、规费之和（不含税工程造价）	3.445	3.477
县城、乡镇		3.381	3.413
其他地区		3.252	3.284

【例4.3】 已知××红十字会××镇卫生院住院楼单位工程的电气设备工程费69 254元,脚手架费用3 500元,总包管理费18 000元,暂列金20 000元,零星工作项目费10 000元,工程排污费5 000元,招标文件规定:劳保费用等级暂按甲类计取,待施工企业中标之后,持当地政府建设主管部门颁发的劳保费用等级核定卡进行调整;工程定额测定费不计取。要求:

(1) 根据《建设工程工程量清单计价规范》(GB 50500—2013)及现行的《福建省建筑安装工程费用定额》,计算规费和税金;

(2) 完成规费、税金项目与计价表的编制。

解 已知该单位工程的电气设备工程费69 254元。

① 分部分项工程费=电气设备工程费=69 254(元)

② 措施项目费计算:

组织措施项目费=分部分项工程费×相应的费率(计算方法见例4.1)

$$=1 524(元)(详见表4.45)$$

措施项目工程费=组织措施费(措施一)+技术措施费(措施二)

$$=1 524+3 500(脚手架费用)=5 024(元)$$

③ 其他项目工程费=总包管理费+暂列金+零星工作项目费(详见表4.52)

$$=18 000+20 000+10 000=48 000(元)$$

④ 规费计算:

劳保费用=(分部分项工程费+措施项目费+其他项目费)×劳保费率

$$=(69 254+5 024+48 000)×4.86\%(查取费标准得)$$

$$=5 943(元)$$

危险作业意外伤害保险费=(分部分项工程费+措施项目费+其他项目费)×保险费率

$$=(69 254+5 024+48 000)×0.19\%(查取费标准得)$$

$$=232(元)$$

规费=工程排污费+劳保费用+危险作业意外伤害保险费+工程定额测定费

$$=5 000+5 943+232+0=11 175(元)$$

⑤ 税金=(分部分项工程费+措施项目费+其他项目费+规费)×税率(查取费标准得)

$$=(69 254+5 024+48 000+11 175)×3.413\%=4 555(元)$$

⑥ 按照《建设工程工程量清单计价规范》(GB 50500—2013)规定的规范用表,根据本题意相关费用项目的计算结果,完成规费、税金项目与计价表的编制,见表4.50。

表4.50 规费、税金项目清单与计价表

工程名称:××卫生院住院楼-电气 　　　　　　　　　标段:住院楼　　第1页 共1页

序号	项目名称	计算基础	费率(%)	金额(元)
1	规费			11 175
1.1	工程排污费			5 000
1.2	社会保障费	122 278	4.860	5 943
(1)	养老保险费		—	
(2)	失业保险费		—	
(3)	医疗保险费			
1.3	住房公积金			
1.4	工伤保险	122 278	0.190	232
2	税金	133 453	3.413	4 555
	合　计			15 730

（3）单位工程费用计算

采用工程量清单计价，建设工程施工发承包造价由分部分项工程费、措施项目费、其他项目费、规费和税金组成，其计算方法详见表 4.51 建设工程造价计算程序表。

表 4.51 建设工程造价计算程序表

序号	项 目 名 称	计 算 办 法
1	分部分项工程费	$\sum$（分部分项工程量）×综合单价
2	措施项目费	$\sum$（各项目措施项目费）
3	其他项目费	$\sum$（各项其他项目费）
4	规费	$\sum$（各项规费）
5	税金	（1+2+3+4）×税率
6	总造价	1+2+3+4+5

【例 4.4】 已知例 4.3 中的各项费用内容，要求：按《计价规范》规定，编制单位工程费汇总表。

解 依题意，按《计价规范》规定，编制单位工程投标报价汇总表，见表 4.52。

表 4.52 单位工程费汇总表

工程名称：××卫生院住院楼－电气　　　　　　　　　　标段：　　　　第1页 共1页

序号	汇 总 内 容	金额（元）	其中：暂估价（元）
1	分部分项工程	69 254	
1.1			
1.2			
1.3			
1.4			
1.5			
2	措施项目	5 024	—
2.1	其中：安全文明（临时设施）施工费	970	—
2.2	其中：		
3	其他项目	48 000	—
3.1	其中：暂列金额	20 000	—
3.2	其中：专业工程暂估价		—
3.3	其中：计日工	10 000	
3.4	其中：总承包服务费	18 000	
4	规费	11 175	
5	税金	4 555	
	招标控制（投标）价合计＝1+2+3+4+5	138 008	

（4）确定投标总价

汇总表包括工程项目投标报价汇总表、单项工程投标报价汇总表、投标总价封面。

【例 4.5】　已知×××红十字会×××镇卫生院住院楼各单位工程造价列表，见表4.53。

表 4.53　投标总价

单位工程名称	金额（元）	安全文明（临时设施）施工费（元）	规费（元）	暂估价（元）	备注
某卫生院住院楼－土建	584 943	5 402	8 534		
某卫生院住院楼－装饰	408 443	4 244	6 596		
某卫生院住院楼－给排水	29 229		1 381		
某卫生院住院楼－采暖	44 444		2 034		
某卫生院住院楼－电气	138 008	970	11 175		

要求：按照《计价规范》的相关规定，编制工程项目投标报价汇总表、单项工程投标报价汇总表、投标总价封面。

解　依题意，按《计价规范》规定，编制单项工程汇总表（表4.54）、工程项目汇总表（表4.55）、投标总价封面（表4.56）。

表 4.54　单项工程汇总表

工程名称：××卫生院住院楼　　　　　　　　　　　　　标段：　　　　　　　第1页　共1页

序号	单位工程名称	金额（元）	其中		
			暂估价（元）	安全文明施工费（元）	规费（元）
1.1	某卫生院住院楼－土建	984 135		5 401	15 917
1.2	某卫生院住院楼－给排水	29 229			1 381
1.3	某卫生院住院楼－采暖	44 444			2 034
1.4	某卫生院住院楼－电气	138 008		970	11 175
	合　　计	1 195 616		6 371	30 507

技术提示

本表适用于单项工程招标控制价或投标报价的汇总。

暂估价包括分部分项工程中的暂估价和专业工程暂估价。

表 4.55　工程项目汇总表

工程名称：××卫生院住院楼　　　　　　　　　　　　　标段：　　　　　　　第1页　共1页

序号	单位工程名称	金额（元）	其中		
			暂估价（元）	安全文明施工费（元）	规费（元）
1	某卫生院住院楼	1 195 616		6 371	30 507
合计		1 195 616		6 371	30 507

表 4.56 投标总价封面

投标总价

招 标 人：＿＿＿＿＿＿＿＿＿＿＿＿＿＿＿＿＿＿＿＿＿＿＿＿

工 程 名 称：××卫生院住院楼＿＿＿＿＿＿＿＿＿＿＿＿＿＿

投标总价（小写）：1 195 616＿＿＿＿＿＿＿＿＿＿＿＿＿＿

（大写）：壹佰壹拾玖万伍仟陆佰壹拾陆元＿＿＿＿

投 标 人：＿＿＿＿＿＿＿＿＿＿＿＿＿＿＿＿＿＿＿＿＿＿＿＿

（单位盖章）

法定代表人

或其授权人：＿＿＿＿＿＿＿＿＿＿＿＿＿＿＿＿＿＿＿＿＿＿＿＿

＿＿＿＿＿＿＿＿＿＿＿＿＿＿＿＿＿＿＿＿＿＿＿＿

（签字或盖章）

编 制 人：＿＿＿＿＿＿＿＿＿＿＿＿＿＿＿＿＿＿＿＿＿＿＿＿

（造价人员签字盖专用章）

编制时间：

投标人编制投标报价时，由投标人单位注册的造价人员编制。投标人盖单位公章，法定代表人或其授权人签字或盖章；编制的造价人员（造价工程师或造价员）签字盖执业专用章。

投标总价应当与分部分项工程费、措施项目费、其他项目费和规费、税金的合计金额一致，即投标人在进行工程量清单招标的投标报价时，不能进行投标总价优惠（或降价、让利），投标人对投标报价的任何优惠（或降价、让利）均应反映在相应清单项目的综合单价中。

（5）投标报价说明的编制

总说明的作用主要是阐明本工程的有关基本情况，其具体内容应视拟建项目实际情况而定，但就一般情况来说，编写投标报价总说明的内容应包括：

a. 采用的计价依据。

b. 采用的施工组织设计。

c. 综合单价中风险因素、风险范围（幅度）。

d. 措施项目的依据。

e. 其他相关内容的说明等。

【例 4.6】 投标报价总说明举例，见表 4.57。

表 4.57 投标报价总说明

总说明

工程名称：××卫生院住院楼　　　　　　　　　　　　　　　　　第 1 页　共 1 页

（1）工程概况：本工程主楼地上两层，总建筑高度为 7.200 m，结构形式为框架结构，基础采用独立基础，建筑面积为 669.31 m²，招标计划工期为 260 日历天，投标工期为 240 日历天。

（2）投标报价包括范围：为本次招标的住宅工程施工图纸范围内的建筑工程和安装工程。

（3）投标报价编制依据：

① 招标文件及其提供的工程量清单和有关报价的要求，招标文件的补充通知和答疑纪要。

② 住宅楼施工图及投标施工组织设计。

③ 有关的技术标准、规范和安全管理规定等。

④ 省建设主管部门颁布的计价定额和计价管理办法及相关计价文件。

⑤ 材料价格根据本公司掌握的价格信息并参照工程所在地工程造价管理机构××××年×月工程造价信息发布的价格。

4.2.2 工程量清单计价编制实训

> **技术提示**
>
> 由于篇幅所限，实训内容中部分表格为节选内容。

1. 建筑与装饰工程工程量清单计价编制

根据模块 3 编制完成的某卫生院住院楼－建筑与装饰工程的工程量清单的基础上，依据《建设工程工程量清单计价规范》（GB 50500—2013）及政策性调整文件和《建筑与装饰工程消耗量定额》的消耗量计算进行计价分析，整理汇总。包括：投标总价（封面）、编制说明、单位工程投标报价汇总表、分部分项工程量清单与计价表、分部分项工程量综合单价分析表、主要材料价格表等，见表 4.58～4.68。

表 4.58　投标总价（封面）

招　标　人：＿＿＿＿＿＿＿＿＿＿＿＿＿＿＿＿＿＿＿＿＿＿＿＿＿＿

工 程 名 称：　某卫生院住院楼－建筑与装饰＿＿＿＿＿＿＿＿＿＿＿＿＿

投标总价（小写）：　984 135.28＿＿＿＿＿＿＿＿＿＿＿＿＿＿＿＿＿＿

　　　（大写）：　玖拾捌万肆仟壹佰叁拾伍元贰角捌分＿＿＿＿＿＿＿＿

投　标　人：＿＿＿＿＿＿＿＿＿＿＿＿＿＿＿＿＿＿＿＿＿＿＿＿＿＿
　　　　　　　　　　　　　（单位盖章）

法定代表人
或其授权人：＿＿＿＿＿＿＿＿＿＿＿＿＿＿＿＿＿＿＿＿＿＿＿＿＿＿
　　　　　　　　　　　　（签字或盖章）

编　制　人：＿＿＿＿＿＿＿＿＿＿＿＿＿＿＿＿＿＿＿＿＿＿＿＿＿＿
　　　　　　　　　（造价人员签字盖专用章）

编制时间：＿＿＿＿＿＿＿＿＿＿＿＿＿＿＿＿＿＿＿＿＿＿＿＿＿＿＿＿

表 4.59　编制说明

一、工程概况

1. 工程概况：本工程为某卫生院住院楼，建筑面积 669.30 m²，占地面积 325.60 m²；建筑高度 7.20 m，层高 3.60 m，层数 2 层，结构形式为框架结构；基础类型为独立基础；装饰标准为中级。本期工程范围包括：建筑工程。

2. 编制依据：本工程依据《计价规范》（2013 版）中工程量清单计价办法，根据×××公司设计的施工设计图计算实物工程量。

3. 材料价格按照本地市场价计入。

4. 管理费。

5. 利润。

6. 特殊材料、设备情况说明。

7. 其他需特殊说明的问题。

二、现场条件

三、编制工程量清单的依据及有关资料

四、对施工工艺、材料的特殊要求

五、其他

表 4.60　单位工程投标报价汇总表

序号	汇总名称	金额（元）	其中：暂估价（元）
一	分部分项工程量清单项目费	801 437.08	
1.1	A 土石方工程	4 952.44	
1.2	D 砌筑工程	88 829.15	
1.3	E 混凝土及钢筋混凝土工程	287 015.17	
1.4	H 门窗工程	65 323.1	
1.5	J 屋面及防水工程	13 563.35	
1.6	K 防腐、隔热、保温工程	33 252.12	
1.7	L 楼地面装饰工程	112 876.44	
1.8	M 墙柱面装饰工程	180 398.82	
1.9	N 天棚工程	15 226.49	
二	措施项目费	134 880.91	
1	施工技术措施清单项目费	126 778.63	
2	安全文明施工费	5 401.52	
3	其他施工组织措施清单项目费	2 700.76	
三	其他项目费		
1	建筑节能专项检测费		
2	其他		
四	规费	15 917.41	
五	税金	31 899.89	
	合计	984 135.28	0

表4.61 分部分项工程量清单与计价表

序号	编码	项目名称	项目特征描述	计量单位	工程量	金额（元）		
						综合单价	合价	其中：暂估价
			A.1 土石方工程					
1	010101002001	挖土方	1. 土壤类别：三类土；2. 弃土运距：自行考虑	m³	247.86	17.44	4 322.68	
2	010103001001	土方回填	1. 机械夯填	m³	148.88	4.23	629.76	
		分部小计					4 952.44	
			D.1 砖砌体					
3	010401014001	砖地沟	1. 沟截面尺寸：800（宽）*1 200（深）	m	74.8	488.68	36 553.26	
			D.2 砌块砌体					
4	010402001001	空心砖墙、砌块墙	1. 墙体类型：外墙；2. 墙体厚度：300 mm；3. 空心砖、砌块品种、规格、强度等级：加气砼砌块；4. 砂浆强度等级、配合比：混合 M5.0	m³	98.1	227.02	22 270.66	
5	010402001002	空心砖墙、砌块墙	1. 墙体类型：内墙；2. 墙体厚度：200 mm；3. 空心砖、砌块品种、规格、强度等级：加气砼砌块；4. 砂浆强度等级、配合比：混合 M5.0	m³	126.69	227.02	28 761.16	
6	010402001003	空心砖墙、砌块墙	1. 墙体类型：填充墙；2. 墙体厚度：115 mm；3. 空心砖、砌块品种、规格、强度等级：加气砼砌块；4. 砂浆强度等级、配合比：混合 M5.0	m³	5.48	227.02	1 244.07	
		分部小计					88 829.15	
			E.1 现浇混凝土基础					
7	010501001001	垫层	1. 混凝土强度等级：C15	m³	15.92	290.54	4 625.4	
8	010501002001	独立基础	1. 混凝土强度等级：C35	m³	54.19	384.17	20 818.17	
			E.2 现浇混凝土柱					
9	010502001001	矩形柱	1. 混凝土强度等级：C35	m³	26.09	404.43	10 551.58	
			E.3 现浇混凝土梁					
10	010503001001	基础梁	1. 混凝土强度等级：C35	m³	28.87	375.05	10 827.69	
11	010503002001	矩形梁	1. 混凝土强度等级：C25	m³	52.21	341.86	17 848.51	
12	010503005002	过梁	1. 混凝土强度等级：C25	m³	6.99	384.23	2 685.77	
			E.5 现浇混凝土板					
13	010505001001	有梁板	1. 混凝土强度等级：C35	m³	67.68	332.04	22 472.47	

续表 4.61

序号	编码	项目名称	项目特征描述	计量单位	工程量	金额（元）		
						综合单价	合价	其中：暂估价
14	010505006001	栏板	1. 墙类型：女儿墙；2. 墙厚度：100 mm 以内；3. 混凝土强度等级：C25	m³	5.26	429.02	2 256.65	
15	010405008001	雨篷板	1. 混凝土强度等级：C25	m³	0.65	392.09	254.86	
			E.6 现浇混凝土楼梯					
16	010406001001	直形楼梯	1. 混凝土强度等级：C25	m²	91.53	98.39	9 005.64	
			E.7 现浇混凝土其他构件					
17	010507001002	坡道	1. 垫层材料种类、厚度：300 厚 3：7 灰土；2. 面层厚度：水泥砂浆面层	m²	78.63	64.86	5 099.94	
			E.15 钢筋工程					
18	010515001001	现浇混凝土钢筋	1. 钢筋种类、规格：φ10 以内	t	3.514	5 717.18	20 090.17	
19	010515001002	现浇混凝土钢筋	1. 钢筋种类、规格：φ10 以上	t	0.424	5 228.23	2 216.77	
20	010515001003	现浇混凝土钢筋	1. 钢筋种类、规格：φ25 以内	t	30.357	5 094.13	154 642.5	
21	010515001004	砌体内钢筋加固	1. 钢筋种类、规格：砌体内钢筋加固	t	0.67	5 401.57	3 619.05	
			分部小计				287 015.17	
			H.1 木门					
22	010801001001	成品木门	1. 门类型：成品木门；2. 框截面尺寸、单扇面积：1 800 * 2 400	樘	1	1 662.77	1 662.77	
23	010801001002	成品木门	1. 门类型：成品木门；2. 框截面尺寸、单扇面积：1 000 * 2 400	樘	22	923.76	20 322.72	
24	010801001003	成品木门	1. 门类型：成品木门；2. 框截面尺寸、单扇面积：800 * 2 100	樘	4	646.63	2 586.52	
25	010801001004	成品木门	1. 门类型：成品木门；2. 框截面尺寸、单扇面积：1 500 * 2 400	樘	1	1 385.64	1 385.64	
26	010801001005	成品木门	1. 门类型：成品木门；2. 框截面尺寸、单扇面积：900 * 2 100	樘	4	727.46	2 909.84	
27	010801001006	成品木门	1. 门类型：成品木门；2. 框截面尺寸、单扇面积：800 * 2 100	樘	1	646.63	646.63	
28	010801001007	成品木门	1. 门类型：成品木门；2. 框截面尺寸、单扇面积：3 400 * 2 400	樘	1	3 140.78	3 140.78	

续表 4.61

序号	编码	项目名称	项目特征描述	计量单位	工程量	金额（元）		
						综合单价	合价	其中：暂估价
			H.2 金属门					
29	010802004001	保温防盗门	1. 门类型：保温防盗门；2. 框材质、外围尺寸：1 500＊2 100	樘	2	1 397.82	2 795.64	
			H.7 金属窗					
30	010807001001	铝塑平开窗	1. 窗类型：70铝塑组合单框三双玻中空玻璃内平开窗；2. 框材质、外围尺寸：1 500＊1 800	樘	4	1 009.21	4 036.84	
31	010807001002	铝塑平开窗	1. 窗类型：70铝塑组合单框三双玻中空玻璃内平开窗；2. 框材质、外围尺寸：1 800＊1 800	樘	20	1 211.05	24 221	
32	010807001003	铝塑平开窗	1. 窗类型：70铝塑组合单框三双玻中空玻璃内平开窗；2. 框材质、外围尺寸：900＊900	樘	4	302.76	1 211.04	
33	010807001004	铝塑平开窗	1. 窗类型：70铝塑组合单框三双玻中空玻璃内平开窗；2. 框材质、外围尺寸：600＊900	樘	2	201.84	403.68	
			分部小计				65 323.1	
			J.2 屋面及防水工程					
34	010902001001	屋面卷材防水	1. 卷材品种、规格：3 mm厚SBS防水卷材；2. 找坡层做法：1：3水泥砂浆抹面找坡；3. 部位：雨篷处	m²	334.98	34.03	11 399.37	
35	010902004001	屋面排水管	1. 青02J02－9－1 青02J02－14－1；2. 排水管品种、规格、品牌、颜色：UPVC白色；3.4个水斗	m	28.8	45.04	1 297.15	
			J.4 楼（地）面防水（防潮）					
36	010904003001	砂浆防水（潮）	1. 详见：青02J07－83－1	m²	32.6	26.59	866.83	
			分部小计				13 563.35	
			K.1 保温、隔热					
37	011001001001	保温隔热屋面	1. 保温隔热部位：屋面；2. 保温隔热方式（内保温、外保温、夹心保温）：外保温；3. 保温隔热材料品种、规格及厚度：80厚挤塑聚苯板；4. 防水材料：4 mm厚SBS聚酯胎	m²	324	102.63	33 252.12	
			分部小计				33 252.12	

续表 4.61

序号	编码	项目名称	项目特征描述	计量单位	工程量	综合单价	合价	其中：暂估价
			L.2 块料面层					
38	011102003001	块料楼地面	1. 垫层材料种类、厚度：60 厚 C15 混凝土垫层；2. 找平层厚度、砂浆配合比：1：3 水泥砂浆找坡层，最薄处 20 厚，坡向地漏，一次抹平；3. 防水层厚度、材料种类：4 厚 SBS 防水卷材；4. 结合层厚度、砂浆配合比：30 厚 1：3 干硬性水泥砂浆结合层（内掺建筑胶）；5. 面层材料品种、规格、品牌、颜色：磨光大理石	m²	74.77	219.6	16 419.49	
39	011102003002	块料楼地面	1. 青 02J01－（地 10）－地 29；2. 垫层材料种类、厚度：60 厚 C15 混凝土垫层；3. 找平层厚度、砂浆配合比：1：3 水泥砂浆找坡层，最薄处 20 厚，坡向地漏，一次抹平；4. 防水层厚度、材料种类：4 厚 SBS 防水卷材；5. 结合层厚度、砂浆配合比：30 厚 1：3 干硬性水泥砂浆结合层（内掺建筑胶）；6. 面层材料品种、规格、品牌、颜色：800＊800 防滑地板砖	m²	220.96	131.64	29 087.17	
40	011102003003	块料楼地面	1. 找平层厚度、砂浆配合比：1：3 水泥砂浆找坡层，最薄处 20 厚，坡向地漏，一次抹平；2. 防水层厚度、材料种类：3 厚 SBS 防水卷材；3. 结合层厚度、砂浆配合比：30 厚 1：3 干硬性水泥砂浆结合层（内掺建筑胶）；4. 面层材料品种、规格、品牌、颜色：300＊300 防滑地板砖	m²	292.94	125.72	36 828.42	
41	010507001001	细石混凝土散水	1. 垫层材料种类、厚度：150 厚 3：7 灰土垫层，宽出面层 300；2. 面层厚度、混凝土强度等级：60 厚 C15 混凝土撒 1：1 水泥沙子，压实赶光	m²	57.25	47.71	2 731.4	
42	011107002001	块料台阶面	1. 垫层材料种类、厚度：300 厚 3：7 灰土；2. 找平层厚度、砂浆配合比：60 厚 C15 混凝土；3. 黏接层材料种类：20 厚 1：3 水泥砂浆找平层；4. 面层：彩釉砖	m²	46.46	182.92	8 498.46	

续表 4.61

序号	编码	项目名称	项目特征描述	计量单位	工程量	金额（元）		
						综合单价	合价	其中：暂估价
			L.5 踢脚线				6 961.29	
43	011105003001	块料踢脚线	1. 青 02J01－（踢－6）－踢 19	m²	75.98	91.62		
44	011503001001	金属扶手带栏杆、栏板	1. 详见：青 02J06－39（φ50 钢管扶手）	m	66.14	109.62	7 250.27	
			分部小计				112 876.44	
			M.1 墙面抹灰					
45	011201001001	墙面一般抹灰	1. 墙体类型：内墙；2. 底层厚度、砂浆配合比：10 厚 1：3：9 水泥石灰膏砂浆打底；3. 面层厚度、砂浆配合比：6 厚 1：3 石灰膏砂浆	m²	670.33	49.84	33 409.25	
46	011201001002	墙面一般抹灰	1. 墙体类型：内墙；2. 底层厚度、砂浆配合比：10 厚 1：3 水泥砂浆找平层；3. 面层厚度、砂浆配合比：10 厚两道面层粉刷石膏，贴玻纤布 3 厚粉刷石膏或柔性耐水腻子；4. 内贴 30 厚挤塑聚苯板保温	m²	36.44	46.25	1 685.35	
47	011201001003	外墙抹灰	1. 墙体类型：外墙；2. 底层厚度、砂浆配合比：12 厚 1：3 水泥砂浆打底扫毛或划出纹道；3. 面层厚度、砂浆配合比	m²	580.31	102.05	59 220.64	
48	011201002001	墙面装饰抹灰	1. 青 02J01－（裙 2）－裙 5	m²	333.08	19.36	6 448.43	
			M.4 墙面块料面层					
49	011204003001	块料墙面	1. 墙体类型：内墙；2. 面层材料品种、规格、品牌、颜色：彩釉砖	m²	641.84	134.12	86 083.58	
			分部小计				180 398.82	
			N.1 天棚抹灰					
50	011301001001	天棚抹灰	1. 基层类型：青 02J01－（棚 1）－棚 4－A	m²	585.71	22.04	12 909.05	
			N.2 天棚吊顶					
51	011302001001	天棚吊顶	1. 吊顶形式：青 02J01－（棚 11）－棚 28－B	m²	24.27	76.58	1 858.6	
52	011302001002	天棚吊顶	1. 吊顶形式：青 02J01－（棚 11）－棚 28－B	m²	8.37	54.82	458.84	
			分部小计				15 226.49	
		合 计					801 437.08	

表 4.62　分项工程综合单价分析表（节选）

项目编码	010101002001	项目名称		挖土方		计量单位	m³

清单综合单价组成明细

定额编号	定额名称	定额单位	数量	单价				合价			
				人工费	材料费	机械费	管理费和利润	人工费	材料费	机械费	管理费和利润
1—168	反铲挖掘机基础土方，深度 2.5 m 以内	1 000 m³	0.0 009	255.91		3 604.24	39.91	0.23		3.24	0.04
1—146	人工挖地坑，三类土，深度 4 m 以内	100 m³	0.001	3 146.84		7.6	490.79	3.15		0.01	0.49
1—101	（8 t）自卸汽车运土方，运距 7 km 以内	1 000 m³	0.000 4	255.91	31.08	25 433.68	39.91	0.1	0.01	10.16	0.02
人工单价			小计					3.48	0.01	13.41	0.54
综合工日 39.13 元/工日			未计价材料费								
清单项目综合单价								17.44			

材料费明细	主要材料名称、规格、型号		单位	数量	单价（元）	合价（元）	暂估单价（元）	暂估合价（元）
	材料费小计				—	0.01	—	

项目编码	010402001001	项目名称		空心砖墙、砌块墙		计量单位	m³

清单综合单价组成明细

定额编号	定额名称	定额单位	数量	单价				合价			
				人工费	材料费	机械费	管理费和利润	人工费	材料费	机械费	管理费和利润
N1—20	加气砼砌块墙 厚（mm）100 以上	10 m³	0.1	426.94	1 765.57	11.09	66.59	42.69	176.56	1.11	6.66
人工单价			小计					42.69	176.56	1.11	6.66
综合工日 39.13 元/工日			未计价材料费								
清单项目综合单价								227.02			

材料费明细	主要材料名称、规格、型号		单位	数量	单价（元）	合价（元）	暂估单价（元）	暂估合价（元）
	普通黏土砖		千块	0.025 9	400	10.36		
	加气砼块 600×300×150（200，250）		m³	0.950 4	154.92	147.24		
	其他材料费				—	18.96	—	
	材料费小计				—	176.56	—	

续表 4.62

项目编码		010401014001	项目名称		砖地沟		计量单位	m

清单综合单价组成明细

定额编号	定额名称	定额单位	数量	单价				合价			
				人工费	材料费	机械费	管理费和利润	人工费	材料费	机械费	管理费和利润
借1-264	混凝土垫层	m³	0.174	52.24	205.86	16.45	9.1	9.09	35.82	2.86	1.58
3-123换	砖地沟，换为【水泥砂浆 M5.0】	10 m³	0.083 6	530.59	2 682.99	32.4	82.75	44.37	224.35	2.71	6.92
4-48换	现浇砼，压顶，换为【C15 低流动砼 砾石 20 mm，水泥 32.5】	10 m³	0.004 4	1 129.41	2 478.32	146.29	176.14	5.01	11	0.65	0.78
4-142	现场浇预制砼，地沟盖板	10 m³	0.010 4	651.3	2 767.96	335.51	101.58	6.77	28.79	3.49	1.06
4-216	小型构件安装，机吊	10 m³	0.010 4	386	23.74	3.95	60.2	4.01	0.25	0.04	0.63
4-241	预制砼平板，灌缝	10 m³构件	0.010 4	591.58	860.32	38.43	92.27	6.15	8.95	0.4	0.96
4-253	1 类预制砼构件，运距 1 km 以内	10 m³	0.010 4	116.01	32.28	913.92	18.09	1.21	0.34	9.5	0.19
7-192	防水砂浆，平面	100 m²	0.01	393.25	802.24	28.98	61.33	3.93	8.02	0.29	0.61
7-193	防水砂浆，立面	100 m²	0.025 2	595.41	802.24	28.98	92.86	15	20.22	0.73	2.34
4-387	预制构件，圆钢筋 φ10 以内	t	0.003 6	648.31	4 648.23	59.02	101.11	2.33	16.73	0.21	0.36
人工单价			小计					97.89	354.46	20.89	15.43
综合工日 39.13 元/工日			未计价材料费								
清单项目综合单价								488.68			

材料费明细	主要材料名称、规格、型号	单位	数量	单价（元）	合价（元）	暂估单价（元）	暂估合价（元）
	普通黏土砖	千块	0.451 2	400	180.49		
	模板板方材	m³	0.002 8	2 300	6.48		
	钢筋 φ10 以内	t	0.003 7	4 505.25	16.54		
	其他材料费			—	150.87	—	
	材料费小计			—	354.46	—	

续表 4.62

项目编码	010503005002		项目名称			过梁			计量单位	m³

清单综合单价组成明细

定额编号	定额名称	定额单位	数量	单价				合价			
				人工费	材料费	机械费	管理费和利润	人工费	材料费	机械费	管理费和利润
4－22	现浇砼，过梁	10 m³	0.1	1 113.21	2 441.36	114.07	173.62	111.32	244.14	11.41	17.36
人工单价			小计					111.32	244.14	11.41	17.36
综合工日 39.13 元/工日			未计价材料费								
清单项目综合单价								384.23			

材料费明细	主要材料名称、规格、型号				单位	数量	单价（元）	合价（元）	暂估单价（元）	暂估合价（元）
	材料费小计						—	244.14	—	

项目编码	010505001001		项目名称			有梁板			计量单位	m³

清单综合单价组成明细

定额编号	定额名称	定额单位	数量	单价				合价			
				人工费	材料费	机械费	管理费和利润	人工费	材料费	机械费	管理费和利润
4－30 换	现浇砼，有梁板，换为【C25 低流动砼 砾石40 mm，水泥 32.5】	10 m³	0.1	557.46	2 559.49	116.46	86.94	55.75	255.95	11.65	8.69
人工单价			小计					55.75	255.95	11.65	8.69
综合工日 39.13 元/工日			未计价材料费								
清单项目综合单价								332.04			

材料费明细	主要材料名称、规格、型号				单位	数量	单价（元）	合价（元）	暂估单价（元）	暂估合价（元）
	材料费小计						—	255.95	—	

表 4.63 措施项目清单计价表（一）

序号	项目名称	计算基础	费率（%）	金额（元）
1	大型机械设备进出场及安拆			5 855.47
2	施工排水、降水费			
3	脚手架费			14 435.74
4	砼、钢筋砼模板及支架			91 398.85
5	垂直运输机械			15 088.57
	合计			126 778.63

表 4.64 措施项目清单计价表（二）

序号	项目编码	项目名称	项目特征描述	计量单位	工程数量	金额（元）	
						综合单价	合价
	本页小计						
	合 计						

注：措施项目清单计价在本模块习题中完成

表 4.65　其他项目清单与计价汇总表

序号	项目名称	计量单位	金额（元）	备注
1	暂列金额	项		
1.1	建筑节能专项检测费			
2	暂估价			
2.1	材料暂估价		—	
2.2	专业工程暂估价	项		
3	计日工			
4	总承包服务费			
	合　计		0	—

表 4.66　主要材料价格表

序号	材料编号	材料名称	规格，型号等特殊要求	单位	数量	单价（元）	合计（元）
1	3040003	水泥	32.5♯	kg	92 821.98	0.43	39 913.45
2	3040003@1	水泥	32.5♯	kg	14 069.01	0.43	6 049.67
3	3040012	水泥	42.5♯	kg	35 154.747	0.47	16 522.73
4	3050009	净砂		m³	180.44	115	20 750.48
5	3050009@1	净砂		m³	37.81	115	4 347.67
6	3050010	砾石	10 mm	m³	75.23	39.28	2 955.17
7	3050011	砾石	40 mm	m³	183.59	38.23	7 018.67
8	A00015	竹胶板（多层）		m²	201.57	36.2	7 296.71
9	AZ302689	铁钉		kg	424.17	6.73	2 854.66
10	AZ302961	模板板方材		m³	8.8	2 300	20 190.41
11	AZ302962	支撑方木		m³	4.74	1 378.54	6 538.05
12	AZB00110	普通黏土砖		千块	5.96	400	2 385.6
13	AZB00110@1	普通黏土砖		千块	33.75	400	13 500.32
14	SZ2020009	钢筋	φ10 以内	t	4.60	4 505.25	20 732.06
15	SZ2020046	螺纹钢筋	φ25 以内	t	31.41	4 517.38	141 933.8
16	SZ2110023	支撑钢管及扣件		kg	566.93	3.74	2 120.33
17	TJ3070008@1	挤塑聚苯板		m³	27.73	520	14 421.89
18	TJ3120004	SBS 油毡	3 厚	m²	385.23	15.24	5 870.86
19	TJ3120005	SBS 油毡	4 厚	m²	372.6	19.75	7 358.85
20	TJA00041	加气砼块	600×300×150（200，250）	m³	218.848 608	154.92	33 904.03

表4.67 分部分项工程量综合单价分析表(土建)

序号	项目编号	项目名称	定额编号	工作内容	单位	数量	综合单价组成					综合合价	综合单价
							人工费	材料费	机械费	管理费	利润		
		A.1 土石方工程										4 952.44	
1	010101002001	挖土方			m³	247.86						4 322.68	17.44
			1—168	反铲挖掘机基础土方,深度2.5 m以内	1 000 m³	0.223 07	255.91		3 604.24	21.13	18.78	869.99	
			1—146	人工挖地坑,三类土深度4 m以内	100 m³	0.247 86	3 146.84		7.6	259.83	230.96	903.51	
			1—101	(8 t)自卸汽车运土方,运距7 km以内	1 000 m³	0.098 98	255.91	31.08	25 433.7	21.13	18.78	2 549.78	
2	010103001001	土方回填			m³	148.88						629.76	4.23
			1—293	回填,打夯,松填	100 m³	1.488 8	365.52			30.18	26.83	629.06	
		D.1 砖砌体										88 829.15	
3	010401014001	砖地沟			m³	74.8						36 553.26	488.68
			借1—264	混凝土垫层	m³	13.015 2	52.24	205.86	16.45	4.31	4.79	3 691.76	
			3—123换	砖地沟,换为【水泥砂浆 M5.0】	10 m³	6.254 78	530.59	2 682.99	32.4	43.81	38.94	20 820.47	
			4—48换	现浇砼,压顶,换【C15 低流动砼,砾石20 mm,水泥32.5】	10 m³	0.332 11	1 129.41	2 478.32	146.29	93.25	82.89	1 305.25	
			4—142	现场浇预制砼,地沟盖板	10 m³	0.777 92	651.3	2 767.96	335.51	53.78	47.8	2 999.93	
			4—216	小型构件安装,机吊	10 m³	0.777 92	386	23.74	3.95	31.87	28.33	368.65	
			4—241	预制砼平板,灌缝	构件	0.777 92	591.58	860.32	38.43	48.85	43.42	1 231.14	

续表 4.67

序号	项目编号	项目名称	定额编号	工作内容	单位	数量	综合单价组成					综合合价	综合单价
							人工费	材料费	机械费	管理费	利润		
			4—253	1类预制砼构件,运距1 km以内	10 m³	0.777 92	116.01	32.28	913.92	9.58	8.51	840.39	
			7—192	防水砂浆,平面	100 m²	0.748	393.25	802.24	28.98	32.47	28.86	961.78	
			7—193	防水砂浆,立面	100 m²	1.884 96	595.41	802.24	28.98	49.16	43.7	2 864.18	
			4—387	预制构件,圆钢筋φ10以内	t	0.269 28	648.31	4 648.23	59.02	53.53	47.58	1 469.37	
		E.1 现浇混凝土基础										281 915.23	
4	010501002001	独立基础			m³	54.19						20 818.17	384.17
			4—4换	现浇砼,独立基础;换为【C35半干硬性砼,砾石10 mm,水泥42.5#】	10 m³	5.419	451.26	3 118.31	201.77	37.26	33.12	20 818.28	
		E.2 现浇混凝土柱											
5	010402001004	矩形柱			m³	26.09						10 551.58	404.43
			4—14换	现浇砼,矩形柱;换为【C35低流动性砼,砾石40 mm,水泥42.5#】	10 m³	2.609	922.98	2 861.52	115.84	76.21	67.74	10 551.55	
		E.3 现浇混凝土梁											
6	010503001001	基础梁			m³	28.87						10 827.69	375.05
			4—18换	现浇砼,基础梁;换为【C35低流动性砼,砾石10 mm,水泥42.5#】	10 m³	2.887	568.97	2 978.72	114.07	46.98	41.76	10 827.69	
7	010503002001	矩形梁			m³	52.21						17 848.51	341.86

续表 4.67

序号	项目编号	项目名称	定额编号	工作内容	单位	数量	人工费	材料费	机械费	管理费	利润	综合合价	综合单价
			4—19换	现浇砼、单梁、连续梁、框架梁、换为【C25 低流动】	10 m³	5.221	661.53	2 539.83	114.07	54.62	48.55	17 848.51	
8	010503005002	过梁			m³	6.99						2 685.77	384.23
			4—22	现浇砼、过梁 砼、砾石 40 mm,水泥 32.5	10 m³	0.699	1 113.21	2 441.36	114.07	91.92	81.7	2 685.74	
9	010505001001	有梁板			m³	67.68						22 472.47	332.04
			4—30换	现浇砼、有梁板、换为【C25 低流动砼、砾石 40 mm,水泥 32.5】	10 m³	6.768	557.46	2 559.49	116.46	46.03	40.91	22 472.13	
10	011302001002	天棚吊顶			m²	8.37						458.84	54.82
			3—1	混凝土面天棚、混合砂浆、现浇	m²	8.37	5.8	5.97	0.15	0.52	0.57	108.89	
			3—145换	防辐射铝板天棚	m²	8.37	4.75	36.17		0.42	0.47	349.95	
			1—231	台阶、彩釉砖、水泥砂浆	m²	46.46	18.26	113.98	0.27	1.63	1.81	6 316.24	
11	011503001001	Q.3 扶手、栏杆、栏板装饰 金属扶手带栏杆、栏板			m	66.14						7 250.27	109.62
			1—199	钢管扶手 φ50 圆管	m	66.14	4.11	16.48	1.45	0.37	0.41	1 509.31	
			借 3—621	钢管栏杆	100 m	0.661 4	1 989.48	5 717.09	802.44	108.71	62.12	5 740.85	

表 4.68　措施项目费用分析表

序号	措施项目名称	单位	数量	金额（元）					
				人工费	材料费	机械费	管理费	利润	小计
一	施工技术措施			42 258.22	52 270.81	25 658.66	3 489.28	3 101.66	126 778.63
1	大型机械设备进出场及安拆	项	1	511.82	479.17	4 784.66	42.26	37.56	5 855.47
2	施工排水、降水费	项	1						
3	脚手架费	项	1	6 859.52	5 961.13	545.21	566.39	503.49	14 435.74
4	砼、钢筋砼模板及支架	项	1	34 886.88	45 830.51	5 240.22	2 880.63	2 560.61	91 398.85
5	垂直运输机械	项	1			15 088.57			15 088.57
二	其他措施项目费								
合计				42 258.22	52 270.81	25 658.66	3 489.28	3 101.66	126 778.63

2. 电气设备工程清单计价的编制

在模块 3 编制完成的某卫生院住院楼－电气工程的工程量清单的基础上，依据《建设工程工程量清单计价规范》（GB 50500—2013）、《××省建设工程工程量清单编制与计价规程》及政策性调整文件和《××省安装工程消耗量定额》的消耗量计算进行计价分析，整理汇总。按照安装工程报价书格式编写出工程量清单报价书如下（表 4.69～4.77）：

（1）封面（投标总价）。

（2）安装工程施工图预算书编制说明。

（3）工程费用及造价计算程序表。

（4）价差调整计算表（一般指未计价材料）。

（5）工程造价计算分析表。

（6）材料、设备、人工工日数量汇总表。

表 4.69　投 标 总 价

招　标　人：_____

工程名称：某卫生院住院楼－电气_____

投标总价（小写）：76 561.18_____

　　　　　（大写）：柒万陆仟伍佰陆拾壹元壹角捌分_____

投　标　人：_____

（单位盖章）

法定代表人
或其授权人：_____

（签字或盖章）

编　制　人：_____

（造价人员签字盖专用章）

编　制　时　间：_____

表 4.70　总说明

一、工程概况

二、现场条件

三、编制工程量清单的依据及有关资料

四、对施工工艺、材料的特殊要求

五、其他

表 4.71　单位工程投标报价汇总表

工程名称：某卫生院住院楼－电气　　　　　　　　　　　　　　　　　　　　　　第 1 页　共 1 页

序号	汇总名称	金额（元）	其中：暂估价（元）
一	分部分项工程量清单项目费	69 254	
二	措施项目费	312.85	
1	施工技术措施清单项目费		
2	安全文明施工费		
3	其他施工组织措施清单项目费	312.85	
三	其他项目费	163.29	
1	建筑节能专项检测费	163.29	
2	其他		
四	规费	4 292.08	
五	税金	2 538.96	
	合计	76 561.18	0

表 4.72　分部分项工程量清单计价表

工程名称：某卫生院住院楼－电气　　　　　　　　　　　　　　　　　　　　　　第 1 页　共 4 页

序号	编码	项目名称	项目特征描述	计量单位	工程量	金额（元）		
						综合单价	合价	其中：暂估价
1	030404017001	配电箱	1. 名称、型号：总配电箱；2. 规格：470×700×160	台	1	3 010.83	3 010.83	
2	030404017002	配电箱	1. 名称、型号：电表箱 1 AW；2. 规格：950×1 040×150	台	1	4 765.5	4 765.5	
3	030404017003	配电箱	1. 名称、型号：电表箱 2 AW；2. 规格：950×1 040×150	台	1	4 765.5	4 765.5	
4	030404017004	配电箱	1. 名称、型号：电表箱 3 AW；2. 规格：950×1 040×150	台	1	4 765.5	4 765.5	
5	030404017005	配电箱	1. 名称、型号：户内照明配电箱；2. 规格：329×296×100	台	45	429.52	19 328.4	
6	030413006001	医疗专用灯	1. 名称：五孔无影灯	套	2			

续表 4.72

序号	编码	项目名称	项目特征描述	计量单位	工程量	金额（元）		
						综合单价	合价	其中：暂估价
7	030413005001	荧光灯	1. 名称：吸顶式荧光灯；2. 规格：单管 1×48 W	套	23	45.92	1 056.16	
8	030413005002	荧光灯	1. 名称：吸顶式荧光灯；2. 规格：双管 2×48 W	套	42	72.99	3 065.58	
9	030413001001	普通吸顶灯		套	17	67.13	1 141.21	
10	030413004001	装饰灯	1. 名称：疏散指示灯；2. 规格：1×8 W；3. 安装高度：0.8 m	套	3	140.83	422.49	
11	030413004002	装饰灯	1. 名称：安全出口标志灯；2. 规格：1×8 W；3. 安装高度：底边距地 2.5 m	套	5	128.41	642.05	
12	030413001002	普通吸顶灯	1. 名称、型号：应急灯；2. 规格：T5/1×32 W	套	4	130.67	522.68	
13	030404031001	小电器	1. 名称：安全型两、三孔组合插座；2. 型号：250 V/10 A	个	26	28.05	729.3	
14	030404031002	小电器	1. 名称：电话插座	个	16	18.64	298.24	
15	030404031003	小电器	1. 名称：单联单控开关；2. 型号：250 V/10 A	个	18	15.57	280.26	
16	030404031004	小电器	1. 名称：双联单控开关；2. 型号：250 V/10 A	个	27	17.97	485.19	
17	031103018001	大对数非屏蔽电缆	1. 规格：HYV－30（2×0.5）；2. 敷设环境：穿管	m	5.4	14.34	77.44	
18	030412004001	电气配线	1. 配线形式：管内穿线；2. 导线型号、材质、规格：RVB－2×0.5 3. 敷设部位或线制：砖混凝土结构	m	53	1.76	93.28	
19	030408001001	电力电缆	1. 型号：VV22－4×16；2. 敷设方式：穿管	m	7.4	18.59	137.57	
20	030408001002	电力电缆	1. 型号：BV1×25；2. 敷设方式：穿管	m	5.4	18.59	100.39	
21	030408001003	电力电缆	1. 型号：BV5×10；2. 敷设方式：穿管	m	24.9	18.59	462.89	
22	030408001004	电力电缆	1. 型号：BV5×16；2. 敷设方式：穿管	m	8.3	18.59	154.3	
23	030408001005	电力电缆	1. 型号：BV5×6；2. 敷设方式：穿管	m	8.3	18.59	154.3	
24	030412004002	电气配线	1. 配线形式：管内穿线；2. 导线型号、材质、规格：铜芯绝缘导线 BV－2×2.5；3. 敷设部位或线制：砖混凝土结构	m	334.3	3.06	1 022.96	
25	030412004003	电气配线	1. 配线形式：管内穿线；2. 导线型号、材质、规格：铜芯绝缘导线 BV－3×2.5；3. 敷设部位或线制：砖混凝土结构	m	247.29	3.06	756.71	

续表 4.72

序号	编码	项目名称	项目特征描述	计量单位	工程量	综合单价	合价	其中：暂估价
26	030412004004	电气配线	1.配线形式：管内穿线；2.导线型号、材质、规格：铜芯绝缘导线 BV—3×4；3.敷设部位或线制：砖混凝土结构	m	612.27	3.96	2 424.59	
27	030412001001	电气配管	1.名称：电气配管；2.材质：钢管；3.规格：G70；4.配置形式及部位：暗配	m	7.4	47.69	352.91	
28	030412001002	电气配管	1.名称：电气配管；2.材质：钢管；3.规格：DN70；4.配置形式及部位：暗配	m	5.4	36.16	195.26	
29	030412001003	电气配管	1.名称：电气配管；2.材质：PVC；3.规格：DN40；4.配置形式及部位：暗配	m	8.3	13.6	112.88	
30	030412001004	电气配管	1.名称：电气配管；2.材质：PVC；3.规格：DN32；4.配置形式及部位：暗配	m	30.3	11.53	349.36	
31	030412001005	电气配管	1.名称：电气配管；2.材质：PVC；3.规格：DN25；4.配置形式及部位：暗配	m	8.3	9.65	80.1	
32	030412001006	电气配管	1.名称：电气配管；2.材质：PVC；3.规格：DN20；4.配置形式及部位：暗配	m	506.67	23.08	11 693.94	
33	030409001001	接地装置	1.接地母线材质、规格：户内接地母线：镀锌扁钢 40×4 mm；2.接地极材质、规格：MEB总等电位端子箱 1 台；LEB局部等电位端子箱 45 台	项	1	2 228.58	2 228.58	
34	030409005001	避雷装置	1.受雷体名称、材质、规格、技术要求（安装部位）：避雷网 φ12 镀锌圆钢 123.5 m，镀锌扁钢 40×4 mm；2.引下线材质、规格、技术要求（引下形式）：利用 2 根 φ16 镀锌圆钢沿建筑物外墙暗敷做引下线 62.4 m；利用柱内 2 根 φ16 主筋做引下线 78 m；3.断接卡子材质、规格、技术要求：5 处	套	1	1 375.81	1 375.81	
35	030411011001	接地装置	1.类别：接地电阻测试	系统	1	1 149.83	1 149.83	
36	030411002001	送配电装置系统	1.型号：综合；2.电压等级（kV）：1 kV	系统	1	1 052.01	1 052.01	
	合计						69 254	

表 4.73 分部分项工程量清单综合单价分析表（青海）（节选）

工程名称：某卫生院住院楼－电气

| 序号 | 项目编号 | 项目名称 | 定额编号 | 工作内容 | 单位 | 数量 | 综合单价组成 | | | | | 综合合价 | 综合单价 |
							人工费	材料费	机械费	管理费	利润		
1	030404017001	配电箱										3 010.83	3 010.83
			2－305	悬挂嵌入式成套配电箱安装（半周长 1.5 m）	台	1	126.18	2 831.09		9	10.8	3 010.83	
2	030404017002	配电箱										4 765.5	4 765.5
			2－306	悬挂嵌入式成套配电箱安装（半周长 2.5 m）	台	1	153.6	4 531.06	15.63	10.96	13.15	4 765.5	
3	030404017003	配电箱										4 765.5	4 765.5
			2－306	悬挂嵌入式成套配电箱安装（半周长 2.5 m）	台	1	153.6	4 531.06	15.63	10.96	13.15	4 765.5	
4	030404017004	配电箱										4 765.5	4 765.5
			2－306	悬挂嵌入式成套配电箱安装（半周长 2.5 m）	台	1	153.6	4 531.06	15.63	10.96	13.15	4 765.5	
5	030404017005	配电箱										19 328.4	429.52
			2－304	悬挂嵌入式成套配电箱安装（半周长 1.0 m）	台	45	98.74	288.87		7.04	8.45	19 328.4	
6	030413006001	医疗专用灯											
			2－1803	无影灯（吊管灯）	套	2	213.96	422.5		15.26	18.31		

续表 4.73

序号	项目编号	项目名称	定额编号	工作内容	单位	数量	综合单价组成					综合合价	综合单价
							人工费	材料费	机械费	管理费	利润		
7	030413005001	荧光灯			套	23						1 056.16	45.92
			2—1779	组装型吸顶式单管荧光灯	10套	2.3	131.66	271.6		9.39	11.27	1 056.05	
8	030413005002	荧光灯			套	42						3 065.58	72.99
			2—1780	组装型吸顶式双管荧光灯	10套	4.2	211.21	428.98		15.07	18.08	3 065.41	
9	030413001001	普通吸顶灯及其他灯具			套	17						1 141.21	67.13
			2—1533	半圆球吸顶灯，灯罩直径（250 mm以内）	10套	1.7	118.5	502.46		8.45	10.14	1 141.14	
10	030413004001	装饰灯			套	3						422.49	140.83
			2—1736	疏散指示灯	10套	0.3	133.32	1 218.43		9.51	11.41	422.5	
11	030413004002	装饰灯			套	5						642.05	128.41
			2—1736	安全出口标志灯	10套	0.5	133.32	1 094.2		9.51	11.41	642.06	
12	030413001002	普通吸顶灯及其他灯具			套	4						522.68	130.67

表 4.74 措施项目清单与计价表（一）

工程名称：某卫生院住院楼－电气　　　　　　　　　　　　　　第1页 共1页

序号	项目名称	计算基础	费率（%）	金额（元）
1	组装平台			
2	炉窑施工大棚			
3	炉窑洪炉			
4	热态工程			
5	格架式抱杆			
6	脚手架搭拆			
	合　计			

表 4.75 措施项目清单与计价表（二）

工程名称：某卫生院住院楼－电气　　　　　　　　　　　　　　第1页 共1页

序号	项目编码	项目名称	项目特征描述	计量单位	工程数量	综合单价	合价
			本页小计				
			合　计				

金额（元）：综合单价、合价

表 4.76 规费、税金项目清单计价表

工程名称：某卫生院住院楼－电气　　　　　　　　　　　　　　第1页 共1页

序号	项目名称	计算基数	费率	金额
1	规费	社会保障费（养老保险、失业保险、医疗保险）＋住房公积金＋工伤保险费＋工程排污费＋意外伤害保险费		4 292.08
1.1	社会保障费（养老保险、失业保险、医疗保险）	分部分项人工费＋技术措施项目人工费	27.5	2 867.77
1.2	住房公积金	分部分项人工费＋技术措施项目人工费	11	1 147.11
1.3	工伤保险费	分部分项人工费＋技术措施项目人工费	1.1	114.71
1.4	工程排污费			
1.5	意外伤害保险费	分部分项工程量清单项目费＋措施项目费＋其他项目费＋社会保障费（养老保险、失业保险、医疗保险）＋住房公积金＋工伤保险费＋工程排污费	0.22	162.49
2	税金	分部分项工程量清单项目费＋措施项目费＋其他项目费＋规费	3.43	2 538.96
	本页小计			6 831.04
	合　计			6 831.04

表 4.77 主要材料价格表

工程名称：某卫生院住院楼—电气 　　　　　　　　　　　　　　　　　　　　　　第 1 页　共 1 页

序号	材料编号	材料名称	规格、型号等特殊要求	单位	数量	单价（元）	合计（元）
1	AZAZ47010710	塑料护口（钢管用）	15～20	个	1 959.09	0.94	1 841.54
2	AZAZ64011110	镀锌锁紧螺母	3×15～20	个	1 959.09	0.38	744.45
3	YLE00369	电力复合酯	一级	kg	20.09	20.71	416.06
4	AZ01124006@3	塑料管	20	m	540.616 89	2	1 081.23
5	AZAZ01124004@1	绝缘导线	BV—4	m	673.497	2.95	1 986.82
6	AZAZ01124004@3	BV	2×2.5	m	674.644 4	1.92	1 295.32
7	AZAZ01124017@5	安全型两、三孔组合插座		套	26.52	18.5	490.62
8	AZAZ01124037	接线盒		个	783.36	1.56	1 222.04
9	AZAZ01124037@1	开关盒		个	247.86	3.5	867.51
10	BCZC2	铜芯电力电缆		m	46.9	11.75	551.08
11	YLE00353Z@13	吸顶式荧光灯		套	23.23	22	511.06
12	YLE00353Z@14	吸顶双管荧光灯		套	42.42	35	1 484.7
13	YLE00353Z@15	半圆球吸顶灯		套	17.17	45	772.65
14	YLE00353Z@16	安全出口标志灯		套	5.05	106	535.3
15	YLE00353Z@18	应急灯 T5/1×32 W		套	4.04	108	436.32
16	补充主材 001	总配电箱 ALZM	470×700×160	台	1	2 800	2 800
17	补充主材 002	电表箱 1 AW	950×1 040×150	台	1	4 500	4 500
18	补充主材 002@1	电表箱 2 AW	950×1 040×150	台	1	4 500	4 500
19	补充主材 002@2	电表箱 3 AW	950×1 040×150	台	1	4 500	4 500
20	补充主材 003	户内照明配电箱 AL—H	329×296×100	台	45	260	11 700

3. 给排水工程清单计价的编制

根据模块 3 编制完成某卫生院住院楼—给排水工程的工程量清单的基础上，依据《建设工程工程量清单计价规范》（GB 50500—2013）、《××省建设工程工程量清单编制与计价规程》及政策性调整文件和《××省安装工程消耗量定额》的消耗量计算进行计价分析，整理汇总。按照安装工程报价书格式编写出工程量清单报价书如下（表 4.78～4.87）：

（1）封面（投标总价）。

（2）安装工程施工图预算书编制说明。

（3）工程费用及造价计算程序表。

（4）价差调整计算表（一般指未计价材料）。

（5）工程造价计算分析表。

（6）材料、设备、人工工日数量汇总表。

表4.78 投标总价

招 标 人：_____

工程名称：某卫生院住院楼－给排水

投标总价（小写）：29 229.08

（大写）：贰万玖仟贰佰贰拾玖元零捌分

投 标 人：_____

（单位盖章）

法定代表人

或其授权人：_____

（签字或盖章）

编 制 人：_____

（造价人员签字盖专用章）

编 制 时 间：_____

表4.79 编制说明

一、工程概况

二、现场条件

三、编制工程量清单的依据及有关资料

四、对施工工艺、材料的特殊要求

五、其他

表4.80 单位工程投标报价汇总表

工程名称：某卫生院住院楼－给排水　　　　　　　　　　　第1页 共1页

序号	汇总名称	金额（元）	其中：暂估价（元）
一	分部分项工程量清单项目费	26 530.08	
二	措施项目费	289.97	
1	施工技术措施清单项目费	190.05	
2	安全文明施工费		
3	其他施工组织措施清单项目费	99.92	
三	其他项目费	58.75	
1	建筑节能专项检测费	58.75	
2	其他		
四	规费	1 380.97	
五	税金	969.31	
	合计	29 229.08	0

工程名称：某卫生院住院楼—给排水

表 4.81　分部分项工程量清单

第 1 页　共 4 页

序号	编码	项目名称	项目特征描述	计量单位	工程量	金额（元）		其中：暂估价
						综合单价	合价	
1	031001006019	塑料管（UPVC，PVC，PP—C，PP—R，PE 管等）	1. 安装部位（室内，外）：室内；2. 输送介质（给水，排水，热煤体，燃气，雨水）：给水；3. 材质：S4 系列无规共聚聚丙烯（PP—R）给水管；4. 型号，规格：De50；5. 连接方式：热熔连接	m	16.27	27.64	449.7	
2	031001006018	塑料管（UPVC，PVC，PP—C，PP—R，PE 管等）	1. 安装部位（室内，外）：室内；2. 输送介质（给水，排水，热煤体，燃气，雨水）：给水；3. 材质：S4 系列无规共聚聚丙烯（PP—R）给水管；4. 型号，规格：De40；5. 连接方式：热熔连接	m	19.43	21.13	410.56	
3	031001006017	塑料管（UPVC，PVC，PP—C，PP—R，PE 管等）	1. 安装部位（室内，外）：室内；2. 输送介质（给水，排水，热煤体，燃气，雨水）：给水；3. 材质：S4 系列无规共聚聚丙烯（PP—R）给水管；4. 型号，规格：De32；5. 连接方式：热熔连接	m	15.82	19.02	300.9	
4	031001006007	塑料管（UPVC，PVC，PP—C，PP—R，PE 管等）	1. 安装部位（室内，外）：室内；2. 输送介质（给水，排水，热煤体，燃气，雨水）：给水；3. 材质：S4 系列无规共聚聚丙烯（PP—R）给水管；4. 型号，规格：De25；5. 连接方式：热熔连接	m	36.66	16.71	612.59	
5	031001006008	塑料管（UPVC，PVC，PP—C，PP—R，PE 管等）	1. 安装部位（室内，外）：室内；2. 输送介质（给水，排水，热煤体，燃气，雨水）：给水；3. 材质：S4 系列无规共聚聚丙烯（PP—R）给水管；4. 型号，规格：De20；5. 连接方式：热熔连接	m	22.22	13.97	310.41	
6	031001006016	塑料管（UPVC，PVC，PP—C，PP—R，PE 管等）	1. 安装部位（室内，外）：室内；2. 输送介质（给水，排水，热煤体，燃气，雨水）：给水；3. 材质：S4 系列无规共聚聚丙烯（PP—R）给水管；4. 型号，规格：De15；5. 连接方式：热熔连接	m	44.07	14.03	618.3	
7	031001006009	塑料管（UPVC，PVC，PP—C，PP—R，PE 管等）	1. 安装部位（室内，外）：室内；2. 输送介质（给水，排水，热煤体，燃气，雨水）：排水；3. 材质：中空壁消音硬聚氯乙烯管；4. 型号，规格：De160；5. 连接方式：螺母挤压密封圈连接；6. 套管形式，材质，规格：钢套管	m	5.38	369.3	1 986.83	

续表 4.81

序号	编码	项目名称	项目特征描述	计量单位	工程量	金额（元）		其中：暂估价
						综合单价	合价	
8	031001006010	塑料管（UPVC，PVC，PP—C，PP—R，PE管等）	1. 安装部位（室内，外）：室内；2. 输送介质（给水，排水，热煤体，燃气，雨水）：排水；3. 材质：中空壁消音硬聚氯乙烯管；4. 型号、规格：De100；5. 连接方式：螺母挤压密封圈连接；6. 套管形式、材质、规格：钢套管	m	42.49	193.8	8 234.56	
9	031001006014	塑料管（UPVC，PVC，PP—C，PP—R，PE管等）	1. 安装部位（室内，外）：室内；2. 输送介质（给水，排水，热煤体，燃气，雨水）：排水；3. 材质：中空壁消音硬聚氯乙烯管；4. 型号、规格：De75；5. 连接方式：螺母挤压密封圈连接	m	41.33	77.68	3 210.51	
10	031001006015	塑料管（UPVC，PVC，PP—C，PP—R，PE管等）	1. 安装部位（室内，外）：室内；2. 输送介质（给水，排水，热煤体，燃气，雨水）：排水；3. 材质：中空壁消音硬聚氯乙烯管；4. 型号、规格：De50；5. 连接方式：螺母挤压密封圈连接	m	68.41	42.46	2 904.69	
11	031003001002	螺纹阀门	1. 类型：截止阀；2. 型号、规格：De15	个	12	36.71	440.52	
12	031003001003	螺纹阀门	1. 类型：截止阀；2. 型号、规格：De20	个	2	41.83	83.66	
13	031003001004	螺纹阀门	1. 类型：截止阀；2. 型号、规格：De25	个	4	53.23	212.92	
14	031003011001	水表	1. 型号、规格：De25；2. 连接方式：螺纹连接	组	1	88.37	88.37	
15	031002003001	防水套管制作安装	1. 刚性套管：防水钢套管	个	3			
16	031004003001	洗脸盆	1. 材质：陶瓷；2. 组装形式：偏单眼冷水龙头；3. 图集：99S304/54	组	14	179.88	2 518.32	
17	031004004001	污水池	1. 材质：不锈钢；2. 图集：99S304/16 甲型	组	2	200.84	401.68	
18	031004007001	小便器	1. 材质：陶瓷；2. 图集：99S304/101	套	4	265.14	1 060.56	
19	031004006002	大便器	1. 材质：陶瓷；2. 组装方式：连体式；3. 图集：99S304/84	套	4	316	1 264	
20	031004006001	大便器	1. 材质：陶瓷；2. 组装方式：连体式；3. 图集：99S304/64	套	4	278.13	1 112.52	
21	031004014001	地漏	1. 材质：PVC—U；2. 型号、规格：DN50（防返溢型）	个	6	35.01	210.06	
22	031004014002	地面扫除口	1. 材质：PVC—U；2. 型号、规格：De50	个	4	10.84	43.36	
23	031004014003	地面扫除口	1. 材质：PVC—U；2. 型号、规格：De75	个	2	12.82	25.64	
24	031004014004	地面扫除口	1. 材质：PVC—U；2. 型号、规格：De110	个	2	14.71	29.42	
合　计							26 530.08	

表4.82 分部分项工程量清单综合单价分析表(青海)(节选)

工程名称:某卫生院住院楼—给排水

序号	项目编号	项目名称	定额编号	工作内容	单位	数量	综合单价组成					综合合价	综合单价
							人工费	材料费	机械费	管理费	利润		
1	031001006019	塑料管(UPVC,PVC,PP-C,PP-R,PE管等)			m	16.27						449.7	27.64
			8-241换	室内聚丙烯管(热熔电熔连接)管外径(50mm以内)	10 m	1.627	71.87	169.56	4.45	5.13	6.15	449.69	
2	031001006018	塑料管(UPVC,PVC,PP-C,PP-R,PE管等)			m	19.43						410.56	21.13
			8-240换	室内聚丙烯管(热熔电熔连接)管外径(40mm以内)	10 m	1.943	64.73	115.27	3.86	4.62	5.54	410.63	
3	031001006017	塑料管(UPVC,PVC,PP-C,PP-R,PE管等)			m	15.82						300.9	19.02
			8-239换	室内聚丙烯管(热熔电熔连接)管外径(32mm以内)	10 m	1.582	62	98.89	2.96	4.42	5.31	300.85	
4	031001006007	塑料管(UPVC,PVC,PP-C,PP-R,PE管等)			m	36.66						612.59	16.71
			8-238换	室内聚丙烯管(热熔电熔连接)管外径(25mm以内)	10 m	3.666	57.06	82.9	2.96	4.07	4.88	612.74	

续表 4.82

序号	项目编号	项目名称	定额编号	工作内容	单位	数量	综合单价组成					综合合价	综合单价
							人工费	材料费	机械费	管理费	利润		
5	031001006008	塑料管（UP-VC,PVC,PP-C,PP-R,PE管等）			m	22.22						310.41	13.97
			8-237换	室内聚丙烯管（热熔电熔连接）管外径（20 mm以内）	10 m	2.222	54.31	59.93	2.38	3.87	4.65	310.35	
6	031001006016	塑料管（UP-VC,PVC,PP-C,PP-R,PE管等）			m	44.07						618.3	14.03
			8-236换	室内聚丙烯管（热熔电熔连接）管外径（16 mm以内）	10 m	4.407	49.38	67.63	2.38	3.52	4.23	618.52	
7	031001006009	塑料管（UP-VC,PVC,PP-C,PP-R,PE管等）			m	5.38						1 986.83	369.3
			8-218	中空壁消音硬聚氯乙烯管（零件粘接）公称直径（150 mm以内）	10 m	0.538	179.4	1 406.86	0.93	12.8	15.36	894.88	
			8-55	室外钢管（焊接）公称直径（200 mm以内）	10 m	0.538	102.58	1 643.32	240.21	7.32	8.78	1 091.96	

表4.83　措施项目清单计价表（一）

工程名称：某卫生院住院楼－给排水　　　　　　　　　　　　第1页　共1页

序号	项目名称	计算基础	费率（%）	金额（元）
1	组装平台			
2	炉窑施工大棚			
3	炉窑洪炉			
4	热态工程			
5	格架式抱杆			
6	脚手架搭拆			190.05
	合计			190.05

表4.84　措施项目清单计价表（二）

工程名称：某卫生院住院楼－给排水　　　　　　　　　　　　第1页　共1页

序号	项目编码	项目名称	项目特征描述	计量单位	工程数量	综合单价	合价
		本页小计					
		合计					

表4.85　措施项目费分析表

工程名称：某卫生院住院楼－给排水　　　　　　　　　　　　第1页　共1页

序号	措施项目名称	单位	数量	人工费	材料费	机械费	管理费	利润	小计
一	施工技术措施			57.65	123.36		4.11	4.93	190.05
1	组装平台	项	1						
2	炉窑施工大棚	项	1						
3	炉窑洪炉	项	1						
4	热态工程	项	1						
5	格架式抱杆	项	1						
6	脚手架搭拆	项	1	57.65	123.36		4.11	4.93	190.05
二	其他措施项目费								
合计				57.65	123.36		4.11	4.93	190.05

表 4.86　规费、税金项目清单计价表

工程名称：某卫生院住院楼－给排水　　　　　　　　　　　　　　　　　　第 1 页　共 1 页

序号	项目名称	计算基数	费率	金额
1	规费	社会保障费（养老保险、失业保险、医疗保险）＋住房公积金＋工伤保险费＋工程排污费＋意外伤害保险费		1 380.97
1.1	社会保障费（养老保险、失业保险、医疗保险）	分部分项人工费＋技术措施项目人工费	27.5	915.92
1.2	住房公积金	分部分项人工费＋技术措施项目人工费	11	366.37
1.3	工伤保险费	分部分项人工费＋技术措施项目人工费	1.1	36.64
1.4	工程排污费			
1.5	意外伤害保险费	分部分项工程量清单项目费＋措施项目费＋其他项目费＋社会保障费（养老保险、失业保险、医疗保险）＋住房公积金＋工伤保险费＋工程排污费	0.22	62.04
2	税金	分部分项工程量清单项目费＋措施项目费＋其他项目费＋规费	3.43	969.31
	本页小计			2 350.28
	合　计			2 350.28

表 4.87　主要材料价格表

工程名称：某卫生院住院楼－给排水　　　　　　　　　　　　　　　　　　第 1 页　共 1 页

序号	材料编号	材料名称	规格型号等要求	单位	数量	单价（元）	合计（元）
1	AZBWA00025@10	PP－R	De50	m	16.595 4	9.6	159.32
2	AZBWA00025@5	PP－R 管	De25	m	37.393 2	4.83	180.61
3	AZ01185031	中空壁消音硬聚氯乙烯管	DN50	m	66.152 47	13.8	912.9
4	AZ01185032	中空壁消音硬聚氯乙烯管	DN80	m	39.800 79	23	915.42
5	AZ01185033	中空壁消音硬聚氯乙烯管	DN100	m	36.201 48	37.95	1 373.85
6	AZ01185034	中空壁消音硬聚氯乙烯管	DN150	m	5.094 86	65.55	333.97
7	AZ01185035	中空壁消音硬聚氯乙烯管件	DN50	个	61.705 82	17.25	1 064.43
8	AZ01185036	中空壁消音硬聚氯乙烯管件	DN80	个	44.471 08	34.5	1 534.25
9	AZ01185037	中空壁消音硬聚氯乙烯管件	DN100	个	48.353 62	64.4	3 113.97
10	AZ01185038	中空壁消音硬聚氯乙烯管件	DN150	个	3.755 24	108.1	405.94
11	AZ01185189@1	立式洗脸盆铜活		套	14.14	20	282.8
12	AZ01185214@1	螺纹阀门	DN15	个	12.12	26.7	323.6
13	AZ01185216@1	截止阀	DN25	个	4.04	40.3	162.81
14	AZ01185261Z	焊接钢管	DN100	m	43.127 35	50.08	2 159.82
15	AZ01185264	焊接钢管	DN200	m	5.460 7	151.97	829.86
16	AZ01185412	洗脸盆		个	14.14	43.28	611.98
17	AZ01185413@2	洗涤盆		个	2.02	110	222.2
18	AZ01185420@1	瓷蹲式大便器		个	4.04	200	808
19	AZ01185429	连体坐便器		个	4.04	220	888.8
20	AZ01185436@1	挂式小便器		个	4.04	210	848.4

【知识链接】

1. 《建设工程工程量清单计价规范》（GB 50500—2013）；
2. 《房屋建筑与装饰工程工程量计算规范》（GB 50854—2013）；
3. 《通用安装工程工程量计算规范》（GB 50856—2013）；
4. 地方《建筑与装饰工程消耗量定额》；
5. 地方《通用安装工程消耗量定额》；
6. 地方《建设工程消耗量定额基价》；
7. 地方《建设工程费用项目计算标准》；
8. 地方人工工资单价；
9. 地方《施工机械台班费用单价》；
10. 地方建筑材料价格季节性指导价。

拓展与实训

工程模拟训练

1. 在模块 2（拓展与实训/工程模拟训练/一）所完成的工程量清单的基础上，依据《建设工程工程量清单计价规范》（GB 50500—2013），结合本地区《××省建设工程工程量清单编制与计价规程》及政策性调整文件和《××省安装工程消耗量定额》的消耗量计算进行计价分析、整理、汇总。按照建筑与装饰工程报价书格式编写出工程量清单报价书。

2. 在模块 3（拓展与实训/工程模拟训练/一、二、三）所完成的工程量清单的基础上，依据《建设工程工程量清单计价规范》（GB 50500—2013），结合本地区《××省建设工程工程量清单编制与计价规程》及政策性调整文件和《××省安装工程消耗量定额》的消耗量计算进行计价分析、整理、汇总。按照安装工程报价书格式编写出工程量清单报价书。（1）电气设备安装；（2）给排水工程；（3）采暖工程；（4）室内电话、电视工程。

参考文献

[1] 中华人民共和国住房和城乡建设部，中华人民共和国国家质量监督检验检疫总局. GB 50500—2013　建设工程工程量清单计价规范 [S]. 北京：中国计划出版社，2013.

[2] 中华人民共和国住房和城乡建设部，中华人民共和国国家质量监督检验检疫总局. GB 50854—2013　房屋建筑与装饰工程工程量计算规范 [S]. 北京：中国计划出版社，2013.

[3] 中华人民共和国住房和城乡建设部，中华人民共和国国家质量监督检验检疫总局. GB 50856—2013　通用安装工程工程量计算规范 [S]. 北京：中国计划出版社，2013.

[4] 熊德敏. 安装工程定额与预算 [M]. 北京：高等教育出版社，2003.

[5] 冯钢，景巧玲. 安装工程计量与计价 [M]. 北京：北京大学出版社，2009.

[6] 纪传印. 装饰工程造价 [M]. 重庆：重庆大学出版社，2006.

[7] 黄伟典. 建设工程计量与计价案例详解 [M]. 济南：山东科学技术出版社，2008.

[8] 张国栋. 图解装饰装修工程清单与定额对照计算手册 [M]. 北京：机械工业出版社，2008.

[9] 张国栋. 一图一算之装饰装修工程造价 [M]. 北京：机械工业出版社，2008.

[10] 张国栋. 清单详列定额细算之装饰装修工程造价 [M]. 北京：化学工业出版社，2013.